既有公共建筑综合性能提升技术指南

王俊　王清勤　赵力 等　编著

中国建筑工业出版社

图书在版编目（CIP）数据

既有公共建筑综合性能提升技术指南 / 王俊等编著
.—北京：中国建筑工业出版社，2019.12
ISBN 978-7-112-24527-7

Ⅰ.①既… Ⅱ.①王… Ⅲ.①公共建筑－旧房改造－指南 Ⅳ.① TU242-62

中国版本图书馆 CIP 数据核字（2019）第 283522 号

责任编辑：王晓迪 郑淮兵
责任校对：张惠雯

既有公共建筑综合性能提升技术指南
王俊 王清勤 赵力 等 编著
*
中国建筑工业出版社出版、发行（北京海淀三里河路 9 号）
各地新华书店、建筑书店经销
北京雅盈中佳图文设计公司制版
北京中科印刷有限公司印刷
*
开本：787 毫米 ×1092 毫米 1/16 印张：18 字数：381 千字
2019 年 12 月第一版 2019 年 12 月第一次印刷
定价：98.00 元
ISBN 978-7-112-24527-7
（35022）

《既有公共建筑综合性能提升技术指南》编写委员会

主　任：王　俊

副主任：王清勤　赵　力　李　军　吴伟伟　刘永刚
程绍革　朱　能

编　委：（以姓氏笔画排序）

丁　勇　马其森　王　羽　王　楠　王卓琳
王建军　王博雅　仇丽娉　田小虎　付晓东
刘松涛　刘晓华　刘翔宇　闫国军　许清风
李　丹　李晓萍　吴志敏　何春霞　狄彦强
陈　蕾　范　乐　范东叶　范红亚　罗　涛
金　虹　周子淇　周海珠　赵建平　郝　斌
袁　扬　贾　琨　顾中煊　殷　帅　高润东
崔剑锋　疏志勇

总　序

当前，我国城市发展逐步由大规模建设转向建设与管理并重发展阶段，既有建筑改造与城市更新已然成为重塑城市活力、推动城市建设绿色发展的重要途径。截至2016年12月，我国既有建筑面积约630亿平方米，其中既有公共建筑面积达115亿平方米。受建筑建设时期技术水平与经济条件等因素制约，一定数量的既有公共建筑已进入功能退化期，对其进行不合理拆除将造成社会资源的极大浪费。近年来，我国在城市更新保护、既有建筑加固改造等方面发布了一系列政策，进一步推动了既有建筑改造工作。2014年3月，中共中央、国务院发布《国家新型城镇化规划（2014–2020年）》，提出改造提升中心城区功能，推动新型城市建设，按照改造更新与保护修复并重的要求，健全旧城改造机制，优化提升旧城功能。2016年2月，中共中央、国务院发布《关于进一步加强城市规划建设管理工作的若干意见》，要求有序实施城市修补和有机更新，解决老城区环境品质下降、空间秩序混乱等问题，通过维护加固老建筑等措施，恢复老城区功能和活力。

与既有居住建筑相比，既有公共建筑在建筑形式、结构体系以及能源利用系统等方面具有多样性和复杂性，建设年代较早的既有公共建筑普遍存在综合防灾能力低、室内环境质量差、使用功能有待提升的问题，这对既有公共建筑改造提出了更高的要求——从节能改造、绿色改造逐步上升至基于更高目标的以“能效、环境、安全”综合性能提升为导向的综合改造。既有公共建筑综合性能包括建筑安全、建筑环境和建筑能效等方面的建筑整体性能，综合性能改造必须摸清不同类型既有公共建筑现状，明晰既有公共建筑综合性能水平，制定既有公共建筑综合性能改造目标与路线，构建既有公共建筑改造技术体系，从政策研究、技术开发和示范应用等多个层面提供支撑。

在此背景下，科学技术部于2016年正式立项“十三五”国家重点研发计划项目“既有公共建筑综合性能提升与改造关键技术”（项目编号：2016YFC0700700）。该项目面向既有公共建筑改造的实际需求，结合社会经济、设计理念和技术水平发展的新形势，基于更高目标，依次按照“路线与标准”“性能提升关键技术”“监测与运营”“集成与示范”四个递进层面，重点从既有公共建筑综合性能提升与改造实施路线和标准体系，建筑能效、环境、防灾等综合性能提升与监测运营管理等方面开展关键技术研究，形成技术集成体系并进行工程示范。

通过项目的实施，预期实现既有公共建筑综合性能提升与改造的关键技术突破和产品创新，为下一步开展既有公共建筑规模化综合改造提供科技引领和技术支撑，进一步增强我国既有公共建筑综合性能提升与改造的产业核心竞争力，推动其规模化发展。

为促进项目成果的交流、扩散和落地应用，项目组组织编撰《既有公共建筑综合性能提升与改造关键技术系列丛书》，内容涵盖政策研究、技术集成、案例汇编等方面，并根据项目实施进度陆续出版。相信本系列丛书的出版将会进一步推动我国既有公共建筑改造事业健康发展，为我国建筑业高质量发展做出应有贡献。

“既有公共建筑综合性能提升与改造关键技术”项目负责人

王俊

目 录

第五篇　建筑能效提升

第一篇
现状调研分析

第1章　既有公共建筑综合性能现状普查调研及分析

我国正处于城镇化快速发展的时期，截至2015年末，我国既有建筑面积已达600亿平方米，其中既有公共建筑面积达115亿平方米。受建设时期技术水平与经济条件等因素制约以及城市发展提档升级的需要，一定数量的既有公共建筑已进入功能或形象退化期，由此引发的一系列受社会高度关注的既有公共建筑不合理拆除问题，造成社会资源的极大浪费。近年来，我国在城市更新保护、既有建筑加固改造方面发布了一系列政策，进一步推动了既有建筑改造工作。2014年3月，中共中央、国务院发布《国家新型城镇化规划（2014—2020年）》，提出改造提升中心城区功能，推动新型城市建设，按照改造更新与保护修复并重的要求，健全旧城改造机制，优化提升旧城功能。2016年2月，中共中央、国务院发布《关于进一步加强城市规划建设管理工作的若干意见》，要求有序实施城市修补和有机更新，解决老城区环境品质下降、空间秩序混乱等问题，通过维护加固老建筑等措施，恢复老城区功能和活力。既有公共建筑改造是城市修补和有机更新的重要组成部分，对城市更新起着重要的作用。

相对于既有居住建筑，既有公共建筑在建筑形式、结构体系以及能源利用系统等方面具有多样性和复杂性，建设年代较早的既有公共建筑普遍存在综合防灾能力低、室内环境质量差、使用功能有待提升等问题。这也对既有建筑改造提出了更高的要求——从节能改造、绿色改造逐步上升至基于更高目标的以"能效、环境、安全"综合性能提升为导向的综合改造。为摸清不同类型公共建筑的现状，理清既有公共建筑总量，明晰既有公共建筑综合性能水平现状，对我国既有公共建筑现状进行了调研，并对结果进行分析。

1.1　调研方法及样本选择

1.1.1　调研方法

1. 既有公共建筑面积存量调研方法

对既有公共建筑存量开展普查工作，采用查阅国家统计年鉴和文献调研综述两种方法。

2. 既有公共建筑综合性能水平调研方法

从严寒气候区、寒冷气候区、夏热冬冷气候区、夏热冬暖气候区以及温和气候区五大气候区的典型城市选取代表性建筑，包含办公建筑、商场建筑、旅馆建筑和学校建筑等建筑类型，通过文献调研、现场测试、能耗监测平台等手段获取相关数据，调研分析不同建筑类型的能效现状、室内环境现状、安全现状，进而推算出既有公共建筑的总体水平。

1.1.2　调研样本

调研样本主要包括办公建筑、商场建筑、旅馆建筑、学校建筑和医院建筑共 2339 栋既有公共建筑，涵盖严寒气候区、寒冷气候区、夏热冬冷气候区、夏热冬暖气候区以及温和气候区五大气候区，各气候区调研区域及调研样本数量见表 1–1。

分别从建筑能效、建筑环境、建筑安全三方面对既有公共建筑的性能进行深入分析评估，明晰既有公共建筑改造前综合性能水平。

各气候区调研代表区域及调研样本数量　　表 1–1

气候区	涉及地区	建筑数量 / 栋
严寒气候区	新疆、辽宁、内蒙古、吉林	153
寒冷气候区	北京、天津	321
夏热冬冷气候区	重庆、湖北、江苏、上海、浙江、安徽、湖南	674
夏热冬暖气候区	广东、广西、海南	1161
温和气候区	云南	30

1. 建筑能效水平总体调研样本分布情况

研究分析不同气候区不同类型的既有公共建筑的建筑能效水平，调研样本覆盖 5 个气候区，共 1525 栋。具体样本分布见表 1–2。

调研样本分布　单位：栋　　表 1–2

气候区 建筑类型	严寒气候区	寒冷气候区	夏热冬冷气候区	夏热冬暖气候区	温和气候区	合计
办公建筑	10	65	127	301	10	513
商场建筑	5	33	84	140	5	267
旅馆建筑	7	44	42	150	5	248
学校建筑	7	34	65	153	6	265
医院建筑	4	29	64	131	4	232
合计	33	205	382	875	30	1525

2. 建筑环境水平总体调研样本分布情况

研究分析不同气候区不同类型的既有公共建筑的室内环境水平，调研样本覆盖四个气候区，共 551 栋。具体样本分布见表 1–3。

建筑能效水平调研样本分布情况　单位：栋　　表 1-3

建筑类型＼气候区	严寒气候	寒冷气候	夏热冬冷气候	夏热冬暖气候	合计
办公建筑	41	33	16	90	180
商场建筑	18	10	7	50	85
旅馆建筑	21	22	12	54	109
学校建筑	21	16	9	42	88
医院建筑	17	16	9	47	89
合计	118	97	53	283	551

3. 建筑安全水平总体调研样本分布情况

研究分析不同气候区不同省市的既有公共建筑的建筑安全水平，调研样本覆盖五个气候区，共 263 栋。具体样本分布见表 1-4。

建筑安全调研样本所在地分布情况　单位：栋　　表 1-4

气候区域	建筑数量
严寒气候区	2
寒冷气候区	19
夏热冬冷气候区	239
夏热冬暖气候区	3

1.2　调研内容

1.2.1　安全性能调研

1. 可靠性调研

既有公共建筑综合安全性能鉴定包括可靠性鉴定、耐久性鉴定、抗震鉴定和防火安全性鉴定几类，本次调研主要涉及建筑结构的可靠性鉴定、抗震鉴定和部分耐久性鉴定。

1）结构承载能力

本次调研项目共涉及 263 栋既有公共建筑，除去年份不详的 17 栋建筑，在 246 栋年份明了的建筑中，进行建筑结构承载力验算的共 128 栋，占比为 52.03%。在这些调研的建筑中，结构承载力不满足鉴定规范要求表现为：钢筋混凝土结构中梁抗弯承载力不满足要求、柱抗剪承载力不满足要求、基础承载力不满足要求，砌体结构中墙体抗压承载力不满足要求，钢结构中屋面钢梁不满足承载力要求、柱下基础抗弯承载力不满足要求等。

为与规范更新的时间相对应，将这些建筑根据建设年代划分为“1978 年以前”“1978—1989 年”“1990—2001 年”“2002—2010 年”“2010 年以后”五部分，得到对应年份的建筑结构承载力满足现有鉴定规范的情况，如图 1–1 所示。

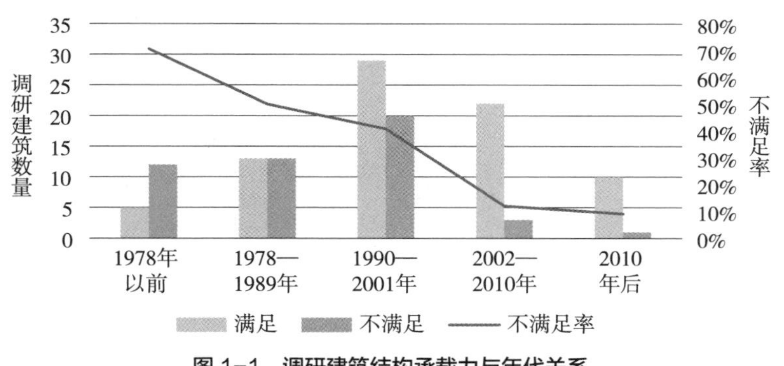

图 1–1　调研建筑结构承载力与年代关系

由图 1–1 可知，1978 年以前的既有公共建筑的结构承载力不满足现有鉴定规范要求的比例为 70.59%，1978—1989 年不满足率为 50.00%，1990—2001 年不满足率为 40.82%，2002—2010 年的不满足率为 12.00%，2010 年以后的既有公共建筑的结构承载力不满足率为 9.09%。从既有公共建筑的结构承载力随时间变化的趋势来看，年代越久，承载力不满足率越高，即既有公共建筑的承载能力对现有鉴定规范的不满足率随着年代的增加而降低。

出现既有公共建筑的结构承载力不满足率随着年代的增加而降低这一现象的主要原因是我国的设计规范对建筑的承载力要求不断提高。改革开放前，由于经济和生产能力等的限制，房屋建筑设计规范要求的结构承载力处于较低的水准。随着经济的增长，生产能力的提高，对建筑结构设计理论研究的深入以及对安全问题认识的转变，我国的设计规范对建筑的承载力要求不断提高。而且结构静力分析结果表明，大多数建筑由于原始设计存在富余度，静力情况下可以增加一定程度的荷载。但对于年代久远的砖混等砌体结构来说，其结构体系落后，且使用过程中出现多次改扩建等，结构已不能承担如此之大的荷载增量，出现了静力不满足的情况。

本次调研结果还表明，不同的建筑结构类型其结构承载力情况存在一定差异。如图 1–2 所示，钢结构的结构承载力不满足现有鉴定规范要求的比例为 14.29%，钢筋混凝土结构不满足率为 37.08%，砌体结构的不满足率为 51.22%，可见在这三种结构形式中，砌体结构的结构承载力不满足率最高，钢筋混凝土结构其次，钢结构的不满足率最低。

三种结构形式的建筑结构承载力与材料的强度息息相关。一般来说，钢材的强度最高，钢筋混凝土强度其次，砌块砂浆的强度相对最低，而且钢筋混凝土与砌块砂浆的强度受环境影响较大，导致既有公共建筑的结构承载力与结构类型关系出现图 1–2 所示情况。

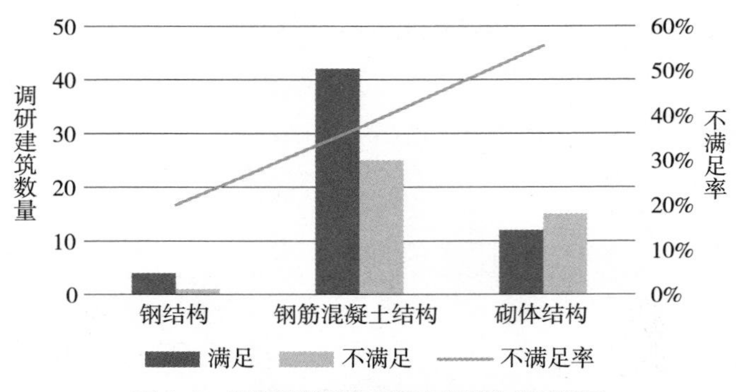

图 1-2　调研建筑结构承载力与结构类型关系

2）结构构造措施

本次调研建筑中进行房屋结构构造检测的共 73 栋，占总调研建筑数量的 55.3%，其中有 21 栋房屋结构构造措施不满足现有规范要求，52 栋房屋结构构造措施满足要求。既有公共建筑的结构构造不满足现有规范要求表现为：钢筋混凝土结构中框架柱轴压比不满足要求等，砌体结构中墙体高厚比不满足要求等。

根据建造年份，将调研项目结构构造情况绘制成图。由图 1-3 可知，1978 年以前既有公共建筑的结构构造不满足率为 42.86%，1978—1989 年的不满足率为 50%，1990—2001 年的不满足率为 32.43%，2002—2010 年的不满足率为 12.5%，2010 年以后的建筑结构构造满足要求。其中，1978—1989 年的既有公共建筑的结构构造不满足率最高，在这之后，年代越近，房屋结构构造不满足率越低。

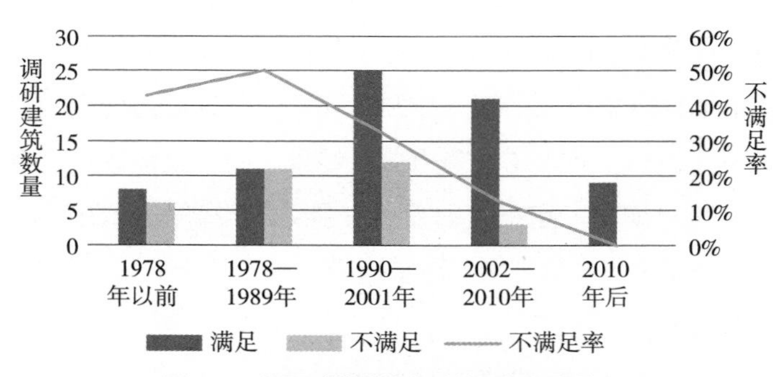

图 1-3　调研建筑结构构造情况与年代关系

根据建筑结构类型，将调研建筑结构构造情况绘制成图 1-4。由图 1-4 可知，在这些调研建筑中，钢结构的结构构造全都满足要求，钢筋混凝土结构的结构构造不满足要求的比例为 32.39%，砌体结构的不满足率为 32.43%。由上述结果可知，与钢结构相比，钢筋混凝土结构和砌体结构更容易产生结构构造不符合要求的问题，并且钢筋混凝土结构与砌体结构房屋的结构构造不满足率基本相同。

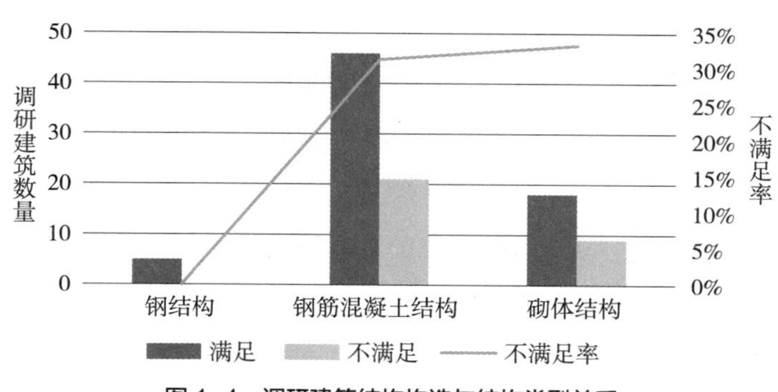

图 1-4　调研建筑结构构造与结构类型关系

3）位移或变形

在有确切年份的 246 栋调研建筑中，共有 210 栋进行了房屋沉降或倾斜等变形测量，占 85.37%。依据《建筑地基基础设计规范》GB 50007—2011、《危险房屋鉴定标准》JGJ 125—99（2004 版）、上海市《地基基础设计规范》DBJ 08—11—2010，将房屋检测得到的最大倾斜率或最大沉降值与规范中关于同类建筑结构相对倾斜或相对沉降的限值进行比较，得到该房屋的沉降、倾斜是否满足规范要求。

调研建筑中，有 171 栋建筑（占比 81.43%）的沉降、倾斜满足规范限值要求；有 32 栋建筑（占比 15.24%）的最大沉降、最大倾斜率超过《地基基础设计规范》和《建筑地基基础设计规范》的限值，但在《危险房屋鉴定标准》的限值内；然而有 7 栋建筑（上海某商场、宁波某办公大楼、宁波某大学教学楼、上海市某办公楼、上海某中学老教学楼、上海市某医院分院住院部、上海某办公楼）最大沉降、最大倾斜率超过《危险房屋鉴定标准》的限值，达到危险点状态。年份不详的建筑中也有 1 栋达到危险点状态。且这些建筑都是砌体结构，可见砌体结构的建筑更容易出现较大变形。

根据建造年份，将调研建筑沉降、倾斜等变形情况绘制成图 1-5。可知，1978 年以前既有公共建筑的沉降、倾斜等变形情况不满足现有鉴定规范的比例为 27.03%，1978—1989 年

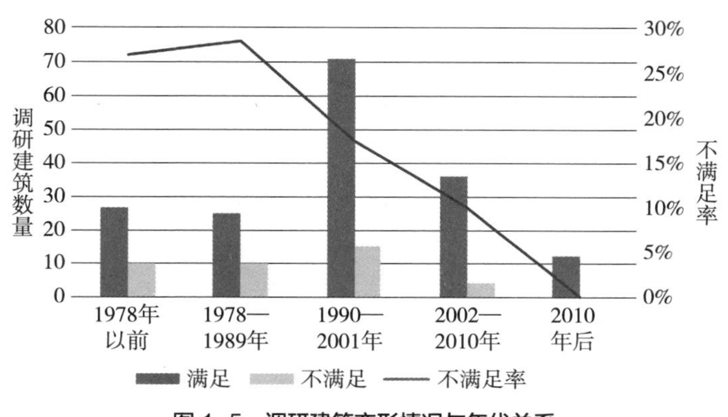

图 1-5　调研建筑变形情况与年代关系

的不满足率为28.57%，1990—2001年的不满足率为17.44%，2002—2010年的不满足率为10%，2010年以后的既有公共建筑变形情况均满足要求。从既有公共建筑的沉降、倾斜等变形情况随时间变化的趋势来看，年代越近，沉降、倾斜等变形情况不满足率越低。

由调查结果可以看出，既有公共建筑的沉降、倾斜等变形不满足现有规范的情况大都为2010年以前的建筑，随着我国的设计规范对建筑的变形能力要求不断提高，2010年以后的建筑沉降、倾斜基本满足现行规范要求。

根据建筑结构类型，将调研建筑变形情况绘制成图1-6。可知，在这些调研建筑中，钢结构的结构构造全都满足要求，钢筋混凝土结构的结构构造不满足要求的比例为12.77%，砌体结构的不满足率为32.47%。由上述结果可知，在这三种结构形式中，砌体结构的变形情况不满足率最高，钢筋混凝土结构其次，钢结构的不满足率最低。

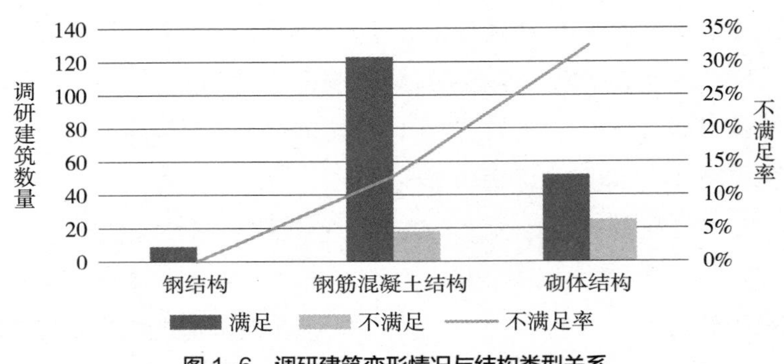

图1-6 调研建筑变形情况与结构类型关系

4）裂缝或其他损伤

本次调研建筑中，进行房屋损伤检测的共211栋，占确定年份建筑的85.77%。根据建造年份，调研建筑损伤情况如图1-7所示。可知，1978年以前既有公共建筑的损伤情况不满足率为56.41%，1978—1989年的不满足率为45.95%，1990—2001年的不满足率为25%，2002—2010年的不满足率为18.42%，2010年以后的不满足率为17.65%。从既有公共建筑的损伤情况随时间变化的趋势来看，年代越久，房屋损伤情况不满足率越高。

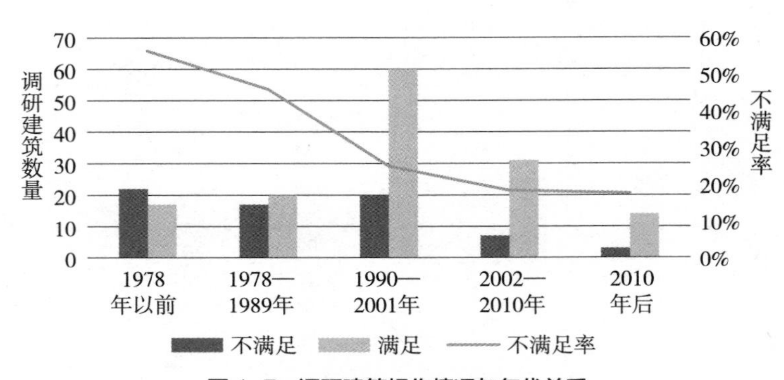

图1-7 调研建筑损伤情况与年代关系

根据建筑结构类型，将调研建筑损伤情况绘制成图 1–8。可知，在这些调研项目中，钢结构的损伤情况不满足率为 25%，钢筋混凝土结构的不满足率为 44.76%，砌体结构的不满足率为 52.63%。上述结果表明，砌体结构出现损伤的情况比例最高，钢筋混凝土结构其次，钢结构最低。

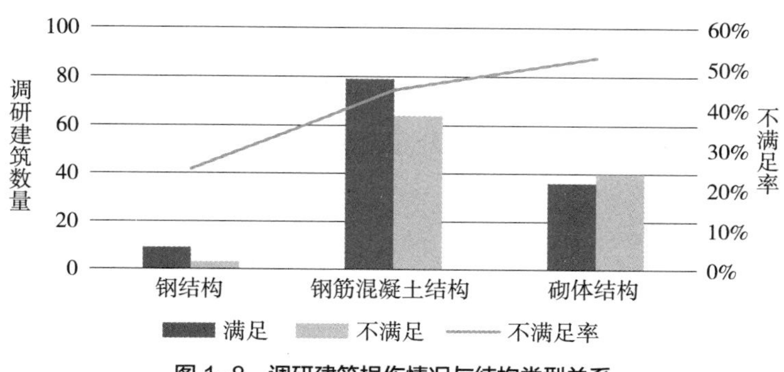

图 1–8　调研建筑损伤情况与结构类型关系

2. 耐久性鉴定

既有公共建筑的耐久性与建筑材料的力学性能息息相关，对混凝土结构来说主要是其混凝土强度，砌体结构中主要是砌块强度和砂浆强度。混凝土结构建筑的耐久性还与混凝土的碳化深度相关。对建筑材料力学性能的调查能一定程度上反映既有公共建筑的耐久性情况。

本次调研建筑中进行房屋耐久性检测的共 197 栋，占有确定年份建筑的 80.08%，将调研建筑耐久性情况绘制成图 1–9。可知，1978 年以前既有公共建筑的耐久性不满足鉴定标准的比例为 21.21%，1978—1989 年的不满足率为 36.67%，1990—2001 年的不满足率为 15.58%，2002—2010 年的不满足率为 5.26%，2010 年以后均满足要求。从数据可以看出，既有公共建筑的耐久性不满足率最高的在 1978—1989 年，在这之后，年份越近，耐久性不满足率越低。

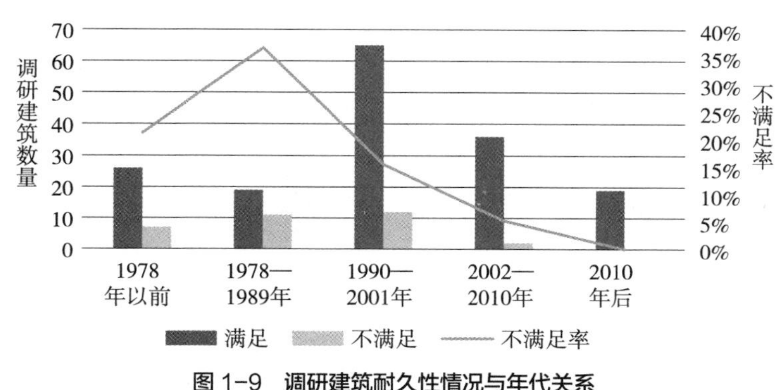

图 1–9　调研建筑耐久性情况与年代关系

根据建筑结构类型，将调研建筑耐久性情况绘制成图 1–10。可知，在这些调研建筑中，钢结构的耐久性全都满足要求，钢筋混凝土结构的不满足率为 11.85%，砌体结构的不满足率为 26.76%。由上述结果可知，砌体结构的耐久性不满足率最高，钢筋混凝土结构其次，钢结构最低。可见砌体结构最容易出现耐久性问题。

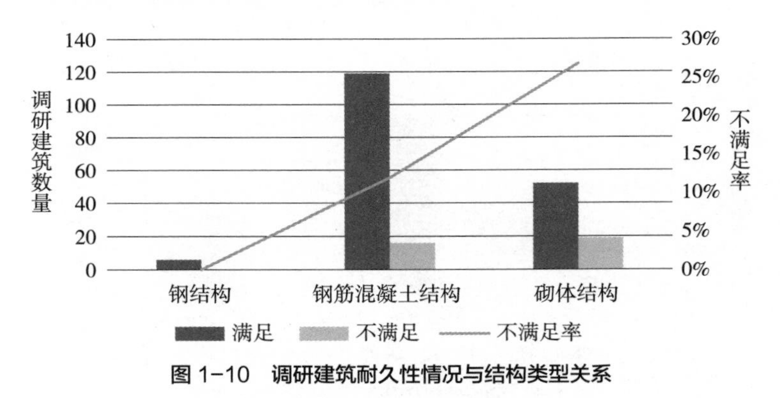

图 1–10　调研建筑耐久性情况与结构类型关系

3. 抗震鉴定

1）抗震构造

本次调研建筑中进行房屋抗震构造检测的共 93 栋，占确定年份建筑数量的 37.8%，其中 42 栋建筑抗震构造措施不满足现有规范要求，51 栋建筑抗震构造措施满足要求。既有公共建筑的抗震构造不满足现有规范要求表现为：钢筋混凝土结构和砌体结构中房屋结构平面不规则、柱轴压比不满足要求等；钢结构梁翼缘外伸部分宽厚比不满足抗震设计规范的要求等。

根据建造年份，将调研建筑抗震构造情况绘制成图 1–11。可知，1978 年以前既有公共建筑的抗震构造不满足率为 56.25%，1978—1989 年的不满足率为 56.25%，1990—2001 年的不满足率为 43.24%，2002—2010 年的不满足率为 33.33%，2010 年以后的不满足率为 33.33%。从既有公共建筑的抗震构造不满足率随时间变化的趋势来看，年代越久，房屋抗震构造不满足率越高，即既有公共建筑的抗震构造不满足率随着年代的临迈而降低。其中，1989 年以前的既有公共建筑抗震构造措施不满足率超过一半。

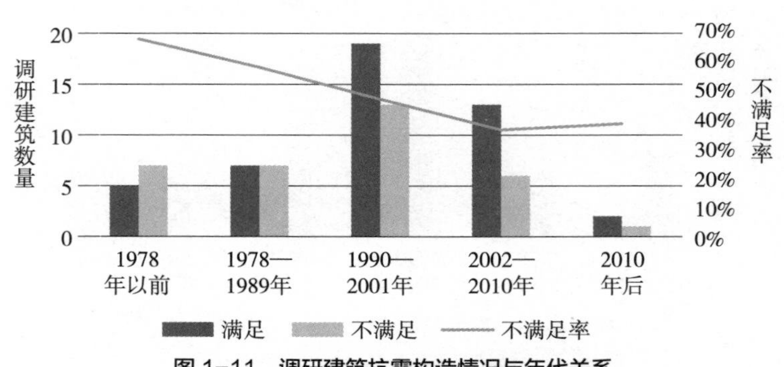

图 1–11　调研建筑抗震构造情况与年代关系

根据建筑结构类型，将调研建筑抗震构造情况绘制成图 1–12。可知，在这些调研建筑中，钢结构的抗震构造不满足现有鉴定规范要求的比例为 25.00%，钢筋混凝土结构的不满足率为 39.62%，砌体结构的不满足率为 44.44%。由上述结果可知，与钢结构相比，钢筋混凝土结构和砌体结构抗震构造不符合要求的比例更高。

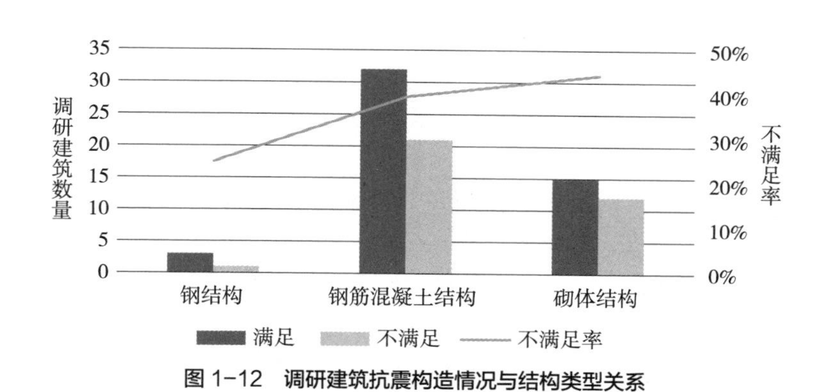

图 1–12　调研建筑抗震构造情况与结构类型关系

2）抗震承载力

本次调研建筑中进行建筑结构抗震承载力验算的共 94 栋，占确定年份建筑数量的 38.21%。在这些调研建筑中，结构抗震承载力不满足鉴定规范要求表现为：钢筋混凝土结构中房屋层间位移角、柱抗震验算不满足现行规范要求，砌体结构中墙体抗震承载力不满足要求，钢结构中屋面钢梁不满足承载力要求等。

根据建造年份，将调研建筑抗震承载力验算情况绘制成图 1–13。可知，1978 年以前既有公共建筑的抗震承载力不满足率为 76.47%，1978—1989 年的不满足率为 75%，1990—2001 年的不满足率为 57.89%，2002—2010 年的不满足率为 55.00%，2010 年以后的不满足率为 33.33%。从既有公共建筑的抗震承载力验算情况随时间变化的趋势来看，年代越久，房屋抗震承载力不满足率越高，即既有公共建筑的抗震承载力不满足率随着年代的临近而降低。

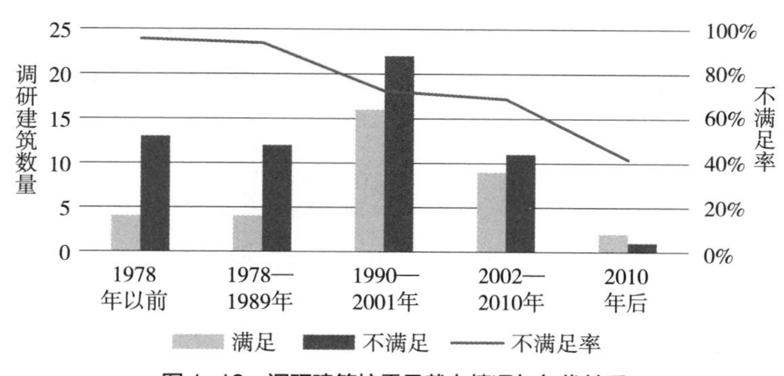

图 1–13　调研建筑抗震承载力情况与年代关系

根据建筑结构类型，将调研项目抗震承载力情况绘制成图 1-14。可知，在这些调研建筑中，钢结构的抗震承载力不满足现有鉴定规范要求的比例为 50%，钢筋混凝土结构的不满足率为 66.04%，砌体结构的不满足率为 74.07%。由上述结果可知，既有公共建筑抗震承载力不符合规范要求的比例较高，尤其是砌体结构。

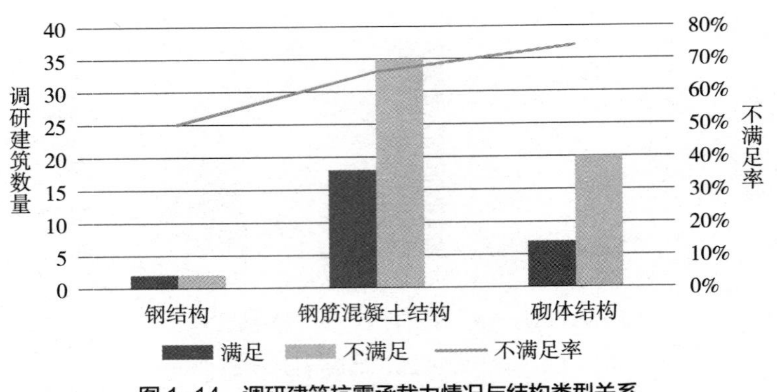

图 1-14　调研建筑抗震承载力情况与结构类型关系

1.2.2　能效性能调研

通过分析全国不同气候区共 1525 栋建筑能耗的统计结果，获得了全国单位面积建筑能耗分布情况，如图 1-15 所示，除温和气候区以外，全国公共建筑单位面积能耗平均为 143.4kW·h/（m^2·a）。所调研的建筑中，高于《民用建筑能耗标准》GB/T 51161—2016 能耗约束值的建筑数量占比平均为 46%。

对不同气候区不同建筑类型的能耗数据进行分析，并重点与《民用建筑能耗标准》GB/T 51161—2016 的能耗约束值进行比较，《民用建筑能耗标准》中不包含的校园类建筑和医院类建筑则以当地能耗标准值为参考依据，以能耗约束值为限，得到了不同气候区既

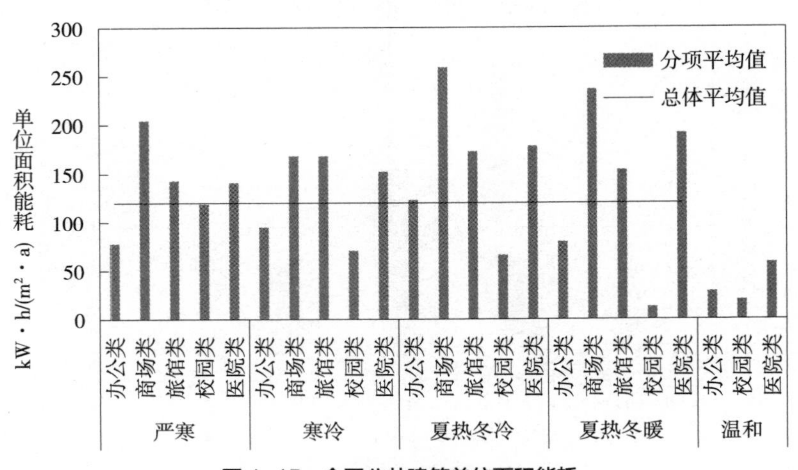

图 1-15　全国公共建筑单位面积能耗

有公共建筑的能耗水平，如图 1-16 所示。由表中数据可以看出基本各个气候区的既有公共建筑调研样本中都有 50% 左右的建筑能耗值高于标准约束值。因此，从能耗角度出发，目前既有公共建筑中大部分都需要进行能效提升改造。

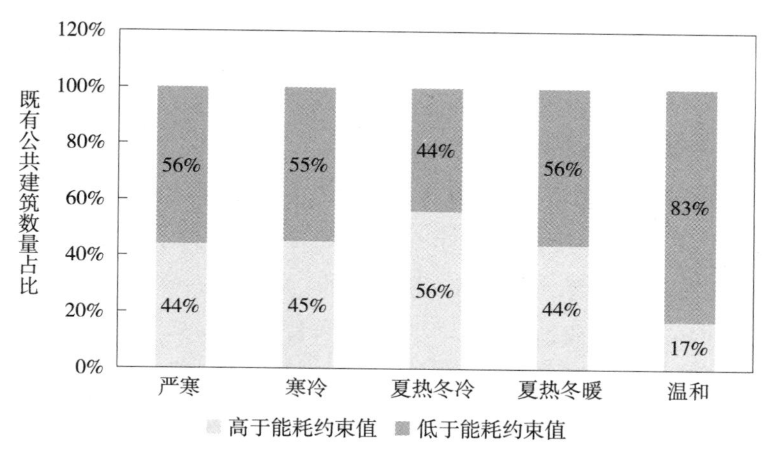

图 1-16　不同气候区既有公共建筑能效性能水平

同类型的建筑在不同气候区能效情况差异较大，如图 1-17 所示。医院类建筑在严寒和寒冷气候区能效表现较好，大部分均低于能效约束值，但在夏热冬冷和夏热冬暖气候区高于能耗约束值的占比均达到 60%，一方面是由于该气候区医院类建筑对节能重视较少，另一方面是由于该气候区本身能耗约束值较低。办公类建筑同样在夏热冬冷气候区和夏热冬暖气候区具有较高的能耗约束值不满足率，分别达到 55.6% 和 50%，而在严寒和寒冷气

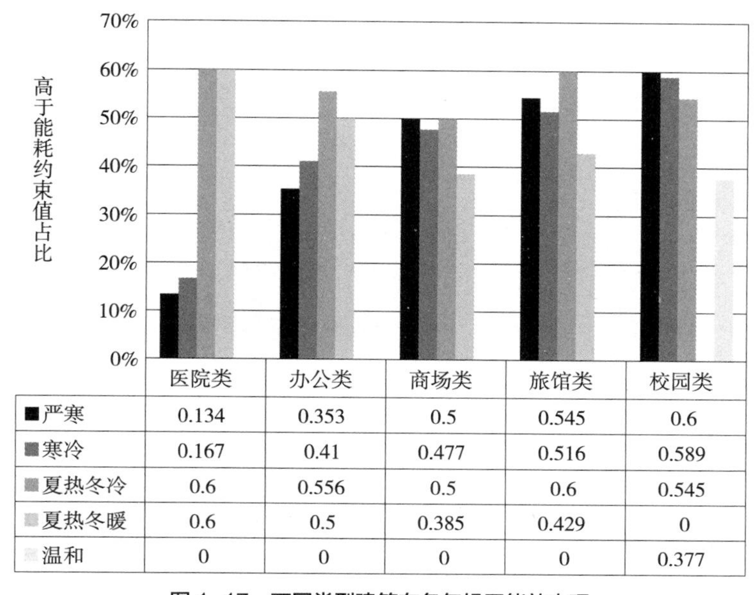

	医院类	办公类	商场类	旅馆类	校园类
严寒	0.134	0.353	0.5	0.545	0.6
寒冷	0.167	0.41	0.477	0.516	0.589
夏热冬冷	0.6	0.556	0.5	0.6	0.545
夏热冬暖	0.6	0.5	0.385	0.429	0
温和	0	0	0	0	0.377

图 1-17　不同类型建筑在各气候区能效表现

候区能耗约束值不满足率略低。医院类建筑和办公类建筑在不同气候区能耗约束值不满足率的如上表现情况，说明此两类建筑在低温地区相较于其他地区更加注重建筑能效。商场类建筑和旅馆类建筑在不同气候区能耗约束值不满足率各自相当，均有较高的不满足率。

不同建造年代的建筑由于历史条件及技术水平的制约，其能效水平差别较大。按照《公共建筑节能标准》GB 50189 颁布时间，将既有公共建筑分为 2005 年之前、2005—2015 年之间两个建筑年代区间，如图 1-18 所示。对于单位建筑平均能耗，建造年代在 2005 年之前和 2005—2015 年之间的建筑分别为 112.0kW·h/（m^2·a）和 128.07kW·h/（m^2·a）。两者的单位面积能耗基本一致，但 2005 年之前所建造的建筑的能耗略低于 2005—2015 年之间的建筑能耗，表面上看与我国建筑节能趋势有所不同，实际上由于调研并非普查，该结果主要由调研样本差异引起。一方面，所调研的 2005 年之后（含 2005 年）建造的建筑中，耗能较高的商场建筑、旅馆建筑、医院建筑数量相对较多；另一方面，商场的规格、旅馆的星级等均与 2005 年之前建造的同类型的建筑有所不同，因此出现了 2005 年之后（含 2005 年）建造的建筑的单位面积平均能耗略高于 2005 年之前的现象。

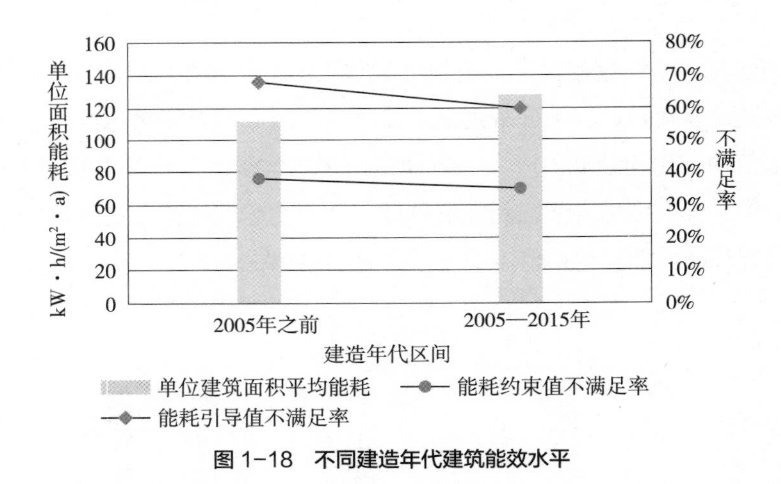

图 1-18　不同建造年代建筑能效水平

年代方面，2005 年之前建造的建筑的能耗约束值不满足率和能耗引导值不满足率分别为 38% 和 68%，而 2005 年之后（含 2005 年）分别为 35% 和 60%，从能耗引导值和约束值的角度可以看出 2005 年之后（含 2005 年）的建筑的能效性能整体偏好，较 2005 年之前的建筑，能耗约束值不满足率和引导值不满足率的降低率为 7.9% 和 11.8%，见表 1-5。

不同建造年代建筑能效水平　　表 1-5

	2005 年之前	2005 年之后（含 2005 年）	降低率
能耗约束值不满足率	38%	35%	7.90%
能耗引导值不满足率	68%	60%	11.80%

1.2.3 环境性能调研

建筑环境参数包括影响人体热舒适的温度、湿度、风速等，另外包括室内空气质量及声光相关参数，如甲醛、CO_2、总挥发性有机物（TVOC）、$PM_{2.5}$、噪声值、照度等。由于大部分建筑在冬季主要控制室内温度，对相对湿度控制程度较低，因此本次调研中湿度水平为夏季相对湿度情况。调研过程中，部分参数有所缺失，按照所获得的参数进行统计分析。各环境参数整体统计分析结果如图 1–19 和图 1–20 所示。

整体而言，大部分环境参数均在建筑范围之内或者附近，部分数据由于测量误差或者环境限制，与整体统计结果相比差距较大。对比各环境参数统计箱线图与标准限值，可知TVOC、$PM_{2.5}$、噪声、照度等参数的实际统计结果与标准值偏差较远，其他指标参数统计结果主要分布于指标限值以内或附近。

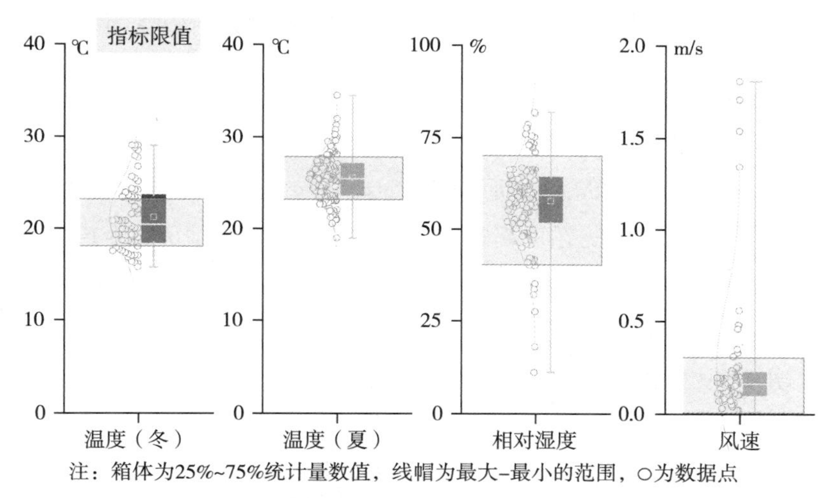

注：箱体为25%~75%统计量数值，线帽为最大–最小的范围，○为数据点

图 1–19　被调研的既有公共建筑室内热舒适相关参数分布

由图 1–19 可知，被调研的既有公共建筑冬季温度分布于 16~29℃范围，中位数为20.6℃，部分建筑冬季温度高于 24℃的标准限值，另外部分建筑冬季温度低于 18℃的标准限值，这说明在有些建筑中，冬季需提升建筑内温度以改善热舒适水平，而在有些建筑中冬季存在过热现象，节能潜力明显。夏季温度分布于 19~35℃范围，中位数为 25.3℃，同样存在着部分建筑高于 28℃的标准限值，而部分建筑低于 24℃的标准限值的情况。夏季相对湿度分布于 11%~82% 的范围，中位数为 59.1%，除个别建筑达不到标准限值要求外，大部分相对湿度分布于限值以内；建筑内风速分布于 0~1.8m/s 的范围，平均值为 0.2m/s，中位数为 0.2m/s，大部分建筑风速满足低于 0.3m/s 的风速限值要求。

由图 1–20 可知，CO_2 浓度分布于 383~3700ppm 的范围，平均值为 660ppm，中位数为 608ppm，个别建筑超标但大部分保持在 1000ppm 的限值以下；甲醛浓度分布范围为 0~2mg/m^3，平均数为 0.1mg/m^3，中位数为 0.05mg/m^3；TVOC 浓度分布范围为 0~5mg/m^3，

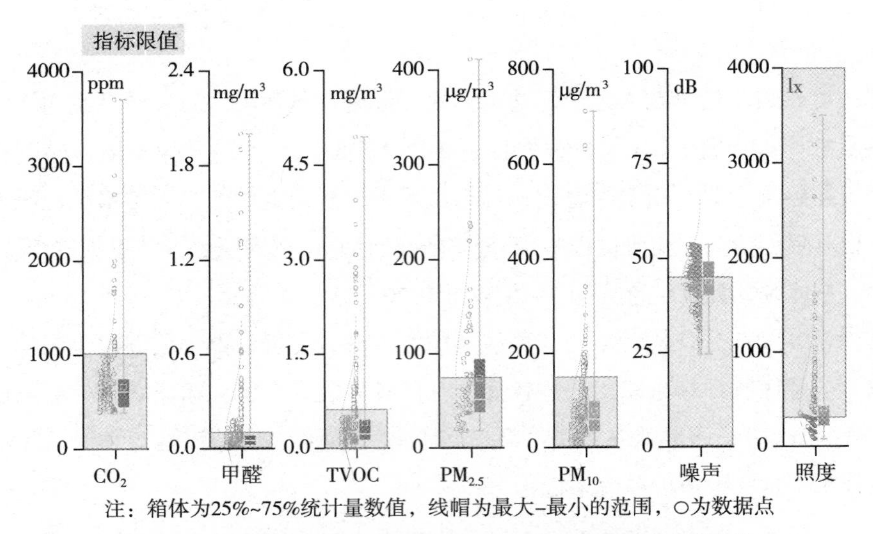

注：箱体为25%~75%统计量数值，线帽为最大–最小的范围，○为数据点

图 1–20　被调研的既有公共建筑室内空气质量及声光相关参数分布

平均值为 0.42mg/m³，中位数为 0.2mg/m³，主要数据分布于 0.6mg/m³ 以下；$PM_{2.5}$ 分布于 18~411μg/m³ 的范围，平均值为 74μg/m³，中位数为 51.3μg/m³，存在部分建筑 $PM_{2.5}$ 浓度超过 75μg/m³ 浓度限值的情况；PM_{10} 分布于 2.4~711μg/m³ 的范围，平均值为 76μg/m³，中位数为 59μg/m³，存在部分建筑 PM_{10} 浓度超过 150μg/m³ 浓度限值的情况；噪声分布于 24~85dB 的范围，平均值为 51.2dB，中位数为 50.8dB，较大比例的建筑超过标准限值要求；照度分布于 22~3500lx 的范围，平均值为 389lx，中位数为 300lx。

为进一步分析环境性能表现情况，以标准限值为依据，分析各参数的达标率情况，如图 1–21 所示。由图可知，被调研的既有公共建筑冬季温度、夏季温度、噪声、照度不达标率较高，分别为 46%、43%、49% 和 43%；$PM_{2.5}$ 次之，不达标率为 33%；相对湿度、风速、CO_2、甲醛、TVOC、PM_{10} 等参数不达标率相对较低，均在 20% 以下。

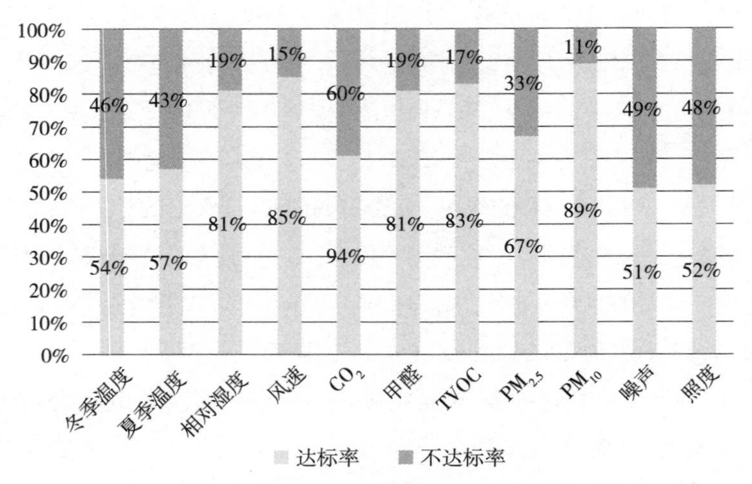

图 1–21　被调研的既有公共建筑室内环境参数达标率

1.3 总结

1.3.1 安全性能方面

1978 年以前既有公共建筑的结构承载力不满足现有鉴定规范要求的比例为 70.59%，1978—1989 年不满足率为 50.00%，1990—2001 年不满足率为 40.82%，2002—2010 年的不满足率为 12.00%，2010 年以后的不满足率为 9.09%。从既有公共建筑的结构承载力随时间变化的趋势来看，年代越久，承载力不满足率越高，即既有公共建筑的承载能力对现有鉴定规范的不满足率随着年代临迈而降低。

既有公共建筑的结构承载力情况，不同的建筑结构类型有一定差异，钢结构的结构承载力不满足现有鉴定规范要求的比例为 14.29%，钢筋混凝土结构的不满足率为 37.08%，砌体结构的不满足率为 51.22%，可见在这三种结构形式中，砌体结构的结构承载力不满足率最高，钢筋混凝土结构其次，钢结构的不满足率最低。

学校、办公楼、商场建筑、医院建筑的抗震承载力存在最大的安全性能问题，且需要提升的比例均超过 50%。办公楼抗震承载力提升需求率最高，达到 71.43%，商场建筑损伤状况也不容乐观，因此提升既有公共建筑安全性能非常必要。

1.3.2 能效性能方面

每个气候区的既有公共建筑调研样本中有 50% 左右的建筑能耗值高于标准约束值。《既有公共建筑综合性能提升技术规程》T/CECS 600—2019 将建筑能效水平划分为“一星级、二星级、三星级”，如高于《民用建筑能耗标准》GB/T 51161—2016 或其他标准的能耗约束值，即使其他评价项达到了一星级及以上的标准，整体能效水平也不能达到一星级。因此，目前既有公共建筑中大部分都需要进行能效提升改造。

同类型的建筑在不同气候区能效情况差异较大，医院类建筑在严寒和寒冷地区能效表现较好，大部分均低于能效约束值，但在夏热冬冷气候区和夏热冬暖气候区高于能耗约束值占比均达到 60%，一方面是由于该地区医院类建筑对节能重视较少，另一方面是由于该地区本身能耗约束值较低。办公类建筑同样在夏热冬冷气候区和夏热冬暖气候区有较高的能耗约束值不满足率，分别达到 55.6% 和 50%，而在严寒气候区和寒冷气候区能耗约束值不满足率略低。医院类建筑和办公类建筑在不同气候区能耗约束值不满足率的如上表现情况，说明此两类建筑在低温地区相较于其他地区更加注重建筑能效。商场类建筑和旅馆类建筑在不同气候区能耗约束值不满足率各自相当，不满足率均较高。

年代方面，2005 年之前建造的建筑的能耗约束值不满足率和能耗引导值不满足率分别为 38% 和 68%，而 2005 年之后（含 2005 年）分别为 35% 和 60%，从能耗引导值和约束值的角度可看出 2005 年之后（含 2005 年）的建筑能效性能整体偏好，较 2005 年之前的建筑，能耗约束值不满足率和引导值不满足率分别降低 7.9% 和 11.8%。总体而言，随着建设年代临迈，建筑能耗呈现出越来越低的趋势，这主要受益于经济的不断发展、技术水平的提高和国家节能措施的不断加强。

1.3.3 环境性能方面

本次调研的既有公共建筑冬季温度、夏季温度、噪声、照度不达标率较高，分别为 46%、43%、49% 和 48%；$PM_{2.5}$ 次之，不达标率为 33%；相对湿度、风速、CO_2、甲醛、TVOC、PM_{10} 等参数不达标率相对较低，均在 20% 以下。

不同气候区不同参数的表现情况存在差异，严寒气候区噪声、夏季温度和照度，不达标率分别为 60%、56%、50%，此三项超标建筑的数量较多。噪声与夏季温度整体偏离标准限值范围较远，提升需求明显。相对湿度、风速、CO_2、TVOC、PM_{10} 等指标不达标率相对较低；寒冷气候区冬季温度和照度不达标率较高，分别为 67% 和 48%，冬季温度、$PM_{2.5}$ 与照度整体偏离标准限值范围较远，提升需求明显，夏季温度、甲醛、$PM_{2.5}$、PM_{10}、噪声、照度不达标率均为 20%~50%；夏热冬冷气候区夏季温度、噪声和照度不达标率分别为 57%、46% 和 46%，夏季温度超标比例高，夏季温度、甲醛、TVOC、噪声、照度部分值偏离标准限值范围较远；夏热冬暖气候区噪声不达标率为 59%，夏季温度、噪声部分值偏离标准限值范围较远，照度不达标率次之，为 36%，其他参数不达标率均为 25% 以下。

综上，目前大部分使用时间较长的公共建筑，在建筑安全、环境、能效上存在较多问题，建筑综合性能提升的需求明显，为既有公共建筑改造工作的开展指明了方向。

第二篇
使用功能提升

第2章　建筑增层改造

2.1　概述

2.1.1　改造背景

我国既有公共建筑量大面广，有相当数量的公共建筑是多层建筑，建筑用地面积大，而且位于城市核心地段。在城市中心用地十分紧张、土地资源极其稀缺的背景下，城市核心地段用地更加显得“寸土寸金”。通过增层改造，可高效利用城市核心区域土地，不仅可以提升其商业价值，还对实现土地集约利用的战略目标具有十分重要的意义。

既有建筑可通过上部增层、中间加层、向外周扩展、开发地下空间，优化建筑内部的空间布局，改善建筑内部环境，增加可利用空间面积，提高土地利用率，节约用地资源。相比新建和拆除重建，向上增层和向下增建地下空间的改造方式更适合既有公共建筑，既经济、适用，又能够缓解用地紧张。由于大量既有公共建筑主要以低层和多层为主，结构承重潜力大。通过利用既有建筑物长期荷载作用下地基承载力的增长剩余，在地基不做处理或略加处理和不改变占地面积的情况下，进行增层改造，进而增加建筑面积，不仅节约了征地和配套费用，对周边环境影响小，还大大缩短了建设周期，降低了投资成本，是提高既有公共建筑利用效率的有效途径。

2.1.2　改造原则

根据增层部位和方向，增层改造可分为向上增层、室内加层和地下增层。其中向上增层根据荷载传递途径，进一步细分为直接增层、外套框架增层等。增层改造应遵循下列原则：

（1）安全可靠

①增层改造应以材料检验及房屋鉴定结果为结构设计的依据。

②充分发挥原有建筑的地基、基础和结构的承载力，并考虑各种不利因素，确保增层后的结构安全。

③增层改造结构应采用合理的结构体系，计算简图符合实际，传力路线明确，刚度和强度分布合理，构造措施可靠，保证增层后新旧结构协调。

④增层改造应与抗震加固相结合，确保新旧结构的抗震能力并协调好其关系，保证地震时增层改造后结构的安全。

（2）经济合理

①增层应进行多方案的技术经济比较，选择经济合理的方案。

②增层方案应充分发挥原有建筑的承载潜力。

③优先选用轻质高强度材料，以减少增层部分的重量，降低对原有结构及地基基础的影响。

④增层改造与功能改造相结合，完善原有建筑的设施和功能，提高既有公共建筑综合性能。

⑤回收利用改造中的废弃物，减少废弃物的排放量。

（3）施工方便

增层改造施工技术应考虑施工期间和改造后对相邻建筑的不利影响，缩短改造工期，并尽可能做到增层施工时原有建筑不间断使用或减少对正常使用的影响。

（4）美观实用

①完善增层部分和既有公共建筑的使用功能，提高实用性；改进立面外观，增层部分与既有建筑外立面应协调统一。

②采用新的装饰材料，使室内外环境协调舒适；因地制宜，保留具有地方特色的建筑风格。

2.1.3　工作程序

增层改造与新建建筑施工的程序不同。建筑是否适合增层改造，取决于该建筑是否具有增层和改造的潜力。应根据建筑的建造年代、破损程度、结构状况、重要程度及使用要求进行检测和评估。增层改造前应做好以下几方面的准备工作：

（1）技术经济评价

评价内容包括改造成本、使用功能的完善程度、部件设施的完好程度、工程寿命以及建筑面积等。

（2）建筑检测及鉴定

增层改造前应先对既有建筑的地基、基础、上部结构及其邻近建筑进行充分的调查，并进行质量鉴定。房屋的工程质量和使用状况是确定建筑能否增层的重要依据。调查、检测和鉴定报告的主要内容包括：

①调查地基土层分布及土质类别情况，原设计地基的承载力及承载力可能增长的情况，基础类型、尺寸、埋深、材料及现状，地下水位变化情况等。

②描述与评述建筑物的平面、剖面及结构布置，并对使用情况和现状做出评价。

③检查墙、梁、柱等结构构件有无明显损坏或裂缝，以及主体结构尺寸、材料、砌体、砂浆强度、结构构件连接情况等。

④对女儿墙、山墙、内墙、隔墙、楼梯等其他部件的现状进行检测并做出评价。

⑤调查邻近建筑物的情况（建筑物高度、基础埋深等）。

（3）建筑物结构构件及地基基础承载力复核

根据拟增层改造建筑的实际荷载及构造的实际情况，对主要承重结构构件复核验算，不能满足要求时，必须采取加固补强措施，提高承重结构及构件的承载能力。复核地基与基础的承载力，基础的计算宽度与实际宽度相差 10% 以内时，用加强上部结构整体刚度的方法来适应地基基础的变形；相差值超过 10% 时，设法减少加层结构自重、降低使用荷载，并采取加大基础、加固地基等办法。

根据现场调查、检测鉴定报告，编制可行性研究报告并提出改造初步方案，通过专家论证后对方案进行优化、细化，再编制施工方案并组织实施，实施过程中应注意加强监测。

增层改造主要工作流程如图 2-1 所示。

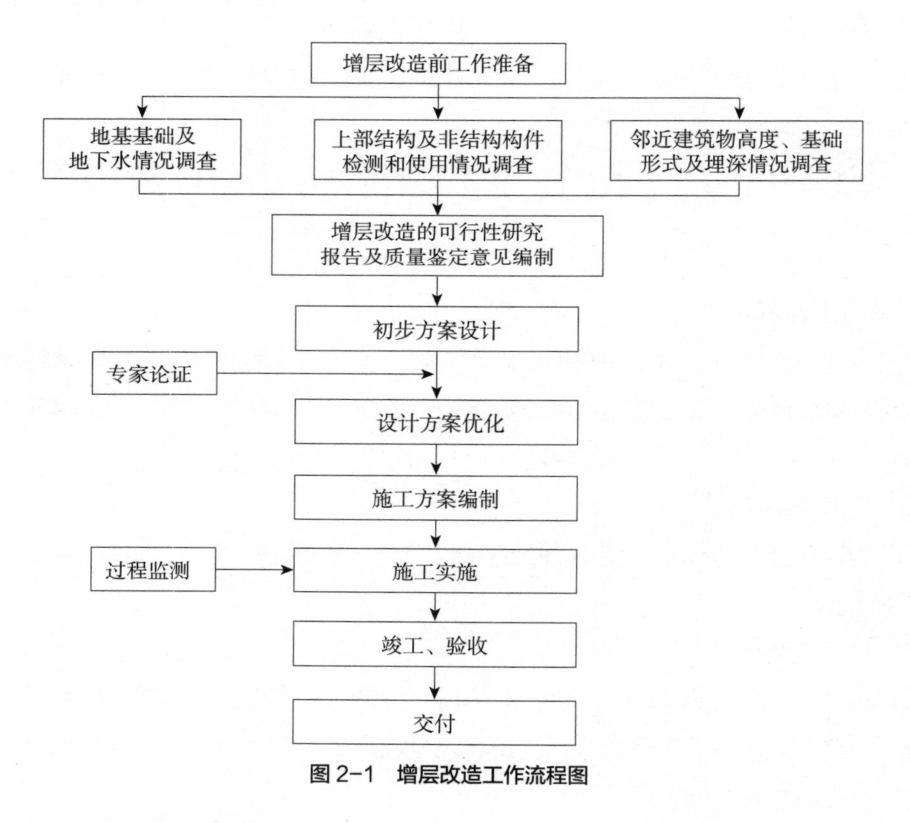

图 2-1　增层改造工作流程图

2.2　直接增层改造技术

2.2.1　技术概况

直接增层是指不改变结构承重体系和平面布置，在原有建筑的主体结构上直接加高，充分利用原建筑结构及地基的承载潜力，增层的荷载全部或部分由原有建筑的基础、梁、柱承担的增层方法，如图 2-2 所示。直接增层法适用于原结构的墙体和基础的承载力有一定富余和潜力，或经加固处理后即可直接加层与改造，且开间较小，而增层改建也无大开间要求的房屋。直接增层法应用广泛，经济性较好，工期较短，应予以优先考虑，但新加层数不宜超过三层。砖混结构、钢筋混凝土结构和钢结构建筑，若原建筑层数不多，均宜首先采用直接增层法。

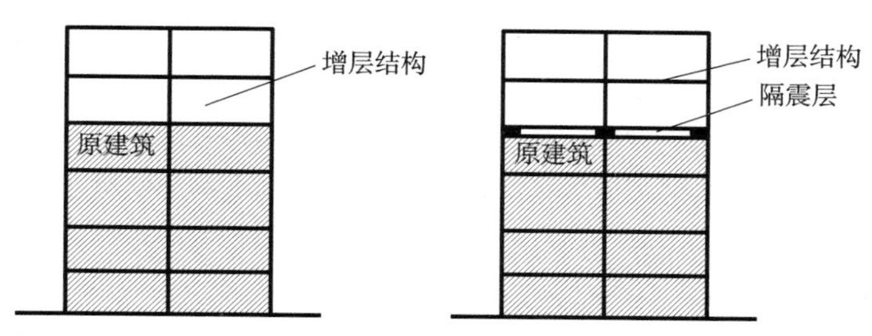

图 2-2　直接增层法示意图

2.2.2　技术要点

1. 地基基础设计要点

1）地基承载力

在增层前，应根据增层设计要求，按《建筑地基基础设计规范》GB 50007 的规定对原建筑房屋的地基进行勘察。当原房屋经长期使用，未出现裂缝和异常变形，地基沉降均匀，上部结构刚度较好，原基底地基承载力在 80Pa 以上，且使用 6 年以上的粉土、粉质黏土地基，使用 4 年以上的土地基或使用 8 年以上的黏土地基，结合当地实践经验，其原地基承载力可适当提高，按式（2-1）计算：

$$f_k=\mu_1 f_{0k} \qquad \text{式（2-1）}$$

式中　f_k——加层设计时地基承载力标准值；

f_{0k}——原房屋设计时的地基承载力标准值；

μ_1——地基承载力提高系数，按表 2-1 采用。

提高系数 μ_1 值　　表 2-1

p_0/f_{0k}	≥ 0.9	0.8	0.7	0.6	0.5
μ_1	1.25	1.2	1.15	1.1	1.05

当有成熟经验时，地基承载力也可采用其他方法确定。

2）地基变形的计算

建筑物增层后的地基变形包括原建筑物荷载下的残余变形和增层荷载引起的地基变形，其最终沉降量可按下式（2-2）~ 式（2-4）计算：

$$S=\Delta S'+S' \quad 式（2–2）$$

$$\Delta S'=\Psi_s\sum\frac{P_{zi}(1-U)}{E_{si}}H_i \quad 式（2–3）$$

$$S'=\Psi_s\sum\frac{\Delta P_{zi}}{E_{si}}H_i' \quad 式（2–4）$$

式中　S——增层后地基的最终沉降，mm；

$\Delta S'$——原荷载产生的残余变形，m；

S'——增层后新增荷载引起的地基变形，mm；

P_{zi}——第 i 层土在原建筑物荷载作用下产生的附加应力，kPa；

UP_{zi}——第 i 层土的有效附加应力，其中为增层时地基土的固结度；

H_i、H_i'——分别为第 i 层土在原建筑物修建前和增层时的土层厚度，m；

ΔP_{zi}——增层荷载在地基中产生新的附加应力，kPa；

Ψ_s——沉降经验系数，根据沉降观测资料及经验确定，也可按现行有关标准确定。

当原建筑物地基土的固结度达到 85% 以上时，可认为原地基沉降已经稳定，原荷载下的残余变形可忽略。

3）基础加固

建筑物增层时，首先挖掘地基承载力潜力，当挖潜后的地基承载力仍不足时，可采用基础加固处理、扩大基础断面等方法进行加固。

当原有基础底面积不足时，可采用基础加宽法。对条形基础，可采用一侧加宽或两侧加宽法；对独立基础，可采用四边加宽法。

当基础有裂缝或底面积不足时，可采用基础外包素混凝土套或钢筋混凝土套法。

2. 上部结构设计要点

1）直接增层结构体系选择

（1）多层砖混结构房屋。在对地基基础和墙体承载力进行复核验算后，确认原承重结构的承载力及刚度能满足增层设计和抗震设防要求时，可不改变原结构的承重体和平面布置，尽可能在原来的墙体上直接砌筑砌体材料，然后架设楼板和屋面板。

（2）多层钢筋混凝土结构房屋。原结构为多层框架或框剪结构，增层部分仍采用框架或框剪结构。柱网布置一般要求与原结构一致，上下框架柱应对齐。对于 7 度及 7 度以上抗震设防区，不应采用多层钢筋混凝土结构上增设砖砌体房屋的增层方案。

（3）底层全框架上部其他结构房屋。增层部分一般采用砖混结构。

2）一般要求

（1）增层房屋抗震设计，首先应对不符合抗震要求的原建筑进行抗震加固设计，其次应对增层部分建筑进行抗震设计，同时应对增层后的整体房屋进行抗震验算。

（2）根据房屋增层鉴定的要求，按有关技术标准，对增层后的墙体结构、混凝土或钢构件进行承载力和正常使用极限状态的验算。

（3）增层设计时，将原建筑屋面作为增层后的楼板使用时，应验算其承载能力和变形程度，当不满足要求时应采取加固措施。新增加的楼梯宜采用钢筋混凝土楼梯或钢楼梯，其承载力应经计算确定。

（4）尽量减轻增层部分结构的自重，如承重墙可采用多孔空心砖，非承重墙可采用石膏板、加气混凝土砌块等轻质材料，屋架结构可采用轻钢屋架。

（5）增层后的建筑应避免立面高度或荷载差异过大，减少基础不均匀沉降。

（6）对砖混结构中混凝土构件的加固，应符合《混凝土结构加固技术规范》GB 50367 的规定。

（7）增层房屋基础加大部分为钢筋混凝土时，应符合《建筑地基基础设计规范》GB 50007、《混凝土结构设计规范》GB 50010 中的有关规定。承载力验算时，混凝土和钢筋的强度设计值乘以 0.8 的折减系数。

3）多层砌体结构直接增层设计

（1）抗震设防区的多层砌体房屋增层，当抗震墙不能满足规范要求时，应增设抗震砖墙或对原砖墙采用钢筋网水泥砂浆或钢筋混凝土面层加固。

（2）多层砌体结构增层后的总高度、层数限值和房屋最大高宽比应符合《建筑抗震设计规范》GB 50011 中的有关规定。根据大量统计分析，在满足抗震和地基要求的前提下，砖混结构增层的合理层数可参考表 2-2。

砖混结构增层的合理层数　　表 2-2

地基容许承载力 /kPa 原有建筑物层数	80	100	120	140	160	180	200
1 层	1/2	2/3	3/4	3/4			
2 层	1/3	1/3	2/4	3/5	3/5		
3 层		1/4	1/4	2/5	2/5	3/6	3/6
4 层				1/5	1/5	2/6	2/6
5 层					1/6	1/6	2/7
6 层						1/7	1/7

注：分子为增加层数，分母为总层数。

4）多层混凝土结构直接增层设计

（1）增层后抗震等级提高的钢筋混凝土框架结构，应鉴定原有框架柱、框架梁能否满足抗震等级提高后的要求。

（2）对原结构截断框架梁、楼板开洞，抽去原有框架柱改成大空间等改造方式，应从概念设计出发，考虑新增构件的设置或原有构件的加强、取出对整体建筑扭转效应的影响，尽可能地使加固后结构的重量和刚度分布均匀对称。

（3）验算增层后结构层间弹性位移角、弹塑性位移角能否满足规范要求。

5）底层全框架房屋直接增层设计

不同设防烈度的底层全框架房屋，增层后的房屋总高度和层数的限值不应超过表 2-3 的限值。

总高度与层数限值　　表 2-3

设防烈度	总高度 /m	层数
6 度、7 度	19	6
8 度	16	5

注：总高度指室外地面到檐口高度，半地下室可从室内地面算起，全地下室可从室外地面算起。

3. 构造措施

1）抗震设防区的砖混结构增层改造应采取下列构造措施：

（1）原房屋的顶部、增层部分的每层楼盖和屋盖处的外墙、内纵墙及主要横墙上，均应设置钢筋混凝土圈梁，以提高其整体性和空间刚度，使增层部分新增荷载均匀地传到原建筑物上，防止增层后产生不均匀沉降。

（2）当原房屋设有构造柱时，增层部分的构造柱钢筋与原构造柱钢筋通过焊接连接。当原房屋未设构造柱时，应增设混凝土构造柱，或采用夹板墙加固。

（3）抗震加固的构造柱必须上下贯通，且应落到基础圈梁上或伸入地面下 500mm。

（4）构造柱与圈梁应可靠连接。

2）抗震设防地区的砖混结构的抗震墙不能满足抗震规范要求时，应增设抗震砖墙，或对原砖墙采用钢筋网水泥砂浆或钢筋混凝土面层加固。

（1）抗震砖墙的构造应符合下列规定：抗震砖墙应设置基础，其埋置深度宜与原房屋基础相同；新增抗震砖墙应上下层连续，上层不需设置抗震墙时，可在该层终止；新增墙体与原有墙体应有可靠的拉结；墙顶应与楼屋盖紧密结合；当新增抗震砖墙沿预制板的板长方向压在预制板的空心部位时，应将空心部分凿开，用混凝土填实；新增抗震砖墙的厚度不应小于 240mm，墙体用砖的强度等级不应低于 MU7.5，潮湿房间用砖的强度等级不应低于 MU10，砂浆强度等级不应低于 M5.0，加筋砌体的砂浆强度等级不应低于 M7.5。

（2）钢筋网水泥砂浆或钢筋混凝土面层加固砖墙（简称“夹板墙”）的构造应符合下列规定：夹板墙采用的水泥砂浆的强度等级不应低于 M10，厚度不应小于 35mm，采用喷射混凝土时，其强度等级不应小于 C20，厚度不应小于 50mm；钢筋网的钢筋直径宜采用 4mm 或 6mm，网格为 250mm × 250mm。钢筋保护层不应小于 15m，离原墙面不宜小于 5m，双面钢筋网应采用 $\varphi 6$“S”形穿墙钢筋拉结固定，并呈梅花状布置，间距为 1m；房屋底层夹板墙应伸入地坪下 500mm；竖筋穿过楼板时，应在楼板上穿孔，插入短筋，孔距 800mm 左右，短筋截面不应小于孔间竖筋截面之和，短筋上下与竖筋搭接长度不小于 400mm，孔洞应用细石混凝土填实；钢筋网与墙体应有可靠连接。

3）当原多层砖混结构的圈梁设置不符合抗震设计要求时，应增设外加圈梁或钢拉杆；当原多层砖混结构的构造柱不满足抗震要求时，应外加构造柱。

4）增层新楼梯与原楼梯的连接处，其梁板钢筋应焊接，焊接长度不小于 10d（d 为梁板钢筋直径），梁钢筋直径不宜小于 16mm，板钢筋直径不宜小于 10mm。

2.2.3　应用案例

工程概况：某中学教学楼为 3 层砖混结构，预制空心板平屋顶，决定将原楼直接增加 1 层。经调查，原建筑墙体结构和基础完好。

加层结构方案：为减轻增层的重量，加层部分采用钢筋混凝土柱承重，柱中间采用空心砖墙体，柱子与三层顶的圈梁浇筑成一体，并加强了圈梁与下层墙体的连接；屋顶采用木屋架和平瓦坡屋面结构，如图 2-3（a）（b）所示。

基础加固方案：内纵墙的基础采用抬梁法加固，走道柱基础采用四面加宽基础面积方式加固，两侧山墙基础采用单面加宽基础面积方式加固，如图 2-3（c）（d）（e）所示。

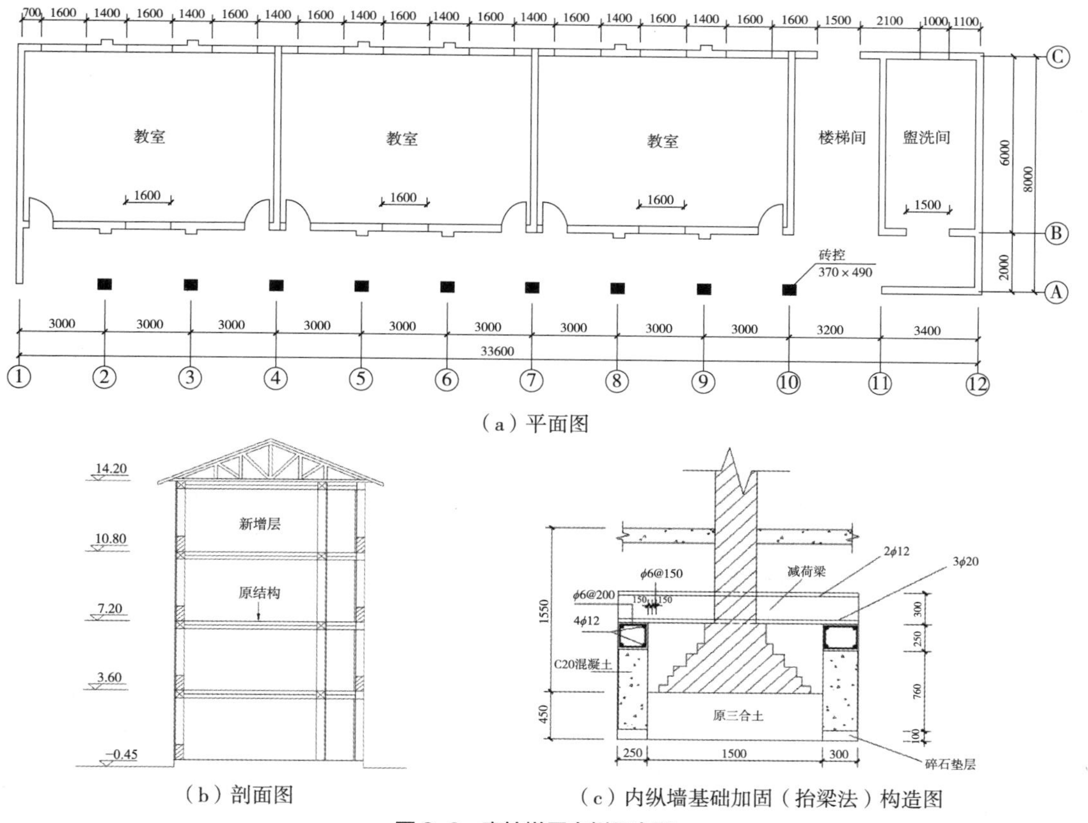

（a）平面图

（b）剖面图

（c）内纵墙基础加固（抬梁法）构造图

图 2-3　直接增层案例示意图

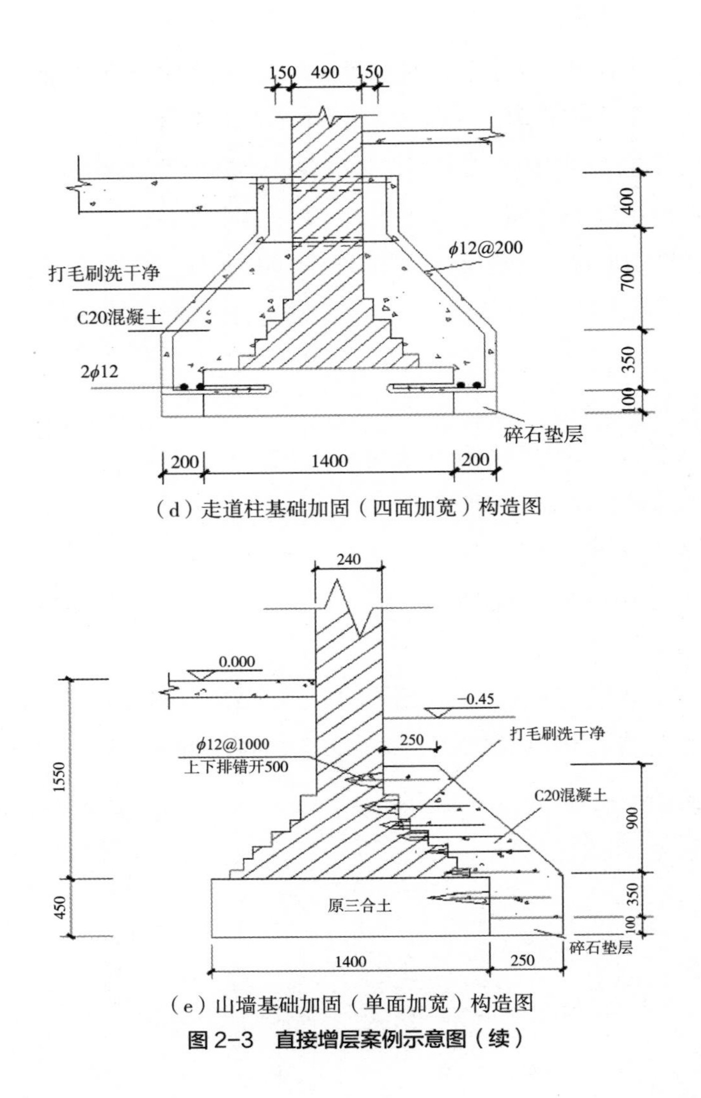

（d）走道柱基础加固（四面加宽）构造图

（e）山墙基础加固（单面加宽）构造图

图 2-3　直接增层案例示意图（续）

2.3　外套增层改造技术

2.3.1　技术概况

外套结构增层是指在原建筑物上外套框架结构或其他混凝土结构的总称，增层荷载全部通过在原建筑物外新增设的（墙、柱等）外套结构传至新设置的基础和地基。该方法可以使原有房屋与加层新建的建筑物之间不存在承重关系，原有房屋被包在外套结构内，外套结构的柱基可以利用原结构加固后的基础，也可以在原有基础外部重新布置，这样避免了加层部分的荷载传到原有房屋产生不利影响。当在原有建筑物上要求增加的层数比较多，增加的荷载比较大，不能采用直接增层法时，一般可以用外套结构增层法。也有研究提出在外套结构和既有结构之间设置阻尼连接，利用两个结构主体之间的相对变形进行耗能，以利于新旧结构主体抗震，如图 2-4 所示。

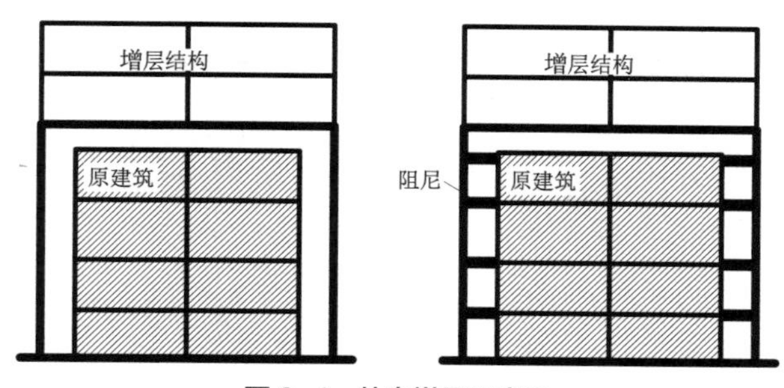

图 2-4　外套增层示意图

外套结构增层，不但节约土地资源，而且使房屋造型与周围新建房屋相协调，同时可避免因拆除重建而带来的一些棘手问题。适用于需要改变原房屋平面布置，或原承重结构及地基基础难以承受过大的加层荷载，或用户搬迁困难加层施工时不能停止使用等情况。

2.3.2　技术要点

1. 设计要点

1）外套增层结构体系选择

（1）分离式外套增层结构

砌体结构房屋外套增层以分离式为主，主要形式如图 2-5 所示。

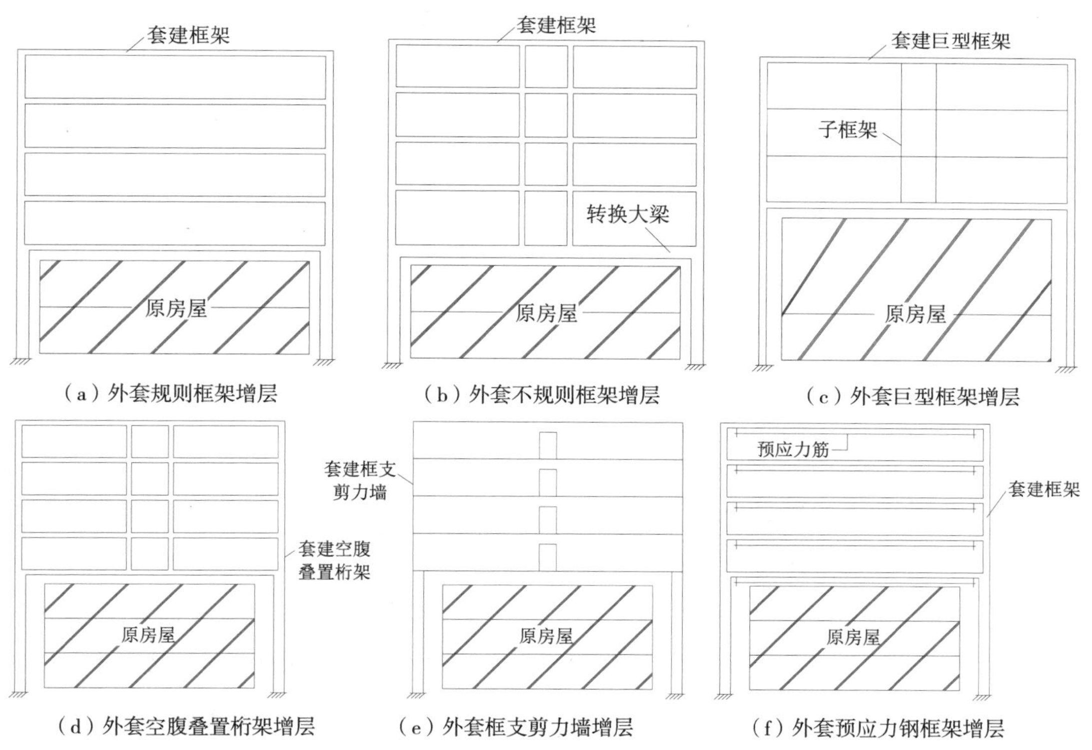

图 2-5　分离式外套增层结构方案示意图

（2）协同式外套增层结构体系

钢筋混凝土结构房屋可采用协同式外套增层，应注意通过连接节点实现新旧房屋结构竖向自由变形、水平协同工作。协同式外套增层结构体系主要形式如图 2–6 所示。

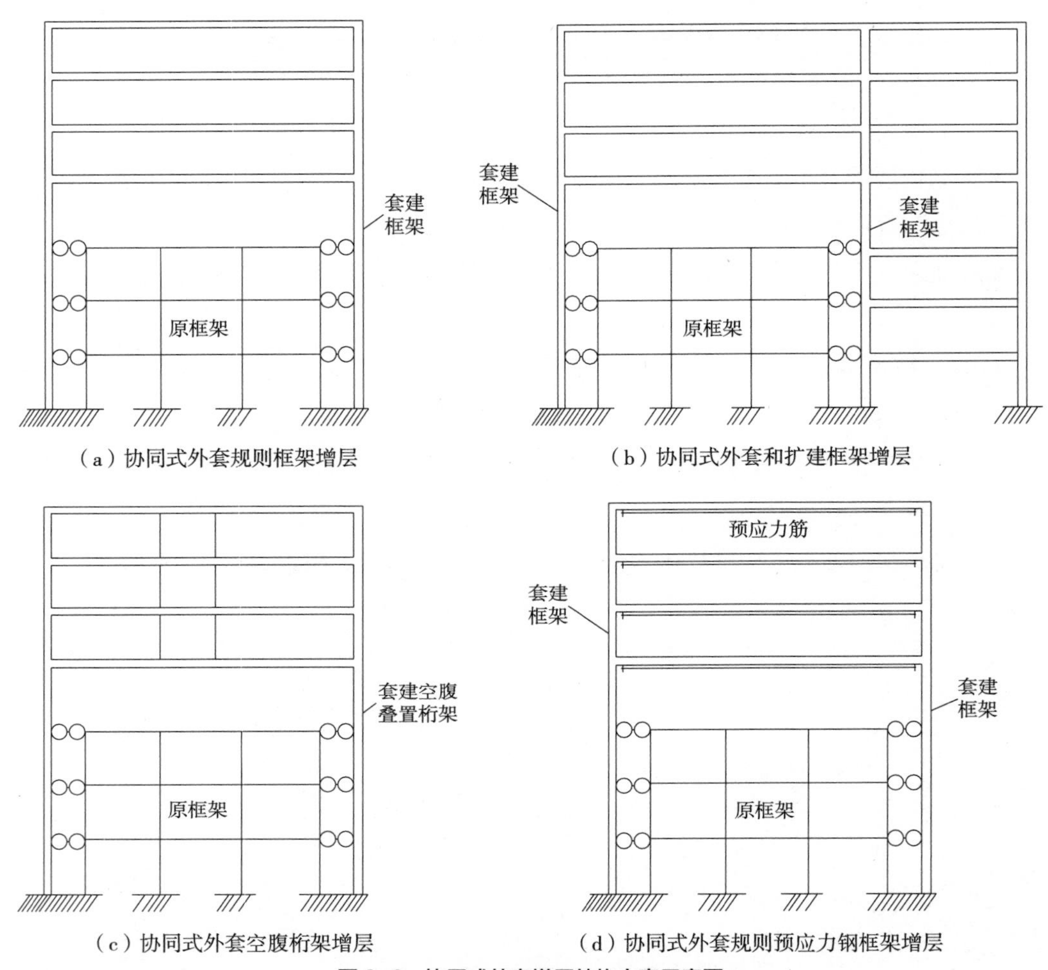

（a）协同式外套规则框架增层

（b）协同式外套和扩建框架增层

（c）协同式外套空腹桁架增层

（d）协同式外套规则预应力钢框架增层

图 2–6　协同式外套增层结构方案示意图

2）外套结构增层设计要求

（1）采用分离式外套增层的房屋，按各自的结构分别进行承载力和变形计算，不考虑相互影响。

（2）外套结构应有合理的刚度和承载力分布，防止结构竖向刚度突变，形成薄弱底层。

（3）七层及以下的外套结构，其地震作用可采用振型分解反应谱或底部剪力法。总层数 8 层及以上的外套结构，其地震作用可采用振型分解反应谱法，并宜采用时程分析法进行补充计算。

（4）外套结构房屋的总高度和总层数，应根据地震抗震设防烈度、场地类别、施工时房屋的使用要求、经济效益等综合确定，总高度和总层数限制如表 2–4 所示。

外套结构房屋总高度与总层数限值　　表 2–4

外套结构类型	非抗震设防区		6 度		7 度		8 度	
	高度 /m	层数	高度 /m	层数	高度 /m	层数	高度 /m	层数
底层框剪上部砖混	21	7	19	6	19	6	19	5
底层框剪上部框架	24	8	24	8	21	7	19	6
底层框剪上部框剪	30	10	27	9	24	8	21	7
底层框架上部砖混	19	6	—	—	—	—	—	—
底层框架上部框架	21	7	19	6	19	6	—	—

（5）外套结构底层层高，不宜超过表 2–5 规定的限值。

外套结构底层层高限值　　单位：m　表 2–5

外套结构类别	非抗震设防区	6 度	7 度	8 度
底层框剪上部砖混	12	12	9	9
底层框剪上部框架	15	15	12	12
底层框剪上部框剪	18	18	15	15
底层框架上部砖混	9	—	—	—
底层框架上部框架	12	12	8	—

（6）外套框架柱的计算长度应按式（2–5）计算：

$$L_0=H\left[1+0.2\left(\frac{1}{a_u}+\frac{1}{a_l}\right)\right] \qquad 式（2–5）$$

式中的 a_u、a_l 分别为考虑柱段上节点和下节点处的梁、柱线刚度比，可按式（2–6）计算：

$$a=\frac{\sum(E_{cb}J_b/L)}{\sum(E_{cc}J_c/H)} \qquad 式（2–6）$$

式中　E_{cb}、E_{cc}——分别为梁、柱混凝土的弹性模量；

J_b、J_c——分别为梁、柱毛截面的惯性矩（可不考虑钢筋的影响）；

L——梁的轴线跨度；

H——楼层层高。对底层柱，H 取基础顶面到一层楼盖顶面之间的距离；对其余各层柱，H 取上、下两层楼盖顶面之间的距离。

3）外套结构增层地基基础要求

（1）外套结构的基础应按新建工程基础对待，应防止对原建筑物地基基础造成不利影响。

（2）外套结构基础形式和持力层的选择不应对原房屋基础产生不利影响，宜选择基岩或低压缩性土层作持力层。

（3）当外套结构荷载较小且为Ⅰ、Ⅱ类场地时，也可采用天然地基，但应采取措施，防止对原有基础及相邻建筑产生不利影响。

（4）当采用桩基时，宜选用挖孔桩或钻（冲）孔灌注桩，不宜采用挤土类的桩。当承台底深于原房屋基底时，应选用钢筋混凝土板桩或做临时支挡。

2. 构造要求

1）外套结构底层钢筋混凝土梁板柱墙的混凝土强度等级不应小于 C25。

2）外套结构底层框架柱的抗震构造应符合下列要求：

（1）柱截面宽度不宜小于 400mm，柱截面高度不宜小于梁跨度的 1/12。

（2）轴压比应控制为 0.65~0.70。

（3）柱纵向钢筋应采用对称配筋，接头宜采用焊接；全部纵向受力钢筋配筋率不大于 4%，大于 3%时箍筋应焊接。

（4）当设防烈度为 6 度时，箍筋直径不应小于 8mm，间距不应大于 200mm；7 度、8 度时，箍筋直径不应小于 8mm，间距不应大于 150mm；对角柱、短柱宜选用复合箍筋，间距不应大于 150mm。

3）外套结构底层框架梁的抗震构造应符合下列要求：

（1）梁截面的宽度不宜小于 300mm，且不宜小于柱宽的 1/2，其高宽比不宜大于 4。

（2）梁净跨与截面高度之比不宜小于 4。

（3）梁顶面和底面的通长钢筋各不少于 2 根，直径不小于 20mm，且截面面积不应小于梁端顶面和底面纵向钢筋中较大截面面积的 1/4。

（4）梁端截面的底面和顶面配筋量的比值，除按计算确定外，不应小于 0.5。

4）外套结构底层剪力墙的抗震构造应符合下列要求：

（1）剪力墙周边应与梁柱相连，剪力墙厚度不应小于 160mm。

（2）剪力墙不宜开洞，当必须开洞时应进行核算，并在洞口四周设暗梁、暗柱加强，暗柱截面积为（1.5~2.0）b_w^2（b_w 为剪力墙厚度），配筋不少于 4 根，直径不小于 16mm，箍筋直径不应小于 8mm，间距不宜大于 200mm。

（3）不宜采用错洞剪力墙，当必须采用错洞墙时，洞口错开距离不得小于 2m，并用暗梁、暗柱组成暗框架加强。

（4）剪力墙的竖向和横向分布钢筋，采用双排布置；双排钢筋之间应采用拉筋连接，拉筋直径不应小于 6mm，间距不得大于 600mm，拉筋应与外皮钢筋钩牢。

（5）剪力墙水平和竖向分布钢筋的配筋率均不应小于 0.25%，直径不宜小于 8mm，间距不宜大于 300mm。

（6）剪力墙中线与墙端边柱中线应重合；在其全高范围内的端柱箍筋直径不应小于 8mm，间距不宜大于 150mm。

5）外套结构跨越原房屋的大梁时，施工阶段应对其对原房屋的影响进行结构验算。原房屋的砖外墙不宜作为支模的支撑点，宜利用框架柱设临时钢牛腿作为梁端支点。内墙支撑施工荷载承载力不足时，可临时封闭局部门窗或设置可靠的支顶。可将跨越原屋面的大梁设计为叠合梁。

6）外套结构框架柱与原房屋外墙的距离，应根据原建筑物的基础宽度、桩基施工机具的最小作业宽度、承台的最小宽度、新外墙与原外墙之间可以利用的宽度等因素综合确定。在增层施工中需正常使用的房屋，应不破坏原屋面防水层，跨原屋面梁的梁底距原屋面防水层最高点的高度不宜小于 4mm，且该层楼面宜采用装配整体式叠合板。

2.3.3　应用案例

工程概况：某高校实验楼，4 层钢筋混凝土框架结构，建于 20 世纪 80 年代，框架外柱尺寸为 370mm × 370mm，中柱尺寸为 370mm × 240mm 或 300mm × 300mm，由于教学规模不断扩大，该楼的现有面积已不能满足目前的使用需求，故根据业主的要求，准备将该楼由目前的 4 层加建到 6 层。

对实测数据按现行规范复核验算，原有的地基承载力、基础、梁柱已不能满足直接加层的要求，故采用外套框架进行增层。需要解决的问题是，房屋的跨度大（加层后轴线跨度 19.4m），因增层后总高度须控制在 24m 内（业主要求）的限制难以采用普通框架。最后确定方案为采用外套框架结构及与腹板柱转换结构体系相结合，使所加 3 层梁共同工作，并利用腹板柱调节梁内弯矩，减小框架梁截面高度，以达到使用要求。增层后第五层平面图和剖面图分别见图 2–7、图 2–8。

原建筑物建成并已投入使用 20 多年，地基变形、建筑物沉降早已完成。外套框架在竖向荷载作用下，将会产生沉降，为防止外套框架沉降对原有部分产生影响，将外套框架与原有部分脱开。但在水平荷载作用下，外套框架如果不与原有部分进行可靠拉结，16.7m 的柱高度使其抗震能力难以满足要求。所以在原楼层处，外套框架与原有部分采取措施进行拉结。

外套框架柱截面尺寸为 450mm × 650mm，框架与原结构相连的外挑梁的截面尺寸为 250mm × 600mm。Ⓑ、Ⓔ轴缀板截面尺寸为 250mm × 800mm，Ⓒ、Ⓓ轴截面尺寸为 250mm × 500mm。梁③在屋面上翻 100mm。混凝土设计强度等级为 C40。

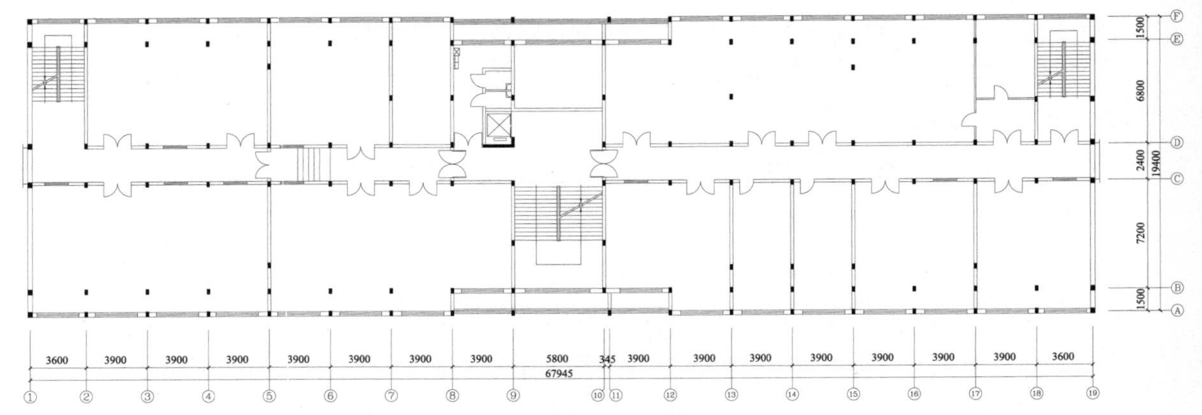

图 2-7　增层后的第五层平面图

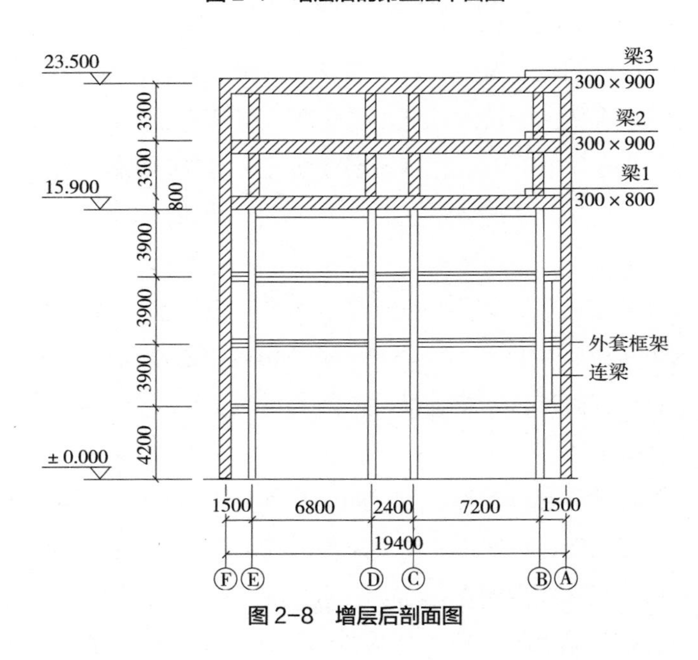

图 2-8　增层后剖面图

2.4　室内增层改造技术

2.4.1　技术概况

室内增层是指在既有房屋室内增加楼层或夹层的一种加层方式。既有建筑室内净空较高时，为扩大使用面积，可采用在室内增层的方法。根据室内增层与既有建筑的结构是否脱开，分为两类：在室内另设独立框架承重体系，增层荷载通过新设结构传至新基础，称为分离式室内增层；原建筑室内比较空旷而又不够坚固时，加层新设结构体系与原结构形成整体，增层荷载通过原结构直接传至原基础，称为整体式增层（包括吊挂式、悬挑式增层）。

室内增层对原建筑外观几乎没有改变，可充分利用原建筑的屋盖、外墙和室内空间，只需增加承重构件，是一种合理有效的增层改造形式，适用于大空间的车间、仓库等空旷的单层或多层房屋。

2.4.2　技术要点

1. 设计要点

1）分离式室内增层

分离式室内增层，由于与原结构脱开，增层部分自成独立的结构体系，与原有结构按各自的结构分别进行承载力和变形计算，无需考虑相互间的影响，一般可按新建房屋进行承载力和变形计算。增层结构应有足够的刚度，防止在水平作用下变形过大与原建筑发生碰撞；或与原建筑保持足够的空隙，确保新、旧建筑的自由变形。

2）整体式、吊挂式和悬挑式室内增层

这三种室内增层方式都与原有结构发生关系，新增部分与原有结构相连，因此对原结构在弹性阶段和弹塑性阶段的受力和变形都有影响，应考虑令新旧结构在荷载作用下协调工作，选择合理的计算简图及计算方法，采取可靠的构造措施。

（1）对于室内增层的结构，应从结构整体出发，考虑其抗震性能，避免部分构件加固后薄弱部位转移。

（2）为室内增层房屋做抗震设计时，首先对不符合抗震要求的原房屋进行抗震加固设计，其次对增层部分构件进行抗震设计，最后对整体房屋进行抗震验算。

（3）悬挑式室内增层，增层部分构件设计中除考虑一般荷载作用下强度和变形验算，跨度较大的悬挑还应考虑竖向地震作用效应的影响，相应转到原结构柱、墙上的荷载也应考虑竖向地震作用。

（4）按现行国家标准，对加层后相连接并对其产生影响的地基基础、墙体结构、混凝土构件进行承载力和正常使用极限状态的验算。

2. 构造要求

1）当室内增层结构与原建筑物完全脱开，并形成独立的结构体系方案时，新旧结构间应留有足够的缝隙，按变形最不利情况进行验算，缝宽不宜小于 100mm。

2）当室内增层结构与原房屋相连时，应保证新旧结构有可靠的连接，并应符合下列规定：

（1）单层砌体结构室内增层时，室内纵、横墙与原房屋墙体连接处应设构造柱，并用锚栓与旧墙体连接，在新增楼板处加设圈梁。

（2）钢筋混凝土单层厂房或钢结构单层厂房室内增层时，新增结构梁与原房屋柱的连接宜采用铰接。

（3）新增结构的基础设置，应考虑是否会对原有房屋结构基础及设备基础产生不利影响。

参考文献

[1] 苗启松，李今保，李文锋，等. 建筑物增层工程设计与施工 [M]. 北京：中国建筑工业出版社，2013.

[2] 黄兴棣，田炜，王永维，等. 建筑物鉴定加固与增层改造 [M]. 北京：中国建筑工业出版社，2008.

[3] 唐业清，林立岩，崔江余，等. 建筑物移位纠倾与增层改造 [M]. 北京：中国建筑工业出版社，2008.

[4] 王清勤，唐曹明. 既有建筑改造技术指南 [M]. 北京：中国建筑工业出版社，2012.

第3章　无障碍改造

3.1　概述

随着我国经济与社会文明的发展，无障碍环境建设成为营造“以人为本、全民共享”社会氛围的一大要点。然而，我国无障碍设计起步较晚，导致既有公共建筑，尤其是建造年代较为久远的公共建筑无障碍环境建设较落后，常存在以普通人的设计参数为依据设置建筑空间或设施难以满足障碍人士使用需求，无障碍设计成点状布局而系统性较差，无障碍设施与空间其他部分协调性较差，缺乏对色彩材质等基本要素的考虑，缺乏对视听障碍者、老年人等障碍人群的考虑等问题，影响了老年人、儿童、残疾者等障碍人群在公共建筑中自主活动的平等性。因此，在政策引导与使用者的强烈需求下，提升我国既有公共建筑环境无障碍性能势在必行。

既有公共建筑无障碍改造设计应针对不同的建筑类型，分析使用人群的活动特征、生理特征与心理特征，总结既有公共建筑中的障碍点，从尺度、空间、部品等方面进行协调性无障碍改造，满足各类人群的无障碍需求。其中，无障碍改造的对象主要包括老年人、儿童、肢体障碍者（如坐轮椅者、拄拐者、病人、孕妇等）、视觉障碍者、听觉障碍者、语言障碍者、智力障碍者、心理障碍者、肢体不自由者（如持重物者、带婴儿者、持推车者等）等难以通过自身顺利完成活动的人群。上述人群常见的障碍类型主要为感知障碍、移动障碍和使用障碍。

因受建筑结构与空间、使用人群需求等方面的限制，既有公共建筑无障碍改造应遵循以下原则：

（1）兼顾建筑安全与使用安全。既有公共建筑无障碍改造应在保证建筑结构和水电等安全性的同时，保证建筑使用者在建筑中发生行为时无安全隐患。这要求设计师注重无障碍改造的合理性与安装的坚固性。

（2）兼顾不同人群的使用需求。既有公共建筑无障碍改造在不影响一般人群使用的基础上，满足障碍人群的使用需求。同时，应弱化针对障碍人群的特殊设计，从生理与心理两方面实现平等使用。

3.2 室内主要使用空间无障碍改造技术

3.2.1 技术概述

既有公共建筑室内主要使用空间的常见问题包括注重空间主要使用功能的组织而轻视障碍人士的实际活动需求、缺乏无障碍设施或设置不合理、使用轮椅或拐杖等助行设备时通行不畅且易发生碰撞、标识指向不明确等。本节主要从障碍人士在既有公共建筑室内主要使用空间所发生的行为及行为发生所需要的空间与设施辅助等角度出发，针对空间、设施、色彩与标识等方面提出无障碍改造技术要点。

3.2.2 技术要点

1. 调整空间布局与空间尺度

既有公共建筑的类型不同、室内主要使用功能不同、平面布局不同，使其存在的问题也不尽相同。本节主要以商场、医院、旅馆为例，提出部分改造要点，见表3-1。

商场、医院、旅馆主要使用空间无障碍改造技术要点　　表3-1

建筑类型	主要发生的行为	可能发生的障碍	改造技术要点
商场	移动、选购、感知商品、结账、休息等	体力有限的老年人、儿童与下肢障碍者等人群在购物时易疲劳，但无处休憩	可在流线中部或端部，将部分售货区改造为休息区或餐饮区，以保证每层设置至少一处休息区，且尽可能分散布置
		在休息区停放轮椅或婴儿车后，易影响他人通行	调整休息区与餐饮区的布局，预留婴儿车存放专区与轮椅使用专区
		试衣间空间不足，无法满足带婴儿或儿童者、残疾人或老年人等需要陪伴试衣的人群使用	将两间试衣间合并为一间
		轮椅使用者在货架间或付款通道通行时，易发生碰撞，甚至无法通过	调整货架间距与付款通道宽度，保证净宽不小于0.8m
医院	移动、就诊、康复等	门诊大厅空间不足，不能适应就诊者较多的情况，导致病障人士易发生碰撞	合并门诊大厅相邻空间或向外扩建
		照护者在门诊大厅办理手续时，轮椅使用者、使用婴儿车者等人群无等候区，易影响他人通行	重新组织门诊大厅的空间布局，或进行扩建，预留等候区与轮椅停放专区，同时调整空调出风口不正对等候区
		扶梯端部缺乏缓冲空间，老年人等行动迟缓的障碍者易在扶梯端部发生碰撞	调整平面布局，在扶梯端部形成一定围合的缓冲空间
		门诊区走道未预留候诊区，尤其缺乏轮椅使用者、使用婴儿车者等人群的候诊区	将部分诊室整合为候诊区或缩小诊室面积，扩大走道净宽
		病房无独立卫生间	可利用阳台空间，安装预制卫生间

续表

建筑类型	主要发生的行为	可能发生的障碍	改造技术要点
旅馆	移动、登记与付款、居住行为（就寝与个人卫生行为）等	在大厅休息区与就餐区停放轮椅或婴儿车后，易影响他人通行	调整大厅休息区与就餐区的布局，预留轮椅使用专区
		空调出风口正对大厅休息区或客房床位等，易对老年人、肢体障碍者等障碍人群产生健康危害	调整空调出风口位置，不正对使用者长时间停留的区域，或增加挡风板
		无障碍客房位于走廊端部等距离交通核或公共服务设施较远的位置，使障碍者行走路线较长	将无障碍客房调整至近出入口与公共服务设施的位置
		无障碍客房空间尺度不合理，导致轮椅使用者难以转向或照护者照护困难	调整无障碍客房布局，在出入口、卫生间、床、衣柜等位置预留直径不小于1.5m的轮椅回转空间或不小于1.2m×1.6m的轮椅转向空间

2. 消除高差

由于设计施工或产品选用不合理，导致不同功能空间交接处、防火门及防火卷帘处等室内主要使用空间通行区域存在高差，轮椅使用者、视觉障碍者等障碍人群通行困难，甚至因忽视高差或对高差判断有误发生危险。因此，应通过局部拆除或抹平，或重新铺设地面整体等手段，消除室内主要使用空间通行区域的高差。若高差无法消除，建议设置坡度不大于1∶12的缓坡，并在缓坡两端设置明显提示或警示标识。

3. 设置无障碍设施

首先，应将既有公共建筑的服务台、收款台等调整为高低位台面，并设置高低位休息座椅，考虑设置拐杖、行李、婴儿车等停留空间。其中，低位台面高度不宜超过0.8m，且台面下方应留空，以便于轮椅使用者靠近并使用。

其次，饮水器、取票机、柜台机等服务设施，应考虑低位布局，并预留轮椅转向空间；屏幕等信息服务设施，应采用大字体电子显示屏，并增加语音信息服务设施。

最后，不同类型的既有公共建筑应针对特殊的使用功能，增加针对性的无障碍设施。比如，旅馆的客房可增加闪光报警装置等，以便于听觉障碍者使用；采用具有夜间指示灯的宽面板开关，以便于老年人及肢体障碍者等障碍人群使用；在一般照明的基础上，在储物柜内部、穿衣镜、化妆镜等部位设置局部照明，以便于老年人及视觉障碍者使用；在卫生间坐便器附近安装扶手，在淋浴区设置防滑垫、浴凳与扶手，在盆浴区增加可坐平台，在盥洗区设置下方留空的洗面台，以便于老年人、腰部障碍者等障碍人群使用，提高使用安全性；在卫生间增加紧急呼救装置；调整卫生间门为外开门，以避免障碍人群发生危险后堵住门口而无法及时救援。

4. 调整标识系统

标识系统作为公共建筑中使用者感知环境信息的重要途径，承担着明确关键功能空间的位置、流线形式和方向及无障碍设施的位置，为使用者提供有效的方向、指引和信息等职责。进行无障碍改造时，应从可视、可触、可听等角度对标识进行整体规划与分类设置。

首先，对于可视标识，应将小字体、色彩对比不明显的标识调整为大字体、具有明显色彩与亮度对比的标识，以便于视觉障碍者使用；可在地面或空中或空白墙面增加明显的标识或装饰，明确流线，以便于视觉障碍者与方向障碍者使用。

其次，应在出入口、拐角处、卫生间入口、扶手起点等节点位置增加盲文说明或触摸引导，且信息台或指引板的高度应为0.9~1.2m。地面的盲道设置应符合国际习惯，提高盲道的可达性。在标识前方0.3m处设置盲道终止提示砖，并辅助设置可触摸式和发声提示设施。此外，结合定位式自动导游系统为障碍人士提供可听信息指示。可听系统应尽可能独立设置，可与手机系统相联系，以避免影响其他人群。

最后，改造后的标识应安装牢固，无安全隐患。避免在通行道路上增设突出标识牌，且增设的悬空标识牌下方净空不宜过小，以避免倾覆伤人与意外磕碰。

3.2.3 工程案例

1. 德国科隆圣法兰克医院住院楼改造

改造前，该医院的病房缺乏独立卫生间，但受病房面积、建筑结构等限制，在既有病房内增设卫生间较困难。改造时，采用干作业手段，利用顶层外挑楼面梁悬挂自支撑式预制卫生间（见图3–1），在提升病房环境质量的同时，尽可能减少对当时入住病人的影响。

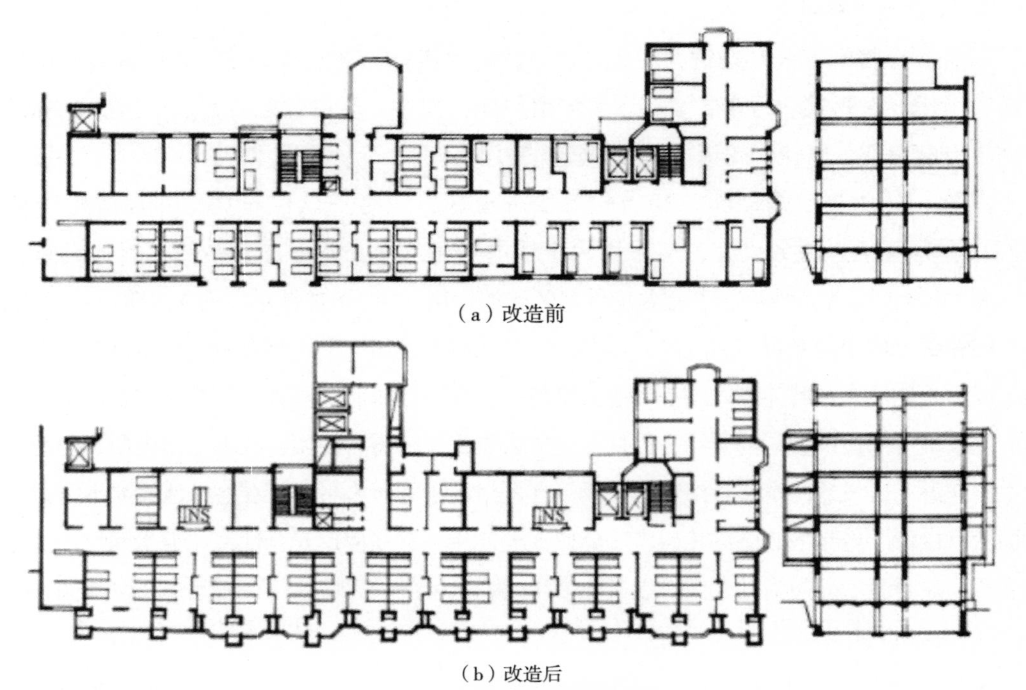

（a）改造前

（b）改造后

图3–1 预制卫生间安装案例

图片来源：罗运湖．现代医院建筑设计[M]．北京：中国建筑工业出版社，2002.

2. 江苏省中医院门诊楼改造

改造前，医院门诊大厅内部空间较拥挤，而门诊楼所围合的庭院面积较大且利用率不高。改造时，在庭院上方增加了玻璃顶棚（见图 3–2），将原有庭院空间改造为门诊大厅的一部分，并重新组织门诊大厅的功能分区与交通流线，为障碍人士通行提供了便利，如图 3–2 所示。

（a）改造前

（b）改造后

图 3–2　江苏省中医院门诊楼改造实景

图片来源：中国卫生经济学会医疗卫生建筑专业委员会 . 2004 北京医院建筑设计及装备国际研讨会论文集 [C]. 2004.

3.3　室内辅助使用空间无障碍改造技术

3.3.1　技术概述

本节主要针对卫生间提出无障碍改造技术。卫生间作为公共建筑中使用最为普遍的空间之一，主要涉及如厕、盥洗、更换衣物等行为，应注重可达性、便利性与隐私性等。卫生间的无障碍改造应考虑老年人、轮椅使用者、儿童、带婴儿者、携带较大行李者等不同人群的使用需求，在满足共性需求的基础上，增设个性设施。

3.3.2　技术要点

1. 调整空间布局

首先，考虑肢体障碍者与视觉障碍者等不同人群的身体特征，卫生间无障碍改造时应保证去往卫生间的通道简单易达，通道上不应有突出障碍物。调整空间布局，在卫生间出入口位置增加一定缓冲空间。

其次，考虑到老年人、儿童、轮椅使用者等不同人群的使用需求，应对卫生间的便溺区与盥洗区进行无障碍改造。改造时，调整空间布局，保证每层至少有 1 个无障碍卫生间或男女卫生间至少各有 1 个无障碍厕位，有条件时宜同时设置。其中，对于改造后的独立无障碍卫生间，应为坐便器、洗手盆、多功能台、挂衣钩、呼叫按钮等部品留有使用空间，

图 3-3　无障碍卫生间布置

并至少满足 1.2m × 1.6m 的轮椅转向或满足 1.5m 轮椅回转，以便于母婴、需陪同如厕者等人群使用，如图 3-3 所示。

2. 消除高差

对卫生间进行无障碍改造时，应消除卫生间出入口及卫生间内部的高差，若高差无法消除，应用斜坡过渡。

3. 设置无障碍设施

1）便溺区

改造无障碍卫生间及无障碍厕位时，采用下部有留空的成人挂式坐便器，以便于轮椅使用者移动；在坐便器两侧分别设置“一”字形与“L”形扶手，以便于障碍者起身；在坐便器侧前方设置紧急呼救装置，以便于障碍者及时呼救。此外，在无障碍卫生间的成人小便器附近设置高度约 1.2m 的扶手架，水平扶手距地高度约 0.75m，同一厕位两个水平扶手水平距离不应小于 0.6m，以便于障碍者撑扶。

2）盥洗区

对盥洗区进行无障碍改造时，采用高低位洗面台，且下方留空，以便于轮椅使用者、儿童等障碍人群使用。在洗手盆附近，增加放置拐杖与书包的平台或挂钩；洗手液与纸巾盒紧邻洗手盆布置，以避免轮椅使用者湿手操作轮椅；洗手盆内部不宜过浅，以避免水滴外溅后地面湿滑。

此外，在盥洗区采用自动感应水龙头，以便于上肢或手指障碍者使用，同时避免水龙头使用后残留污渍。

3）其他

卫生间无障碍改造时，宜选用直径 40mm 的抗菌树脂扶手，扶手颜色应与墙面颜色有明显区分，以便于视力障碍者识别。

考虑到老年人、上肢或手指障碍者等人群抓握困难，将卫生间门上需要精细操作，如尺寸较小、需要紧握或紧掐的门锁，调整为可单手操作的隔断门锁。

4. 调整标识

卫生间无障碍改造时，用大型的常用符号及具有代表性的颜色来区分男卫生间与女卫生间，比如男卫生间使用蓝色，女卫生间使用粉色，且标识应与背景有高对比度，以便于视觉障碍者识别（见图 3–4）。同时，在卫生间门口增设盲文地图，宜设置于与门框水平距离 0.5~1m 的墙面上，且不应设置于门上。

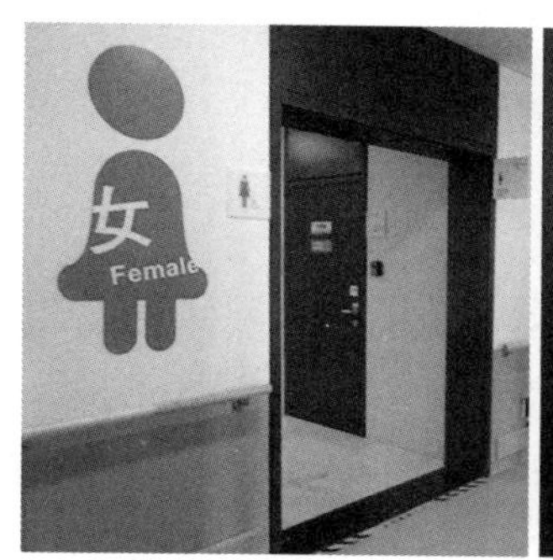

图 3–4　卫生间标识

3.3.3　工程案例

1. 北京首都机场卫生间改造

北京首都机场进行无障碍改造时，在卫生间中增加了扶手、多功能台、紧急呼救装置等，并对洗手台进行低位留空改造，以满足老年人及携带婴儿者等不同人群的使用需求，如图 3–5 所示。

2. 英国萨默菲尔德（Summer Fields）学校卫生间改造

英国牛津郡的萨默菲尔德学校对卫生间进行了改造，设置了具备恰当的扶手、洗手盆、推拉门的无障碍卫生间（见图 3–6），并通过明显的颜色反差帮助视觉障碍者进行识别。

图 3–5　北京首都机场卫生间改造

图 3–6　英国萨默菲尔德学校卫生间改造

3.4 室内交通联系空间无障碍改造技术

3.4.1 技术概述

交通空间应具备联系功能空间、疏散与导向、休憩等功能，既有公共建筑常存在空间尺度不合理、空间导向不明确、公共设施不适用等问题。本节主要从增强导向性、可达性、便利性等方面，对既有公共建筑的门（过）厅与走廊、楼梯、电梯与候梯厅提出改造技术要点。

3.4.2 门（过）厅与走廊无障碍改造技术要点

1. 消除高差

考虑到地面高差将对轮椅使用者、婴儿车携带者、视觉障碍者造成障碍，改造时应消除地面高差。若高差无法消除，可采用缓坡过渡，并设置明显的警示标识，如将地面分色或变化材料。此外，考虑到盲人使用盲杖时难以识别地面之外的空间障碍，且墙面突出物与阳角易对轮椅使用者造成通行障碍，应消除门（过）厅与走廊的墙面突出物，并在阳角和墙裙位置做防撞处理。

2. 设置无障碍设施

对门厅进行无障碍改造时，可增设高识别度、高可达度的服务台。服务台下部宜留有净深不小于 0.3m、净高不小于 0.65m 的空间，以便于轮椅使用者接近。服务台背景不应过亮，以避免听觉障碍者难以识别接待者的口型与表情，避免老年人和视觉障碍者受到眩光影响。若门厅具备等候条件，改造时应考虑老年人、儿童、孕妇及轮椅使用者等人群的停留需求。若条件不允许，可考虑增设壁挂式椅子，以解决老年人、儿童、孕妇等人群难以长时间站立等候的问题。

对走廊进行无障碍改造时，可增设高低位连续扶手，以便于使用者在行走时随时撑扶，但扶手的设置不应影响疏散宽度。部分扶手可采用平板式扶手，以便于使用者倚靠。建议扶手上设置盲文标识或声音提示装置，以便于视觉障碍者感知环境信息。此外，对于长度不小于 50m 的走廊，建议增设尺寸合适的凹空间，以便于轮椅使用者转向及带儿童者、拄拐者等人群临时休息；对于曲折、黑暗的既有公建走廊，改造时应采用适宜的人工照明与标识，以增强走廊方向性与行走安全性。

3. 调整标识系统

在部分既有公共建筑中，门（过）厅与走廊标识欠缺或标识不合理，给方向障碍者带来行走障碍。改造时，可增设连续、清晰、易识别的导视牌。此外，可增设盲道、增加盲文触摸板或语音指引系统，以便于视障人群使用。

4. 提升光环境品质

当门（过）厅与走廊存在眩光现象时，建议增加挑檐或采用防眩光装置，以避免眩光。当门（过）厅与走廊的人工照明环境存在照度不均匀、不充足等问题时，应及时改造，并避免产生阴影区，使门（过）厅与走廊与各房间内的照度接近，满足视觉障碍者的使用需求。

3.4.3　楼梯无障碍改造技术要点

楼梯作为公共建筑重要的垂直交通方式，是公共建筑交通系统无障碍设计的关键，应从楼梯的形式、踏步、扶手、标识等方面进行无障碍改造设计。

1. 调整楼梯梯级与踏步

对既有公共建筑中个别梯级高度异常的踏步，应进行改造处理，使同一楼梯梯段的踏步高度与宽度保持一致，并增加标识提示。对于无踢面的踏步或凸沿缩进尺寸过大的踏步，易刮绊老年人的脚面或拐杖头，应进行改造处理。此外，楼梯踏面应平整防滑。

2. 改造扶手

既有公共建筑的梯段扶手宜改造为两侧设置，采用高度为 0.85~0.9m 与高度为 0.65~0.7m 的上下双层连续扶手，并尽量与走廊扶手相连，以便于成年人与儿童同时使用。此外，部分既有公共建筑扶手的起始端在台阶上，造成使用者上下第一步或最后一步台阶时无处抓扶，改造时应将扶手起始端适当水平延伸并下弯，水平延伸不小于 0.3m，并设置盲文提示或语音提示装置。扶手宜选用较硬、热惰性指标好的材质，并对其表面进行防滑处理。

3. 调整标识系统

应在踏面边缘增设色彩较鲜艳的防滑条，以提示高差的变化。

3.4.4　电梯与候梯厅无障碍改造技术要点

对于电梯，常存在轿厢地面与候梯厅地面存在高差导致轮椅使用者或搬运重物者进出电梯困难、轮椅使用者倒行出电梯时不能及时知晓身后情况、无声音提示导致视觉障碍者不能及时知晓电梯运行情况等问题。进行无障碍改造时，保证电梯停稳后轿厢地面与候梯厅地面没有高差，缝隙不应过大；三面轿厢壁增设扶手，轿厢正面、顶部应安装镜子或采用有镜面效果的材料；轿厢内部应增加低位按钮，按钮按一定顺序排布，且按钮尺寸不宜过小；轿厢内部增设电梯运行显示装置和报层音响。

对于候梯厅，常存在楼层标识或电梯运行显示的字体较小导致视觉障碍者无法识别、无声音提示导致视觉障碍者不能及时知晓电梯运行情况、电梯按钮位置较高导致轮椅使用者无法够及等问题。进行无障碍改造时，每层电梯口应增设大字体楼层标识，并增设提示盲道；增加电梯运行显示装置和抵达音响，且电梯按钮应设置在合适高度，使成年人与儿童或轮椅使用者等均可方便使用（图 3–7）。

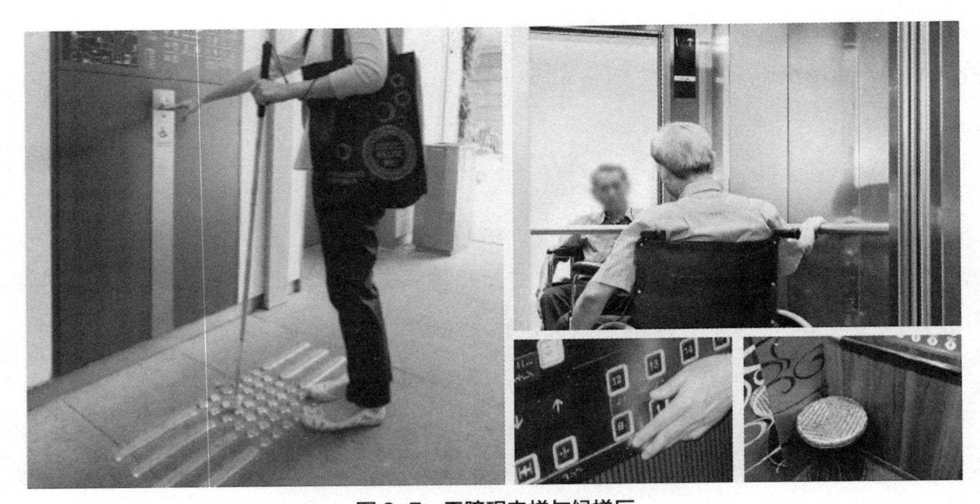

图 3-7　无障碍电梯与候梯厅

图片来源：Universal design guide for public places[M]. Building and Construction Authority，2016.

3.5　室外空间无障碍改造技术

3.5.1　技术概述

既有公共建筑的室外空间无障碍改造有利于障碍人群安全顺利地到达建筑内部，并使障碍人群与其他人公平地共享室外空间。本节主要针对既有公共建筑的场地出入口、建筑出入口、室外活动场地及停车场提出技术改造要点。

3.5.2　场地出入口无障碍改造技术要点

对于场地出入口，可从提高出入口标识性、增强导视作用、完善场地内道路与城市道路的连接功能等方面进行无障碍改造。

1. 处理高差

当人行出入口与城市道路有高差时，应增设缘石坡道，以便于老年人、轮椅使用者、推车者等使用。其中，路面正面坡中的缘石外露高度不得超过 20mm，坡度不得超过 1：12，整体应铺设得平整且应防滑。

2. 调整标识系统

为了使场地主要出入口位置明显、易识别，可采用绿化引导、色彩标识等改造手段，并明确区分人行与车行出入口；在明显易达的位置增设导视牌，明确附近交通及主要公共设施位置，明确公共建筑内部的无障碍流线及各关键空间、无障碍设施的位置；增设停车导视系统，提高停车便捷性。此外，应在出入处、高差处及导视牌处等位置调整或增加夜间照明，且避免使用强光。

3.5.3　建筑出入口无障碍改造技术要点

建筑出入口作为公共建筑室内空间与室外空间的过渡，是使用者能否顺利且舒适地进入建筑的关键。因此，应从处理高差、改造出入口平台与台阶、设置无障碍门、增加照明等方面进行无障碍改造。

1. 处理高差

部分既有公共建筑的出入口与室外地面存在高差，影响轮椅使用者或携带重物者等障碍人群通行。

对于设置较多台阶级数的出入口，进行无障碍改造时，可设置折叠式坡道或电动升降机，或在建筑其他位置增设平坡出入口。

对于设置较少台阶级数且无坡道的出入口，进行无障碍改造时，可增设带扶手的缓坡道。坡道应便捷可达、美观醒目，并设置国际无障碍通行标识。坡道可为直线形、L 形或 U 形等，不可为圆形或弧形，避免轮椅使用者因重心侧倾而摔倒。坡道坡度应小于 1：12，宽度不应小于 1.2m；坡道的转弯处还应考虑设置休闲平台，休闲平台的深度要大于 1.5m；坡道的两侧还应设置高度为 0.9m 的扶手，坡道的起点和终点处扶手应沿水平向延伸至少 0.3m。

2. 改造出入口平台与台阶

出入口的平台交叉人流量较大，由于老人、儿童和其他肢体障碍者站立及行走较为不稳，碰撞后易摔倒，因此需要合理地处理入口门、坡道、台阶与各种人流的关系，为人的活动和门扇的开启留出足够的空间，避免发生碰撞。

当入口平台与室外地坪的高差在 0.15m 以内时，可直接用平缓的坡道相连接。当设置三级及以上台阶时，应同时设置坡道。台阶与坡道的表面应注意平整防滑。台阶上行及下行的第一阶宜在颜色或材质上与平台地面有明显区别，或在踏面和踢面的边缘做垂直和水平的色带，以提示前方踏步有变化，便于视觉障碍者识别。

3. 设置无障碍门

考虑到成人与儿童同时通行、拎物者物品占用空间、肢体不便者行进时左右摆动幅度较大、助行器具需要使用空间、护理者与被护理者同时通行的问题，宜适当增大单扇门开启后的通行净宽度。

当既有公共建筑采用玻璃门时，应在视线范围内加设醒目的提示标识。当采用自动门时，宜加设具有延时功能的感应开闭门装置，便于肢体不便者通行，避免意外撞伤或夹伤。

出入口的门宜采用横执把手等便于开启的门把手形式，以便于手部功能障碍者使用。对于儿童或轮椅使用者，应注意门把手的高度不宜过高。

4. 增加照明

部分既有公共建筑出入口位置存在照明不足或眩光等问题，给视觉障碍者通行造成障碍。进行无障碍改造时，应在出入口处设置照度充足的照明灯具，并适当增加局部照明，以便于使用者分辨台阶和坡道的轮廓、来往行人等环境因素。此外，建议选用具有声控或人体感应等功能的延时照明灯具。

5. 其他

对于超市等可能发生临时等待情况的公共建筑，建议在建筑出入口位置就近设置座椅，为老年人等体力有限的人群提供休息区域。

3.5.4 室外活动场地无障碍改造技术要点

室外活动场地是集散人流、延伸公共建筑至城市空间的过渡性空间，主要涉及空间辨识性、道路可达性、标识感知性、设施人性化等方面的无障碍问题，如人行与车行不分流导致儿童活动时存在安全隐患、进入休息区的道路存在高差导致轮椅使用者通行障碍等。

1. 改造道路

在对室外活动场地的道路进行改造时，应保证地面铺装平整、防滑、不积水，避免在人行通道上铺设嵌草砖等孔洞状地砖。进入休息区的道路，应消除高差。小于两级的室外步道与台阶的踏步数应改造为坡道或增加级数。此外，盲道设计应符合相关规范，在场地内实现关键部位的可达性，并与室内盲道相连。

2. 改造绿化

在对室外活动场地的绿化进行改造时，建议增加一些花、叶、果较大的观赏植物，以便于吸引老年人等视觉障碍者的注意。不应选用有毒的植物与有刺的丛生植物，以避免儿童、老年人等意外受伤；不应选用有飞絮和刺激性气味的植物，以避免引发儿童、老年人等人群过敏、哮喘；避免种植遮挡视线的树木或灌木花草，以保持较好的可通视性，便于照护者观察儿童、老年人等人群的活动状态。

此外，可将活动场地内树池位置的漏水篦子改造为与地面相平的箅子，以避免轮椅掉进树坑，同时有利于增加通行宽度。

3. 增加服务设施

部分既有公共建筑室外活动场地服务设施设置不合理或缺乏，导致轮椅使用者无处停留、老年人活动后无处休息、发生危险无法及时求助等问题。在进行无障碍改造时，宜在使用者易达范围内增设饮水设施、垃圾桶以及与公共建筑性质相关的休闲设施等；增设休闲座椅与轮椅停留空间，并结合休闲座椅设置小型儿童游乐区，以便于儿童与成人共同使用；在室外休闲空间增设紧急救助呼叫按钮，以便于障碍人士求助，有条件的可设置视频监控系统，以便于工作人员及时为障碍人士提供帮助；在室外活动场地增设无障碍卫生间，以便于老年人、儿童等人群使用。

4. 增加照明

部分既有公共建筑室外活动场地存在仅设置路灯或路灯数量较少等问题，导致部分地面情况难以识别。在进行无障碍改造时，应在坡道、拐角及台阶处增设照明设施。照明设施可采用嵌入式地脚灯、草坪灯、庭院灯等形式，宜选用柔和漫射的光源。

3.5.5　停车场无障碍改造技术要点

在既有公共建筑停车场，宜增加专门供残疾人使用的机动车停车位，并设置定位系统，提高停车便捷性。标准为每 25 个停车位安排 1 个加宽的无障碍停车位，每 50 个停车位安排 3 个加宽的无障碍停车位，每 100 个停车位安排 5 个加宽的无障碍停车位，以此类推。无障碍停车位最好临近停车场出入口或电梯，并应在车位一侧设宽度不小于 1.2m 的通道，便于轮椅使用者回转轮椅、直接进入人行道或到达无障碍出入口。在地下停车场设置至少一部无障碍电梯，并建议设置移动通信室内信号覆盖系统，保证各种智能化信息设备可及时对外发出信息。无障碍机动车停车位的地面应平整、防滑、不积水，地面坡度不应大于 1：50，且地面应增设明显无障碍停车位的国际通用标识。此外，建议在不影响正常人流的位置增设自行车停车位。

3.5.6　工程案例

1. 苏格兰国家博物馆主入口改造

苏格兰国家博物馆原主入口是通往建筑二层主展厅的台阶，未设置坡道、扶角，作为向公众免费开放的博物馆建筑，拐杖使用者、轮椅使用者、老年人或者推婴儿车者等障碍人士进出博物馆都有一定的困难。因此将博物馆位于一层的储藏室改造为主入口，其入口道路为缓坡，入口大门向建筑内退后大约 2m 形成主入口的雨篷，门是英国公共建筑普遍使用的自动感应门，门外的墙上设有可触摸开门的按键，其高度完全适用于轮椅使用者，还利用地灯对入口进行了方向性引导（图 3-8）。

（a）改造前

（b）改造后

图 3-8　苏格兰国家博物馆主入口改造

图片来源：马蕾 . 英国公共建筑无障碍设计方法研究 [D]. 西安：长安大学，2018.

2. 深圳南源商业大厦主入口改造

改造前，深圳南源商业大厦主入口存在多步台阶，造成拐杖使用者、轮椅使用者、老年人或者推婴儿车者等障碍人士通行困难。通过在台阶一侧增加可容纳轮椅的升降平台，解决了障碍人士的通行问题（图 3–9）。

图 3–9　深圳南源商业大厦主入口改造

参考文献

[1] 中华人民共和国住房和城乡建设部. 无障碍设计规范：GB 50763—2012 [S]. 北京：中国建筑工业出版社，2012.

[2] 中国建筑工业出版社，中国建筑学会. 建筑设计资料集 [M]. 北京：中国建筑工业出版社，2017.

[3] 日本建筑学会. 新版简明无障碍建筑设计资料集成 [M]. 北京：中国建筑工业出版社，2006.

[4] Building and Construction Authority. Universal design guide for public places [S]. Singapore，2016.

[5] 王小荣，许蓁，贾巍杨，等. 无障碍设计 [M]. 北京：中国建筑工业出版社，2011.

[6] 贾祝军. 无障碍设计 [M]. 北京：化学工业出版社，2015.

[7] 韩颖. 博物馆建筑室内环境的无障碍流线研究 [D]. 南京：东南大学，2016.

[8] 张动海. 公共建筑广义无障碍设计研究 [D]. 合肥：合肥工业大学，2015.

[9] 华雪. 公共建筑的无障碍设计研究 [D]. 长沙：中南大学，2010.

[10] 于沁然. 德国公共建筑无障碍体系研究 [D]. 沈阳：沈阳建筑大学，2012.

[11] 贾巍杨，王小荣. 中美日无障碍设计法规发展比较研究 [J]. 现代城市研究，2014（04）：116–120.

第 4 章　智慧改造与运营

4.1　概述

智慧改造与运营是指运用信息化手段，围绕既有公共建筑改造项目的全生命周期建立的支撑设计管理、现场管理、运营管理、互联协同、智慧决策的一整套信息化系统。由于既有公共建筑改造项目受自身条件的制约，信息化工具的应用面和应用深度不如新建建筑，需要因地制宜地开发适合既有公共建筑改造项目的信息系统平台和工具。

本章介绍了既有公共建筑改造设计、施工和运营阶段应用的智慧技术、设备和工具，重点推介最新研究成果和示范工程案例。在改造项目的设计阶段可以使用逆向建模、虚拟现实和增强现实技术、BIM 协同设计管理平台；在改造项目的施工阶段可以采用智能放样、3D 打印技术、光纤监测、信息化施工管理平台；在改造项目的运营阶段可以采用建筑能源管理系统、安全管理系统、既有公共建筑综合性能监测管理平台。

智慧改造顺应建筑行业发展趋势应运而生，它的意义并不在于用一些新的科技手段在项目现场进行简单的堆砌和罗列，而是围绕项目的全生命周期建立一个支撑包括互联协同、智能决策、现场管理、知识共享的一整套项目管理流程的信息化系统。设计和施工阶段使用的信息成果最终将为运营服务。运用大数据手段可降低建筑运行成本，提高管理效率，对建筑业主和建筑使用者意义重大。BIM 轻量化技术、物联网、GIS、云计算、人工智能等技术的不断发展，将为智慧改造的发展提供新机遇。

4.2　智慧设计

4.2.1　逆向建模

1. 技术概述

目前 BIM 建模方法主要用于新建建筑的正向建模，是最传统的三维设计建模，但是既有建筑的原竣工图纸普遍存在与现状不符、资料缺失的问题，正向建模显然不能满足既有建筑改造的需要，通过原资料或传统技术采集建筑的空间几何信息通常难以满足既有建筑改造对数据精度的要求。对于有高大空间的公共建筑，采用逆向建模则更为经济。

逆向建模相对于传统设计建模是一个反向过程，因此被称为逆向建模。既有建筑改造常见的逆向建模技术包括基于点云的三维扫描技术和倾斜摄影技术。

1）三维扫描技术

通过三维激光扫描技术对既有公共建筑进行扫描，这样就获取了建筑的空间几何信息，导入三维设计软件，根据数字化信息建立模型（图 4–1）。三维扫描建模主要有 7 个步骤，分别是扫描、点云导出、点云成模处理、点云模高分辨率导出、点云体修补、点云建模、点云数据拟合转换等。

图 4–1　三维扫描成果

2）倾斜摄影技术

倾斜摄影技术是国际测绘遥感领域近年来发展起来的一项高新技术，通过在同一摄像位置，同时从垂直、倾斜等不同角度采集影像，获取建筑更为完整准确的几何信息，这种摄影测量技术称为倾斜摄影测量技术，所获取的影像为倾斜影像。其应用流程如图 4–2 所示。

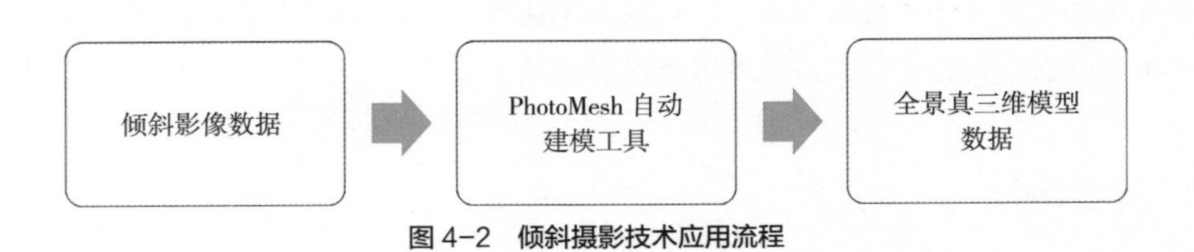

图 4–2　倾斜摄影技术应用流程

2. 技术要点

1）三维扫描技术

（1）制定扫描方案

为了获得完整的三维场景信息，首先要对扫描目标以及周围环境进行实地勘察，根据仰角及遮挡情况确定各个扫描站点，实施多测站多角度的场景扫描。为了将各测站获取的点云数据统一到同一个建筑坐标系下，在选定测站点后，需要根据测区控制网，测定测站点坐标。另外，为了便于后续的点云配准，要合理安排标靶的位置和数量。

（2）扫描点云密度的设置

点云密度的设置要求充分考虑建筑内部的复杂程度和实际应用需求，对细节较多的建筑物一般采用 1cm 激光点位间隔扫描，对墙体平滑的部分可设置 2cm 及以上间隔。

（3）点云的消冗处理

多站点云数据配准后，扫描重叠区内的重复采样点会带来数据冗余的问题。在不降低原始扫描采样密度的前提下，有必要对冗余点云进行消冗处理。常见处理方法可参考区域重心压缩法和共顶点压缩法。

（4）三维模型创建

既有公共建筑一般都比较复杂，对建筑物的整体构件进行识别并全部自动建模的问题到现在为止还没有很好的解决方法。目前主流的方法是建模时将建筑物的每一个构件进行分离，可分为规则构件和不规则构件。相较规则构件，不规则构件的建模要复杂得多，主要是提取曲面特征点和特征线，然后再利用旋转、放样等方法构建模型。对于既有公共建筑，建议采用三角网模型，其损失的精度少，能保留建筑物的原始面貌。

2）倾斜摄影技术

（1）数据获取

倾斜摄影技术不仅在摄影方式上区别于传统的垂直航空摄影，其后期数据处理及成果也大不相同。倾斜摄影技术的主要作用是获取建筑物多个方位（尤其是侧面）的信息，可供进行改造施工、实时测量、三维浏览等工作时使用。倾斜摄影数据的获取是通过不同种类的飞行器，搭载不同型号的倾斜相机进行采集，从而实现覆盖高、中、低空，满足不同面积、比例尺和分辨率需求的影像采集。

（2）数据处理

倾斜摄影获取的倾斜影像经过加工处理，通过专用测绘软件可以生成倾斜摄影模型，模型成果数据有两种，一种是单体对象化的模型，一种是非单体化的模型。

单体化的模型成果数据，利用倾斜影像的丰富可视细节，结合现有的三维线框模型（或者其他方式生产的白模型），通过纹理映射，生产三维模型，这种工艺流程生产的模型数据是对象化的模型，单独的建筑物可以删除、修改及替换，其纹理也可以修改，尤其是建筑物底商这种时常变动的信息，这体现出这种模型的优势。

非单体化的模型成果数据，简称倾斜模型，这种模型采用全自动化的生产方式，模型生产周期短、成本低，获得倾斜影像后，经过匀光匀色等步骤，通过专业的自动化建模软件生产三维模型，这种工艺流程一般会经过多视角影像的几何校正、联合平差等处理流程，可运算生成基于影像的超高密度点云，点云构建不规则三角网模型（TIN 模型），并以此生成基于影像纹理的高分辨率倾斜摄影三维模型，因此也具备倾斜影像的测绘级精度。

4.2.2 虚拟和增强现实技术

1. 技术概述

虚拟现实技术（Virtual Reality，简称 VR），是指综合利用计算机图形系统和各种显示及控制等接口设备，在计算机上生成的、在可交互的三维环境中提供沉浸感觉的技术。

增强现实技术（Augmented Reality，简称 AR），是指可实时计算摄影机影像位置和角度并加上相应图像的技术，这种技术的目标是在屏幕上把虚拟世界套在现实世界并进行互动。

VR 技术和 AR 技术都是辅助建筑建造的方法和工具，AR 技术是在 VR 技术的基础上发展来的。二者均利用计算机技术模拟产生一个看似真实的虚拟世界。VR 技术可以通过多种传感设备，使参与者完全沉浸在虚拟世界中，AR 技术可使真实世界和虚拟世界无缝结合，使虚拟物体在合成的场景中具有真实感（图 4–3）。基于 VR 技术和 AR 技术的特点，在建筑设计阶段和施工阶段，可以利用二者辅助完成相关工作，进而实现节约成本、确保质量、提高效率等目的，作为连接 BIM 虚拟世界与建筑现实世界的桥梁，发挥其他技术所无法替代的作用。

图 4–3　虚拟现实技术

2. 技术要点

通过运用 BIM + VR/AR 技术，结合既有公共建筑改造施工实际情况，建立一套可视化、高效率、循环反馈的公共建筑改造施工和管理体系十分重要。该体系应包含但不限于以下两个模块。

1）VR/AR 实现模块

建筑 BIM 模型绘制完成后，首先通过 VR/AR 技术完善虚拟模型，并利用计算机、图像处理软件、传感器等建立一个虚拟的与真实环境相结合的场景模型，最后使用特定设备即可让参与者切身沉浸在模型环境里，感受到与真实世界相近的虚拟世界。

2）环境融合模块

环境融合模块是在 BIM 模型和 VR/AR 实现模块的基础上，通过图形、信息采集装备等，把真实的环境及改造进展状况实时地反馈到 BIM 及 VR/AR 模型里，实现虚拟和真实的融合，并把结果通过设备输出到可视化的屏幕上。

4.2.3　BIM 协同设计平台

1. 技术概述

BIM 协同设计是当下设计行业技术更新的一个重要方向，也是设计技术发展的必然趋势，通过 BIM 协同设计建立统一的设计标准，包括图层、颜色、线型、打印样式等，在此基础上，所有设计专业及人员在一个统一的平台上进行设计，从而减少现行各专业之间（以及专业内部）由于沟通不畅或沟通不及时导致的错、漏、碰、缺，真正实现所有图纸信息元的单一性，实现一处修改其他自动修改，提升设计效率和设计质量。同时，BIM 协同设计也对设计项目的规范化管理起到重要作用，包括进度管理、设计文件统一管理、人员负荷管理、审批流程管理、自动批量打印、分类归档等。

BIM 协同设计是对各专业的 BIM 模型进行详细建模，基于设计进度节点进行模型拆解，并完善设计图纸中的构造做法，包括所有建筑基本构件信息，如机电管线、管道的规格、材质、安装方式，以及机电设备外观尺寸、型号、系统参数等均应得到确定，同时根据后续施工的需要提前增加各构件的其他信息，使 BIM 模型进一步符合施工阶段的标准。

2. 技术要点

1）协同平台

采用平台管理的方式，协同设计完全在网络上展开，充分发挥网络优势。将协同设计平台安装在服务器上，设计团队中的每台电脑通过网络访问服务器。同时服务器上的既有公共建筑项目设计资料以临时文件夹的形式存在于每位设计师的电脑上，可以通过本机离线设计、资料无损上传，确保将项目设计的变更通知和变更内容及时告知团队中相关成员。在实现专业内、专业间协同设计的同时，减轻网络压力。

2）人员组织

平台式管理强调人员组织，即通过协同平台实现团队内部的人员管理。通过平台，可使明确设计要求、设计理念、任务分工的协同工作组成员迅速融入团队，开始设计工作。因此协同平台的人员组织管理模块应保证可灵活增减人员。只有这样，才能使团队协同设计更加灵活方便，在符合设计过程特点的基础上，让使用者更易接受。

3）人员授权

平台式管理需要平台对设计团队中每一位参加者的工作内容进行授权，其中包括更改、调用图纸等管理权限。区别于其他管理模式，可有效减少由于多余资料造成的服务器空间拥挤、工作运行缓慢的情况。

4）图纸组织

平台式管理强调在设计过程中将图纸有效地组织起来。团队中各级设计人员可按照既定规则，通过协同平台，在工程设计起步阶段设定部分图纸的关联、参照。这样可保证相关设计人员在工程进行中及时准确地调用、查看图纸。

5）版本管理

平台对图纸文件的版本管理是平台式管理区别于共享目录式管理的一个重要方面。协同设计平台可以自动标识版本时间，发送版本更新通知，根据需要保留设计过程的各版本文件。

3. 应用案例

深圳市建筑工程质量监督和检测实验业务楼综合改造和提升项目的设计阶段基于 Revit 的协同设计，建立可视化 BIM 模型，录入耗能系统的信息以及资产管理等相关信息，实现建筑 BIM 信息向 BIM 管理平台的无损导入，以三维可视化的方式建立能耗等各类信息与空间、时间之间的关联，以实时渲染、空间定位对信息进行直观高效的监测管理。该项目的 BIM 协同设计成果如图 4–4 所示。

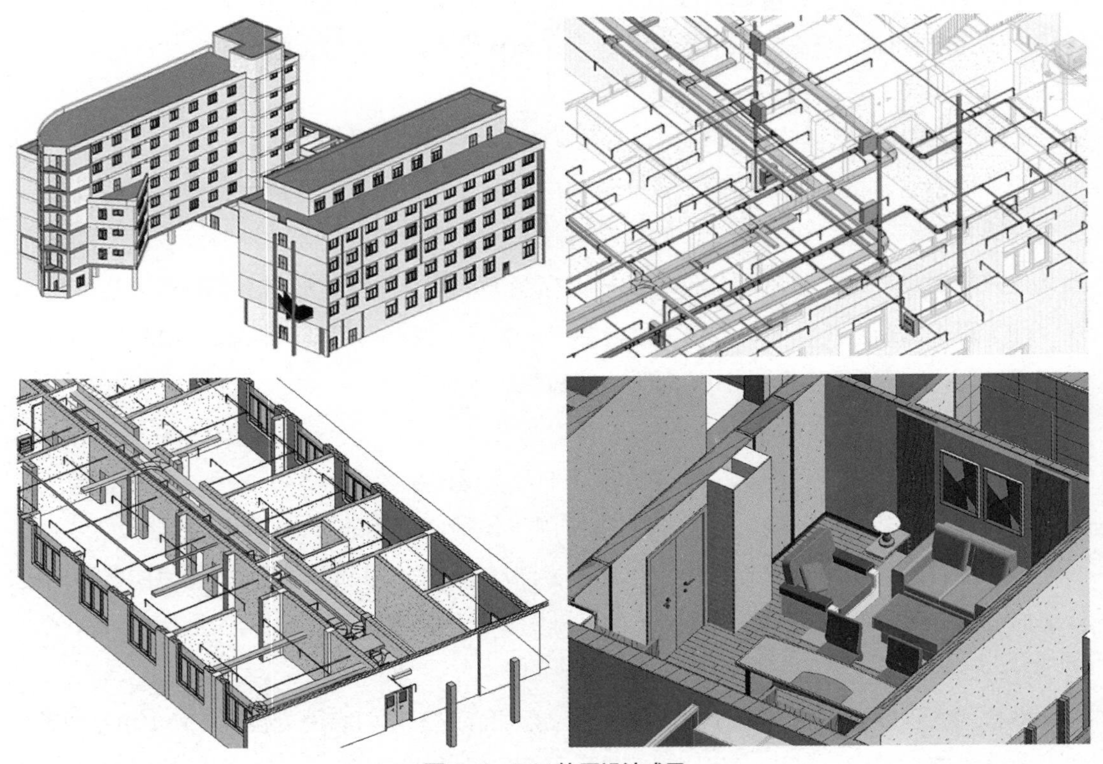

图 4–4　BIM 协同设计成果

4.3　智慧施工

4.3.1　智能放样

1. 技术概述

建筑工程施工放样的目的是将在图纸上设计的建筑物的平面位置、形状和高程标定在施工现场，并在施工过程中用来指导施工，使工程严格按照设计的要求进行建设。施工放样工作不仅是工程建设的基础，而且是设计工程质量的关键。基于 BIM 的 3D 激光测量定位系统，为施工放样摸索新的方法和工具。它在施工放样中的典型应用有通过 BIM 模型进行放样定位（图 4–5）、采集实际建造数据更新 BIM 模型、采集实际建造数据与 BIM 模型对比分析进行施工验收等形式。

图 4–5　放样机器人

2. 技术要点

1）搭设放样环境

将智能型全站仪和手持移动终端带到工地现场，按常规程序在施工现场进行智能型全站仪的调平对中工作，并将手持移动终端通过机载内置 Wi–Fi 直接与智能型全站仪连接。

2）设置测站

设站方式有两种方式，分别是后方交会的方式和已知点设站的方式。棱镜的现实位置将会显示在手持移动终端 BIM 360 Layout 应用程序中 3D 模型的虚拟位置，棱镜在现实中移动时，3D 模型中的虚拟棱镜也会同步移动，实现施工真实现场空间坐标与 3D 模型空间坐标的映射对应。

3）施工测量放样

完成智能型全站仪的设站工作后，根据手持移动终端中的 BIM 模型进行点位放样，选取需进行放样的点位，根据手持移动终端中棱镜与放样点的坐标（X，Y，Z）差值，移动棱镜直至坐标差值为零，则此时棱镜的位置就是需要放样点的位置，做好标记后完成所需位置的放样。

4.3.2 3D 打印技术

1. 技术概述

3D 打印技术在建筑领域的应用目前可分为两个方面，一是在建筑设计阶段，主要应用于制作建筑模型；二是在工程施工阶段，主要应用于打印足尺建筑或复杂构件。总而言之，3D 打印建造技术在工程施工中的应用具有重要意义。在劳动力越来越紧张的形势下，3D 打印建造技术有利于缩短工期，降低劳动成本和劳动强度，改善工人的工作环境。同时，建筑的 3D 打印建造技术也有利于减少资源浪费和能源消耗，有利于推进我国的城市化进程和新型城镇化建设。既有公共建筑改造中，3D 打印技术目前主要应用于小型复杂建筑部品的制作。

2. 技术要点

除之前介绍的 3D 扫描技术外，3D 打印材料、3D 打印机、3D 数字化建模等也是 3D 打印技术体系的重要组成部分。

1）3D 打印材料

目前，常用的 3D 打印材料都是以抗压性能为主，抗拉性能较差，一旦拉应力超过材料的抗拉强度，极易出现裂缝，因此在打印材料选用时，若作为主要受力构件，应采取有效措施或选用具有良好抗裂能力的打印材料。此外，为确保改造后建筑的耐久性，打印材料应优先选用抗压、抗拉、抗裂、韧性好、初凝时间快、初凝强度高的复合材料。

2）3D 打印机

3D 打印机是 3D 打印技术的核心装备，是集机械、控制及计算机技术等于一体的复杂机电一体化系统，需具备高精度机械、数控、喷射、成型环境等系统。打印机的选用直接关系到打印部品的精度及强度，因此在选用时除考虑经济成本，还需对打印设备参数进行测试检验，以满足打印部品的功能要求。

3）3D 数字化建模

3D 打印技术的数字化设计主要为通过专业 3D 扫描仪（如 GoSCAN 等）或是 DIY 扫描设备（如 Kinect 等）获取对象的三维数据，并且以数字化方式生成三维模型，也可以使用三维建模软件（Blender、AutoCAD 等）从零开始建立三维数字化模型，或是直接使用其他人已做好的 3D 模型。3D 打印技术软件使用的设计方法主要为实体建模和曲面建模两种。一般工业设计和制造领域更多使用的是对于规则形状物体设计非常有效的实体建模方法，但对于复杂、精细的不规则形状却不能很好胜任，如设计零件外形结构很合适但设计动漫形象却力不从心；曲面建模刚好相反，适合设计复杂、精细的不规则形状，却对内部结构无法表达，而动漫形象无需表达内部结构，因此适合使用曲面建模方法。现在设计软件都可以通过手工建模同时配合使用前文所述两种建模方法，得到最理想的设计效果。参数化建模、直接建模、编程式设计、过程式建模的陆续出现使手工建模越来越简单，设计效果也越来越理想。

4.3.3　光纤监测系统

1. 技术概述

随着技术的发展，光纤监测技术在建筑领域逐渐得到广泛应用，用来测量混凝土结构变形及内部应力，检测大型建筑物结构健康状况等，其中最主要的是将光纤传感器作为一种新型的应变传感器使用。

布拉格光纤光栅（FBG）传感器是通过改变光纤芯区折射率，使其产生小的周期性调制。当温度或应力发生改变时，光纤产生轴向应变，应变使光栅周期变长，同时光纤芯层和包层半径变小，通过光弹性效应改变了光纤的折射率，从而引起光栅波长偏移。利用应变与光栅波长偏移量的线性关系，计算出被测结构应变量。

监测系统利用布拉格光纤光栅、物联网、互联网和数据库等技术，采用 3G/4G 无线技术实现对监测对象的数据实时监测和处理，采用互联网技术实现数据报送、发布和异常数据告警，采用 SQLite 数据库实现数据本地化保存和管理，为工程自动化监测提供依据和支持。监测系统由无人值守光纤光栅解调仪硬件设备、3G/4G 通信服务和无线监测子系统三部分组成，图 4–6 所示为监测系统的三层架构。

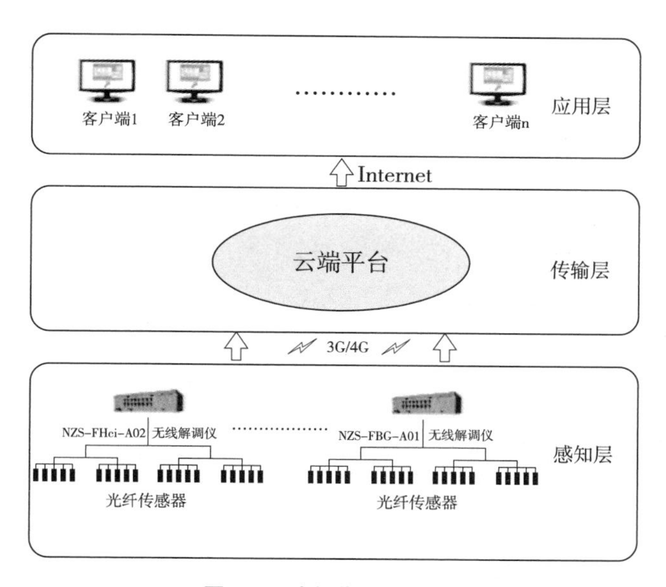

图 4–6　光纤监测系统架构

应变监测选用的光纤传感器可以是表面安装式光纤光栅应变计或者埋入式光纤光栅应变计。表面安装式应变计（图 4–7）具有易于安装、成活率高、易于后期维护和替换等优点。埋入式应变计（图 4–8）随混凝土梁浇筑安装，可以对混凝土结构内部损伤过程中内部应变进行测量，再根据荷载—应变关系曲线斜率，确定结构内部损伤的形成和扩展方式。混凝土实验表明，光纤测试的荷载—应变曲线比应变片测试的线性度高。

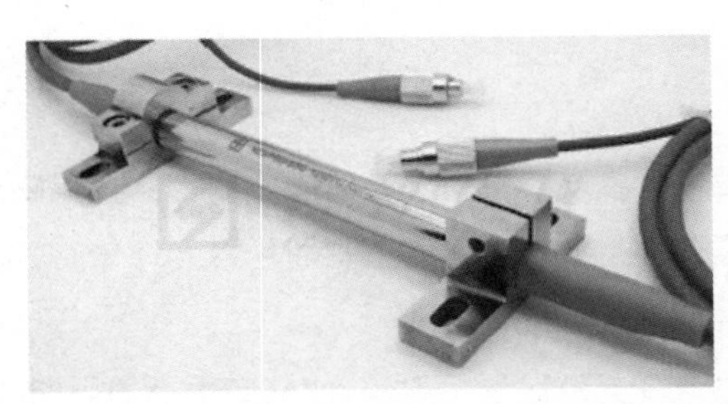

性能特点及技术参数

参数类型	参数值
量程 /με	−1500~+1000
精度	1‰ F.S
分辨率	0.5‰ F.S
光栅中心波长 /nm	1510~1590
反射率	≥ 90%
响应时间 /s	0.1
尺寸 /mm	$\phi 12\times 126$
连接方式	熔接或 FC/APC 插接
安装方式	焊接或支座安装

图 4−7 表面安装式光纤光栅应变计

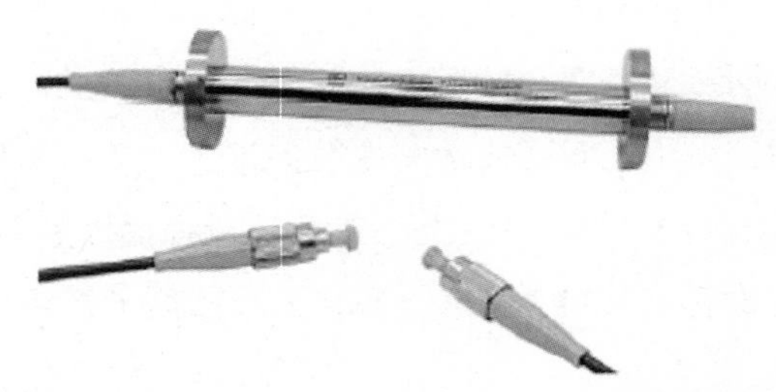

性能特点及技术参数

参数类型	参数值
量程 /με	−1500~+1000
精分辨率精度 /με	1
光栅中心波长 /nm	1510~1590
反射率 /%	≥ 90
尺寸 /mm	$\phi 13\times 110$
连接方式	熔接或 FC/APC 插接
安装方式	绑扎后浇筑

图 4−8 埋入式光纤光栅应变计

2. 技术要点

1）监测系统的组成

结构安全性评估是基于健康监测和诊断。健康诊断对于已经安装了监测系统的工程，只是监测系统的一部分。对于未安装监测系统的工程，仅需要在结构的各部分临时布设传感器进行测量，其余过程与监测系统基本相同。因此，下面主要介绍健康监测系统。一般认为健康监测系统包括下列几部分：传感器系统，包括感知元件的选择和传感器网络在结构中的布置方案；数据采集和分析系统，一般由强大的计算机系统组成；监控中心，能够及时预测结构的异常行为；实现诊断功能的各种软硬件，是识别结构中损伤位置、程度类型的最佳工具。

传感器监测的实时信号通过信号采集装置送到监控中心，进行处理和判断，从而对结构的健康状态进行评估。若出现异常，由监控中心发出预警信号，并由故障诊断模块分析查明异常原因，以便系统安全可靠地运行。

2）传感器布置方法

由于经济和结构运行状态等方面的原因，在所有自由度上安置传感器是不可能也是不现实的，因此，就出现了在 n 个自由度上如何布置 m（$m<n$）个传感器的优化问题。许多学者从不同角度提出了一些方法，给出了传感器优化布置的数学模型。目前采用的方法如下。

（1）模态动能法（MKE）。人们首先想到的是通过观察挑选那些振幅较大的点，或者模态动能较大的点，其缺点为依赖于有限元网格划分的大小。根据模态动能较大的原则，衍生了侧重点不同的许多方法，如：平均模态动能法（AMKE），是计算所有待测模态的各可能测点的平均动能，选择其中较大者；特征向量乘积法（ECP），是计算有限元分析的模态振型在可能测点的乘积，选择其中较大者。

（2）有效独立法（EI）。是目前为止应用最广的一种方法。它从所有可能测点出发，利用复模态矩阵的幂等型，计算有效独立向量，按照对目标模态矩阵独立性排序，删除对其贡献最小的自由度，从而优化 Fisher 信息阵而使感兴趣的模态向量尽可能保持线性无关。

（3）Guyan 模型缩减法。该种方法也是一种较为常用的方法。它能较好地保留低阶模态，并不一定代表待测模态，O'Callahan 和 Zhang 基于上述限制分别提出改进缩减系统（IRS）和连续接近缩减方法（SAR）。

（4）奇异值分解法。由 Park 和 Kim 提出，通过对待测模态矩阵进行奇异值分解，评价 Fisher 信息阵，舍弃那些对信息阵的值无作用的测点。该方法不仅尽量使目标模态矩阵线性独立，而且提出了每一次迭代时舍弃测点的允许数目。

（5）基于遗传算法（GA）的优化。采用可控性和客观性指数来获得所有控制模态的累积性能值，以这些指数为优化指标，使控制器和结构之间有最大的能量传递而且根据控制律使剩余模态的影响最小。清华大学土木工程系在香港青马大桥的健康监测系统中利用遗传算法寻找加速度传感器的最优布置，把其中测取的变形能作为遗传进化的适应值，实际上是使测点远离各阵型节点。

Penny 等提出了评价各种传感器布置方法优劣的五条量化准则：模态保证准则 MAC，修正模态保证准则 ModMAC，SVD 比，模态所测动能，Fisher 信息阵的值。当然在传感器布置的最佳数量和鲁棒性、抗噪性等方面还有许多工作要做。

3）传感器的保护

在实际的工程应用中要实现对结构建筑物全方位、长期的监测就要解决好光纤传感器的布设问题。为了不至于对传感器造成施工损伤破坏，一般可以采用以下方法：

（1）将一金属导管套在光纤传感器上，一起置于混凝土结构中。混凝土浇筑后，在混凝土固结前将金属导管取出，这样光纤光栅传感器与混凝土很好地固结在一起，而且在浇筑过程中不会损坏传感器。

（2）由于钢筋的应力—应变也足以反映钢筋附件的混凝土受力状态，可以将光纤光栅传感器直接粘贴于钢筋上，或在钢筋表面开一个小凹槽，使光栅的裸纤芯部分嵌进凹槽得到保护，或在建造时把光纤埋进复合筋。

（3）将光纤光栅直接埋入小型预制构件或者封装在金属导管中，然后把小型预制构件作为大型构件的一部分埋入，外部荷载通过预制件或金属导管传递到光纤光栅传感器上。

3. 应用案例

深圳市建筑工程质量监督和检测实验业务楼综合改造和提升项目，在结构加固中采用光纤光栅传感技术对托换梁、新增加固墙体、新增柱及墙体基础进行应力—应变重点监测，将监测数据同步传至结构受力模型进行实时受力对比分析，并对既有建筑改造过程及后期运营的结构健康性进行实时监测和分析。

本工程共计安装了 4 支埋入式光纤光栅应变计，7 支表面安装式光纤光栅应变计，具体安装点位如图 4–9 所示。其中 1~4 号为埋入式光纤光栅应变计，5~11 号为表面安装式光纤光栅应变计。传感器安装的施工现场如图 4–10 所示，其中（a）是便携式 FBG 解调仪监测应变，（b）为光纤布设在钢架结构当中，（c）为布设在墙体表面的光纤光栅应变计。

NZS–FBG–A02 型光纤光栅解调仪测试系统实时获取所有光纤光栅传感器的应变数据，最高频率可达到每五秒获取一个数据。根据工程实际需求，每天只在 0 点、8 点、16 点采取各应变计读数，汇总后做出施工期间墙体的应变时程曲线，如图 4–11 和图 4–12 所示。

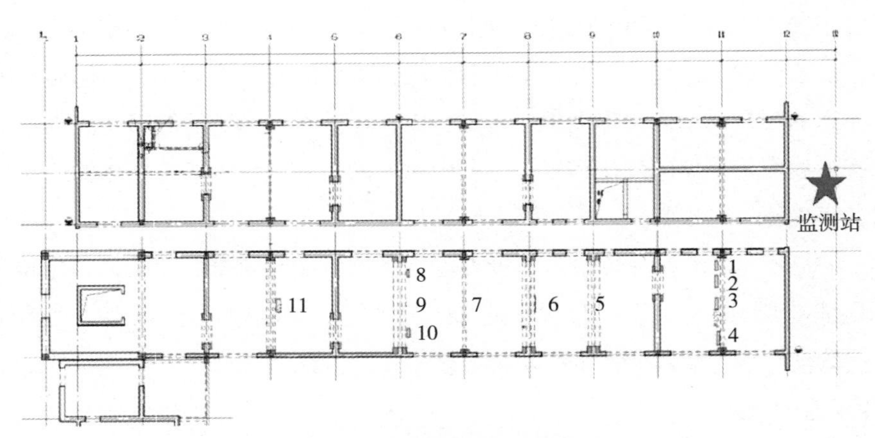

图 4–9　光纤光栅传感器安装点位图

（a）　（b）　（c）

图 4–10　施工现场

通过光纤光栅监测对既有公共建筑结构进行实时监测，可以为评价建筑物的安全性能提供依据，推动既有公共建筑安全性能快速准确地提升。

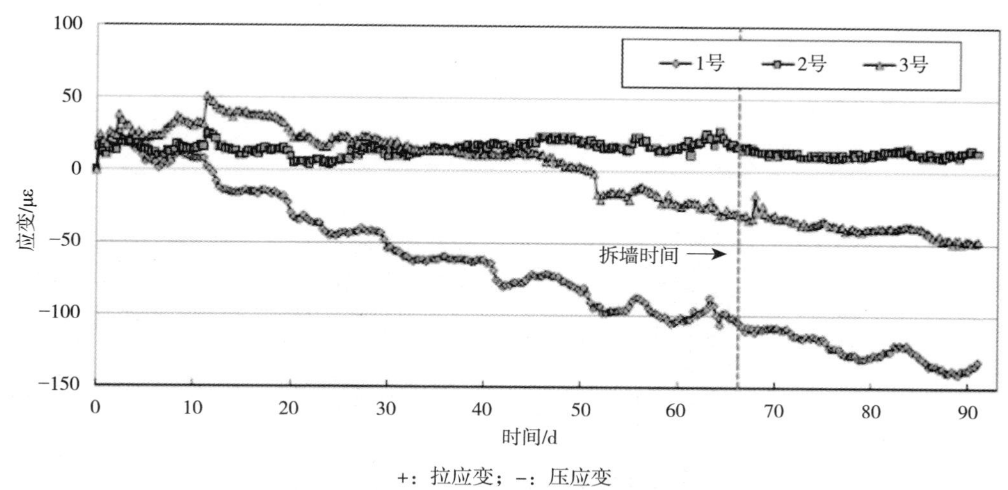

+：拉应变；-：压应变

图 4-11　埋入式应变计应变时程曲线图

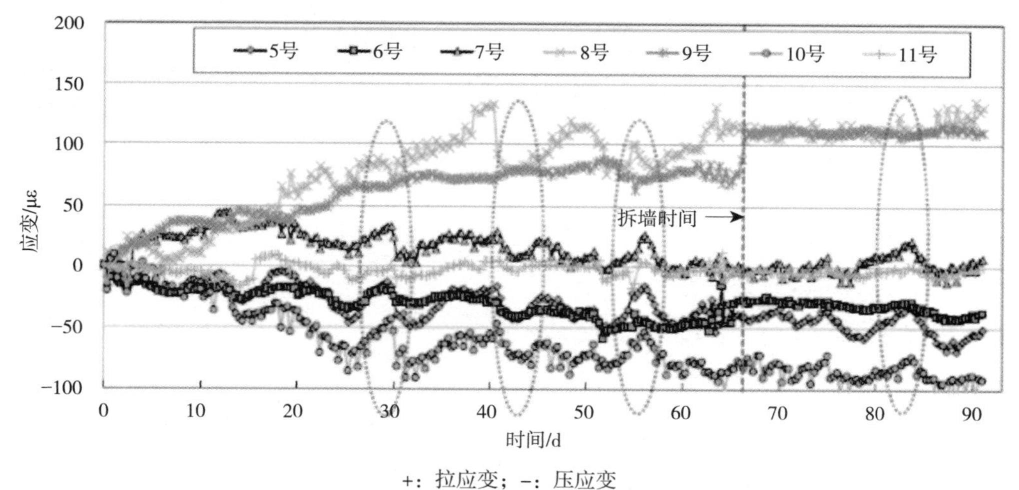

+：拉应变；-：压应变

图 4-12　表面式应变计应变时程曲线

4.3.4　信息化施工管理平台

1. 技术概述

信息化施工管理主要是利用 BIM 技术，实现 5D 管理。5D 的概念基于 BIM 的 5D 模型，是在 3D 建筑信息模型基础上，融入时间进度信息与成本造价信息，形成由“3D 模型 + 进度＋成本”的具有 5 个维度的建筑信息模型（简称基于 BIM 的 5D 模型）。

实现施工现场信息化管理，通常以信息化管理平台为核心，集成土建、机电、钢结构等全专业数据模型，并以 BIM 模型为载体，实现进度、预算、物资、图纸、合同、质量、安全等业务信息关联，通过三维漫游、施工流水划分、工况模拟、复杂节点模拟、施工交底、形象进度查看、物资提量、分包审核等核心应用，帮助技术、生产、商务、管理等人员进行有效决策和精细管理，从而达到减少项目变更，缩短项目工期、控制项目成本、提升施工质量的目的（图 4–13）。

图 4–13　信息化施工管理平台构成

2. 技术要点

1）改造前数据的收集及管理

既有公共建筑改造前各项数据的收集整理直接影响改造过程各项协调组织管理工作的开展。其中，建筑竣工资料、过程运营、周边环境情况等均需在平台中分类收集，并通过平台对改造过程管控情况进行对比，方便施工管理人员对调整完善管理方案。

2）改造过程数据的处理及应用

既有公共建筑周边环境人流量大，施工场地内部空间有限且情况复杂。因此，需要将施工过程中各项数据录入信息化管理平台，并通过轻量化模型实现可视化展示，辅助工程管理人员制定合理的改造管理方案，实现对施工过程中人、材、机的实时高效管理，消除安全隐患、提升改造质量。

此外，改造工程信息化管理平台还具备对周边环境实时监测的功能，有效降低噪声、扬尘、建筑垃圾等对社会、人文、环境的影响，实现对既有公共建筑的智慧化绿色改造。

4.4　智慧运营

4.4.1　建筑能源管理系统

1. 技术概述

建筑能源管理系统（BEMS），是指对建筑物或者建筑群内的变配电、照明、电梯、空调、供热、给排水等能源使用状况，集中监视、管理和分散控制的管理与控制系统，是实现建筑能耗在线监测和动态分析的硬件系统和软件系统的统称，它由计量装置、数据采集器和能耗数据管理软件系统组成。

2. 技术要点

1）数据采集

既有公共建筑能源管理系统的数据采集主要包括能耗数据采集、建筑环境数据采集、建筑设备数据采集和可再生能源应用数据采集四部分。

能耗数据采集指标主要包括各分类能耗（水、电、气、冷热量）和分项能耗（照明插座用电、暖通空调用电、动力用电、特殊用电）的逐时、逐日、逐月和逐年数据。建筑环境数据采集主要包括室外温湿度、风速，建筑室内温湿度、二氧化碳浓度、照度等，该数据作为智慧化运行策略的指标参数，用于智慧运营策略的制定和执行。建筑设备数据采集主要包括温度、湿度、流量、冷热量等多种建筑设备运行状况中的基础物理量，该类数据的采集是建筑智慧化运营策略的基础。可再生能源应用数据采集主要根据可再生能源应用具体情况，通过开放协议等方式采集包括利用总量、系统运行情况监测等数据，并上传给建筑能源管理系统。

2）软件平台

建筑能源管理系统设计采用 C/S 和 B/S 架构混合，集数据的采集、抽取、过滤清洗、业务转换、分析挖掘和直观展现等功能于一体，可满足用户、业主、分析人员、管理人员对建筑能耗管理、建筑环境监测、建筑设备管理、可再生能源应用监测的各种需求。可提供与主流自控厂家产品的互通、互联、互换，打破原建筑智能化系统以独立子系统做分类，且难以相互兼容的现状，实现以物联网技术为支撑的既有公共建筑智慧化运营。

4.4.2　安防管理系统

1. 技术概述

由于受既有公共建筑现有条件的约束，在进行安全性能提升方面改造时应考虑尽量利用现有系统可继续利用的部分，在其基础上通过采用物联网、人工智能、智能分析等新一代的信息技术，对现有系统进行安全监控方面性能的提升。

1）全景视频融合监控技术

随着数字摄像机与网络设备技术的成熟和价格的急速下降，原有的模拟及模数混合组网的视频监控正逐步被纯 IP 化、全高清的网络视频监控所取代，越来越多的视频监控系统被广泛应用在公共建筑及公共场所内，视频监控系统越来越庞大，随之也出现了一系列的问题。传统的视频监控系统应用于公共建筑内主要存在以下不足：

海量的分散监视画面很难靠人为的方式查看全面；监控画面与实际场景的空间位置没有关联，无法在整个监控区域内对目标进行大范围连续监控；缺乏有效手段识别多个体、跨镜头协同活动，无法在整体场景中快速有效跟踪目标。

采用全景视频融合监控技术，通过计算机视觉算法，令不同方向、不同类型的多个摄像机进行协同监控，将原来零散的分镜头视频处理成全局的、连续的立体场景，通过带有空间信息的全景三维展示，实现大范围、多视角的三维全景可视化连续监控，方便管理人员概览全局，在全景中直观地对目标进行连续追踪观察，方便定期巡检重点目标，实现视频监控从看见到看懂的跨越。通过集中展示海量视频信息，实现对既有公共建筑重点区域监视场景的宏观指挥、整体关联和综合调度，提高实时掌控设备运行状态、及时应急处置和精准指挥决策的能力。

2）智能视频分析技术

智能视频分析技术是指接入各种摄像机、硬盘录像机、视频服务器及流媒体服务器等各种视频设备，通过智能化图像识别处理技术进行实时分析，对各种安全事件主动预警，并将报警信息传输至监控平台及客户端。该技术涉及图像处理、跟踪技术、数字信号处理、人工智能等多个领域。

智能视频分析主要分为前端和后端两大类。近些年来随着芯片技术的发展，原来只能在后端服务器上完成的智能分析算法现在已经可以在前端摄像机设备上实时运行。

（1）前端智能分析

典型的前端智能分析算法如下：

设备诊断智能分析，避免出现人为或画面轮询检查带来的报警延误或漏报情况发生。

行为智能分析，对人员进入和离开、人员聚集、物品遗留、物品拿取、防区入侵、徘徊等行为通过分析算法自动进行识别。

智能识别，通过图像识别、图像对比等技术，实现对人、车、物等相关特征信息的提取和分析，例如车牌识别、车型识别、人脸识别等。

（2）后端智能分析

后端智能分析是指前端摄像机仅负责采集视频信息，由后端服务器完成分析。由于智能分析需要进行大量的计算，需要根据需求配置强大的硬件资源，全部由后端处理压力较大，因此智能分析模式正逐渐由后端智能向前端摄像机智能模式发展。目前依靠后端智能服务器完成的主要智能分析如下：

视频摘要。主要是对监控视频在时间长度上进行压缩，使用户能够在短时间内浏览完一段长视频而不遗漏重要信息。

人脸分析。通过视觉分析算法，从图片或视频流中定位提取人脸图像，进行脸部特征分类识别，转化为特征值，存入人脸模型数据库，与既有的数据库进行比对，确认人员身份信息。

客流分析。统计进出门店客人数量、识别进出时间、店内人数、客人年龄等特征，以及店内行走轨迹、商品关注度等信息。

实时突发事件和安全隐患的分析和识别。利用数字化视频采集的优势，结合计算机视觉等先进技术，部分或完全代替人工值守监控视频信息，帮助监控人员分析和识别实时突发事件和安全隐患，提高相关工作人员的工作质量和工作效率。

2. 技术要点

1）全景视频融合监控技术

全景视频融合监控协同基于物联网技术构建，将部署在不同位置的多路实时监控视频与监控区域的三维模型进行融合，形成大范围的三维全景监控画面，能够接入不同类型和规格的视频监控设备，同时也可接入其他传感器的信息、地理位置信息、设备定位信息等，将实时的视频、三维模型、传感器和定位信息融合在一个增强的虚拟环境中，在不改变原有监控系统硬件设备和协调结构的前提下，实现全景监视、三维融合等。

2）智能视频分析技术

智能视频分析技术在既有公共建筑中的应用场景如下：

人群分析。在大型商业综合体、交通场站等区域对人群进行分析，实时进行人群密度特征提取、人群分割、目标跟踪以及群体行为分析，进而实现对人群流量、人群运动趋势、人群驻留的累计时间、人群活动的异常状态等进行分析和预测。

来访人员识别。通过人脸识别技术，对来访人员进行区分，如在酒店或商业综合体中区分消费群体类型、分辨新老客户，自动将客户姓名推送给服务人员，为顾客或访客提供更好的体验；自动辨识系统内录入的黑名单，触发不同级别的自动报警。

4.4.3　既有公共建筑综合性能监测管理平台

1. 技术概述

基于建筑能效、环境以及防灾的“三位一体”关键性能指标要求，通过调研分析我国现有建筑相关监测系统建设情况，开发出了集建筑能源、安全、环境信息及报警于一体的既有建筑综合性能监测管理平台 PC 端和移动终端 APP（安卓版）。平台面向对象为国内既有大型公共建筑，包括宾馆饭店建筑、医疗卫生建筑、商业建筑、文化教育建筑、综合类建筑等。服务于既有公共建筑综合性能改造与提升，平台通过应用于实际示范项目进行了优化升级，满足建筑运营者需求的同时充分表现了创新、节能、便捷。

2. 技术要点

1）架构设计

平台结构基于互联网（Intranet/Internet）技术，以浏览器 / 服务器（B/S）结构和客户机 / 服务器（C/S）相结合的技术架构方式进行设计，并支持虚拟专用网络（VPN），系统提供标准的接口程序和预留技术接口标准，便于扩展应用系统功能和与其他应用系统互联、互访，平台数据库采用通用大型数据库技术，充分考虑利用现有网络和硬件设备，客户端支持多种通用浏览器。平台具有开放性、易操作性、可靠性和安全性等特点，为用户提供了统一、友好的操作界面。

平台开发采用一系列业界领先的技术和体系结构：平台采用了多级体系结构，实现了数据与业务分离；采用多种领先技术，并与平台的先进性和实际应用情况相结合；平台采用 SOA 开发模式，将应用程序的不同功能单元（称为服务）通过彼此之间定义良好的接口和契约联系起来。流程如图 4–14 所示。

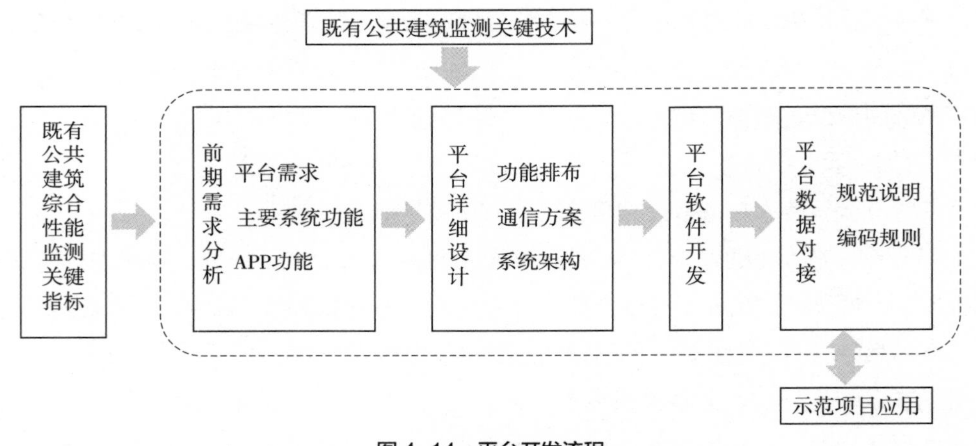

图 4–14 平台开发流程

2）功能结构

平台功能分为四大模块：用能性能模块、环境性能模块、安全性能模块、预警分析模块，分类数据见表 4–1。

（1）用能性能模块。用于监测建筑实时用能，通过分析能耗变化趋势，对比建筑改造前、国家地方用能标准、建筑自身同期能耗值，为提高建筑能源利用率提供依据。

（2）环境性能模块。用于监测建筑室内外热湿环境、空气质量、照度、噪声等环境指标，通过分析环境数据变化趋势，为改善建筑环境提供支撑。

（3）安全性能模块。用于监测建筑结构安全、供电安全、安防视频等数据，数据异常时通过多种方式进行实时报警，及时掌握建筑安全动态。

（4）预警分析模块。对建筑用能性能、环境性能、安全性能异常数据进行报警推送和诊断分析，深入挖掘潜在隐患，及时排查以提高建筑综合性能。

采集数据分类　　表 4-1

数据种类	分类指标
能耗类	电
	水
	冷
	热
	燃气
	其他能源
能效类	空调采暖系统
	制冷系统
	可再生能源
环境类	室内环境
	室外环境
安全类	结构安全
	供电系统安全

3）创新性

既有公共建筑综合性能监测平台集成了建筑能效、环境以及防灾的关键性能指标。既包括建筑综合性能监测，又包括建筑综合性能预警，可成一个独立体系。既包括建筑智慧运营（环境、安全监测方面），又包括节能量核定、对比与分析。将智慧建筑理念融入所有功能设计过程，结合了三维可视化模型、二维码扫描、设备远程智能控制等先进技术。既有公共建筑综合性能监测管理平台既支持单项性能监测，又支持“三位一体”综合性能监测；既支持单项建筑综合性能监测，又支持多种类型建筑综合性能数据对比分析，支持多样性数据传输转化，适应性更强，具有较好的推广应用前景。

3. 应用案例

天津医科大学总医院坐落于天津市和平区，是天津市最大的集医疗、教学、科研、预防于一体的综合性三级甲等医院，也是天津市医学中心。第三住院楼是天津医科大学总医院重要的医疗建筑，常年处于高使用率状态，建筑能耗较高。第三住院楼建于 2010 年，存在能源系统设备老化，运行效率低，技术、管理手段落后等问题。主要改造内容包括空调系统智能化改造与系统调试、照明系统灯具改造与灯控系统建立、能耗监测计量系统建立以及节水改造，同时安装了温湿度、$PM_{2.5}$、CO_2、倾角、振弦传感器等，实现对建筑的室内外环境、结构安全等性能的监测、统计分析。

1）能效性能监管（图 4–15、图 4–16）

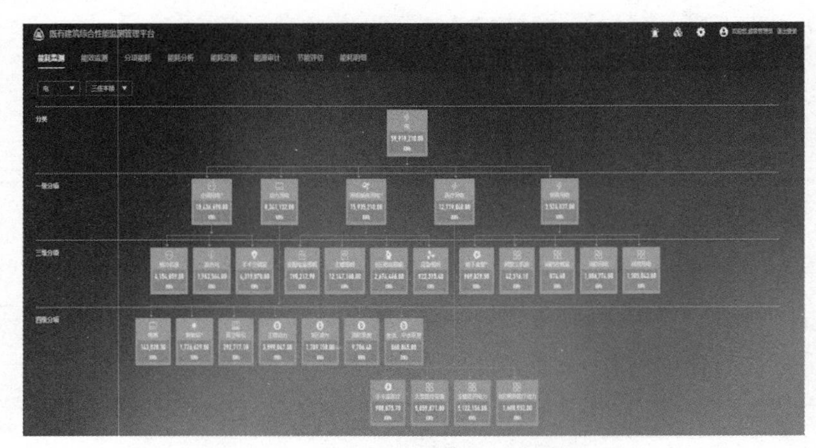

图 4–15　能耗监测分级分项

图 4–16　设备能效监测示意图

2）环境性能监管（图 4–17、图 4–18）

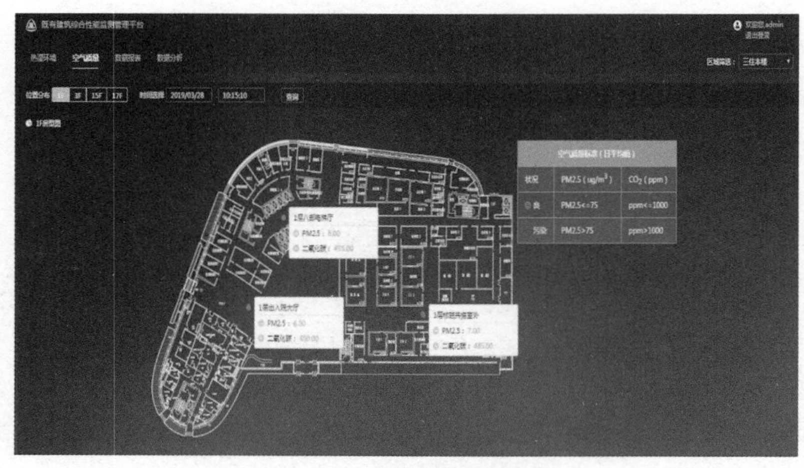

图 4–17　空气质量监测应用

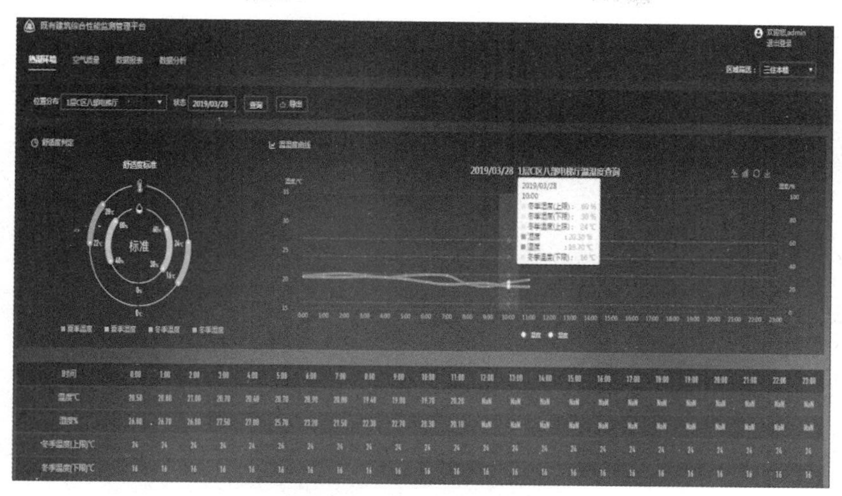

图 4-18　热湿环境监测应用

3）安全性能监管（图 4-19、图 4-20）

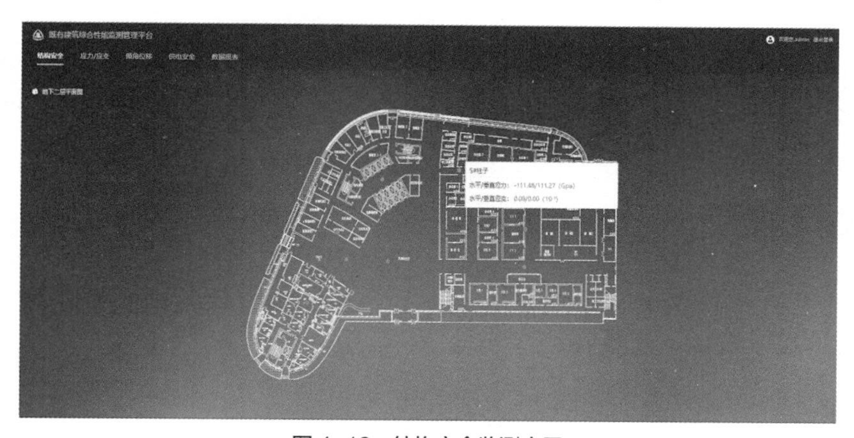

图 4-19　结构安全监测应用

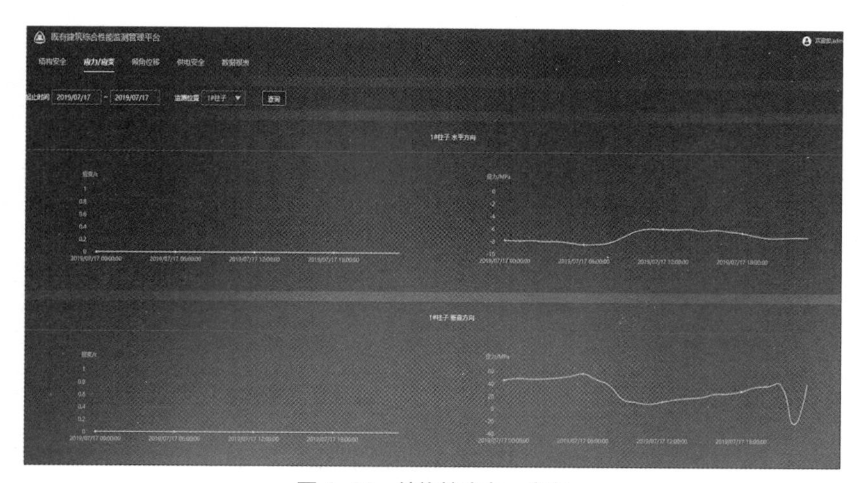

图 4-20　结构柱应力—应变

4）移动终端应用（图 4–21、图 4–22）

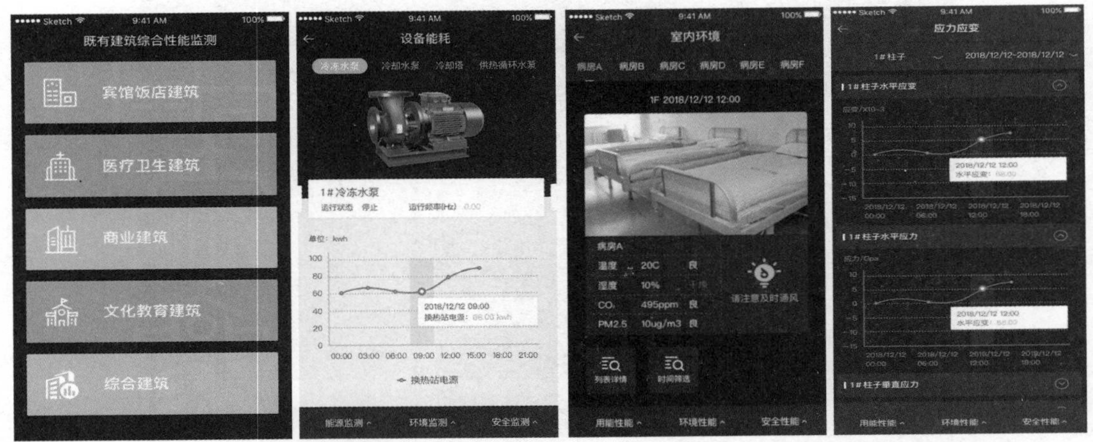

图 4–21　移动终端设备能耗监测　　　　图 4–22　移动终端室内环境监测

参考文献

[1] 李宏男，李东升．土木工程结构安全性评估、健康监测及诊断述评 [J]. 地震工程与工程振动，2002，022（003）：82–90.

[2] 任亮．光纤光栅传感技术在结构健康监测中的应用 [D]. 大连：大连理工大学，2008.

[3] 董云峰，王玉玲，吴春梅．光纤光栅传感器用于钢筋混凝土结构健康监测的实验研究 [J]. 大庆师范学院学报，2010（6）：81–83.

[4] 史学涛．结构健康监测系统的研究 [D]. 上海：同济大学，2006.

[5] 孙汝蛟，孙利民，孙智．FBG 传感技术在大型桥梁健康监测中的应用 [J]. 同济大学学报（自然科学版），2008（02）：11–16.

[6] 丁睿．工程健康监测的分布式光纤传感技术及应用研究 [D]. 成都：四川大学，2005.

第三篇
建筑安全性能提升

第 5 章　结构安全性

5.1　概述

既有公共建筑性能提升首先是确保建筑结构、非结构构件及附属机电设施的安全性能，结构的安全性能包括正常使用下的安全性和遭遇地震影响时的抗震安全性。为定性反映改造前后结构安全性能的提升程度，应进行改造前的检测及安全性能事前评定、改造后的安全性能事后评定，以比较安全性能的提升情况。

既有公共建筑由于建成年代久，材料力学性能下降，或在建筑性能提升中使用荷载增加，将导致构件承载能力不足；建造时的施工质量存在问题或在投入使用后业主缺少正常的维护，出现结构构件露筋、屋面渗漏腐蚀结构构件等问题，会对建筑正常使用的安全性造成影响，应进行建筑安全性鉴定，包括地基基础、上部主体结构和外围护结构的安全性鉴定。我国早期建成的建筑（如 20 世纪 50—60 年代）大多未考虑抗震设防，或由于现行设防标准提高，其抗震能力达不到现行标准的要求，这类房屋亟待进行建筑抗震鉴定；同时为保证遭受一定程度的地震影响时建筑内部附属电设施安全运行，还应对附属机电设施的抗震安全性进行鉴定。

现有既有公共建筑的安全性能评定主要依据《民用建筑可靠性鉴定标准》GB 50292—2015、《建筑抗震鉴定标准》GB 50023—2009 及《危险房屋鉴定标准》JGJ 125—2016 的规定进行。对于经安全性鉴定与抗震鉴定后不满足要求的建筑，应综合考虑安全性鉴定与抗震鉴定结论，提出合理的加固措施，加固时可依据《建筑抗震加固技术规程》JGJ 116—2009 和《混凝土结构加固技术规范》GB 50367—2013、《砌体结构加固设计规范》GB 50702—2011，以及针对特殊加固技术的行业标准执行。

限于篇幅，且考虑到危险性房屋需进行人员撤离，对结构进行拆除、纠偏等措施与建筑物功能提升相关性较小，故本章介绍的重点主要集中在结构的安全性、抗震鉴定与加固方面。

5.2　结构安全性鉴定

5.2.1　基本规定

1. 需进行安全性鉴定的情况

下列情况下应按《民用建筑可靠性鉴定标准》GB 50292—2015 进行安全性鉴定：

1）建筑物达到设计使用年限需继续使用时；

2）建筑物大修前、改造或增容前、改建或扩建前；

3）建筑物改变用途或使用环境前；

4）存在较严重的质量缺陷或出现较严重的腐蚀、损伤和变形时；

5）遭受灾害或事故时。

2. 结构安全性鉴定基本流程

结构安全性鉴定按构件、子单元和鉴定单元三个层次依次进行鉴定，每个层次分为四个安全性等级；每个层次均分地基基础、上部承重结构和围护系统承重部分三部分进行鉴定，各部分的鉴定结果分为四个安全性等级。

安全性评级的层次、等级划分、工作内容和步骤详见表 5-1。

安全性评级的层次、等级划分、工作内容和步骤　　表 5-1

<table>
<tr><th colspan="2">层次</th><th>一</th><th colspan="2">二</th><th>三</th></tr>
<tr><th colspan="2">层名</th><th>构件</th><th colspan="2">子单元</th><th>鉴定单元</th></tr>
<tr><td rowspan="8">安全性鉴定</td><td>等级</td><td>a_u、b_u、c_u、d_u</td><td colspan="2">A_u、B_u、C_u、D_u</td><td>A_{su}、B_{su}、C_{su}、D_{su}</td></tr>
<tr><td rowspan="3">地基基础</td><td>—</td><td>地基变形评级</td><td rowspan="3">地基基础评级</td><td rowspan="7">鉴定单元安全性评级</td></tr>
<tr><td rowspan="2">按同类材料构件各检查项目评定单个基础项目</td><td>边坡场地稳定性评级</td></tr>
<tr><td>地基承载力评级</td></tr>
<tr><td rowspan="3">上部承重结构</td><td rowspan="3">按承载力、构造、不适于承载位移或损伤等检查项目评定单个构件等级</td><td>每种构件集评级</td><td rowspan="3">上部承重结构评级</td></tr>
<tr><td>结构侧向位移评级</td></tr>
<tr><td>按结构布置、支撑、圈梁、结构间连系等检查项目评定结构整体性评级</td></tr>
<tr><td>围护系统承重部分</td><td colspan="3">按上部承重结构检查项目及步骤评定围护系统承重部分各层次安全性等级</td></tr>
</table>

5.2.2　安全性评定的具体方法

1. 构件层次的鉴定评级

构件层次的安全性鉴定分为混凝土结构构件、砌体结构构件、钢结构构件和木结构构件四类，按以下规定的项目进行检查评级，并取其中最低一级作为该构件安全性等级：

1）混凝土结构构件按承载能力、构造、不适于承载的位移或变形、裂缝或其他损伤四个检查项目进行评定。

2）砌体结构构件按承载能力、构造、不适于承载的位移、裂缝或其他损伤等四个检查项目进行评定。

3）钢结构构件按承载能力、构造、不适于承载的位移或变形等三个项目进行评定，钢结构节点、连接域按承载能力、构造两个项目进行评定。

4）木结构构件按承载能力、构造、不适于承载的位移或变形、裂缝以及危险性的腐朽和虫蛀等六个检查项目进行评定。

5）构件层次应按以下规定给出评定等级及采取处理建议：

a_u：安全性符合鉴定标准对 a_u 级的规定，具有足够的承载能力，不必采取措施；

b_u：安全性略低于对 a_u 级的规定，尚不显著影响承载能力，可不必采取措施；

c_u：安全性不符合对 a_u 级的规定，显著影响承载能力，应采取措施；

d_u：安全性不符合对 a_u 级的规定，严重影响承载能力，必须及时或立即采取措施。

注：构件层次的安全性评级详见《民用建筑可靠性鉴定标准》GB 50292—2015。

2. 子单元的鉴定评级

子单元应根据子单元各检查项目及各构件集的评定结果评定等级，并提出处理建议：

A_u：安全性符合鉴定标准对 A_u 级的规定，不影响整体承载，但可能有个别一般构件应采取措施；

B_u：安全性略低于对 A_u 级的规定，尚不显著影响整体承载，但可能有极少数构件应采取措施；

C_u：安全性不符合对 A_u 级的规定，显著影响整体承载，应采取措施且可能有极少数构件必须立即采取措施；

D_u：安全性不符合对 A_u 级的规定，严重影响整体承载，必须立即采取措施。

注：子单元的安全性具体评级方法详见《民用建筑可靠性鉴定标准》GB 50292—2015。

3. 鉴定单元的鉴定评级

鉴定单元应根据各子单元的评定结果确定并给出处理建议：

A_{su}：安全性符合鉴定标准对 A_{su} 级的规定，不影响整体承载，但可能有极少数一般构件应采取措施；

B_{su}：安全性略低于对 A_{su} 级的规定，尚不显著影响整体承载，但可能有极少数构件应采取措施；

C_{su}：安全性不符合对 A_{su} 级的规定，显著影响整体承载，应采取措施且可能有极少数构件必须及时采取措施；

D_{su}：安全性严重不符合对 A_{su} 级的规定，严重影响整体承载，必须立即采取措施。

注：鉴定单元的安全性评级详见《民用建筑可靠性鉴定标准》GB 50292—2015。

5.3 建筑抗震鉴定

5.3.1 基本规定

1. 下列情况下应按《建筑抗震鉴定标准》GB 50023—2009 进行抗震鉴定：

1）接近或超过设计使用年限需继续使用的建筑；

2）原设计未考虑抗震设防或抗震设防要求提高的建筑；

3）需要改变结构用途和使用环境的建筑。

2. 抗震鉴定的抗震设防烈度，一般情况下采用现行国家标准《中国地震动参数区划图》GB 18306 规定的地震基本烈度或《建筑抗震设计规范》GB 50011 规定的设防烈度。

3. 现有建筑的抗震鉴定首先应按现行国家标准《建筑抗震鉴定标准》GB 50023 的规定确定其合理的后续使年限，需补充说明两点：

1）由于《建筑抗震鉴定标准》GB 50023—2009 实施时新建建筑工程执行的是《建筑抗震设计规范》GB 50011—2001（2008 年版），目前执行的是 GB 50011—2010（2016 年版），变动较大，因此对 2001 年后按 GB 50011—2001 设计建造的房屋，抗震鉴定时地震动参数执行 2016 年版的规定，但地震作用可乘以 0.9 的折减系数，抗震措施与抗震承载力参照《建筑抗震设计规范》GB 50011—2001 核查，此时后续使用年限维持原设计使用年限不变。

2）对于增层改造项目，增层部分应严格执行现行国家标准《建筑抗震设计规范》GB 50011—2010（2016 年版）的规定，原有结构按后续使用年限 50 年进行抗震鉴定，但可按综合抗震能力判断是否满足抗震鉴定要求的标准。

4. 抗震鉴定时的设防标准

1）首先应按照现行国家标准《建筑工程抗震设防分类标准》GB 50223 的规定确定设防类别，既有公共建筑一般为丙、乙类建筑，其抗震措施核查和抗震验算的综合鉴定应符合下列要求：

丙类，应按本地区设防烈度的要求核查其抗震措施并进行抗震验算。

乙类，6~8 度应按比本地区设防烈度提高一度的要求核查其抗震措施，9 度时应适当提高要求；抗震验算应按不低于本地区设防烈度的要求采用。

“适当提高要求”系指 A 类建筑按 B 类建筑的要求核查抗震措施，B 类建筑按 C 类建筑的要求核查抗震措施。

2）设防标准的调整

考虑到既有建筑的复杂性，其抗震设防标准可根据设防烈度、设防类别、所在场地类别及周边建筑情况等进行适当调整，表 5–2 给出了这两类建筑的抗震设防标准。表中上标 * 号表示适当提高要求，具体含义同前述。

既有公共建筑抗震鉴定设防标准 表 5-2

设防烈度	场地类别	乙类设防			丙类设防		
		抗震措施	抗震构造	抗震验算	抗震措施	抗震构造	抗震验算
6 度	Ⅰ	7	6	≥ 0.05g	6	6	0.05g
	Ⅱ ~ Ⅳ		7				
7 度（0.10g）	Ⅰ	8	7	≥ 0.10g	7	6	0.10g
	Ⅱ ~ Ⅳ		8			7	
7 度（0.15g）	Ⅰ	8	7	≥ 0.15g	7	6	0.15g
	Ⅱ		8			7	
	Ⅲ，Ⅳ		8*			8	
8 度（0.20g）	Ⅰ	9	8	≥ 0.20g	8	7	0.20g
	Ⅱ ~ Ⅳ		9			8	
8 度（0.30g）	Ⅰ	9	8	≥ 0.30g	8	7	0.30g
	Ⅱ		9			8	
	Ⅲ，Ⅳ		9*			9	
9 度	Ⅰ	9*	9	≥ 0.40g	9	8	0.40g
	Ⅱ ~ Ⅳ		9*			9	

5.3.2 抗震鉴定的基本方法

1. 抗震性能的两级鉴定方法

现有建筑的抗震鉴定采用两级鉴定方法。

1）第一级鉴定是以抗震构造措施（B、C 类建筑称抗震措施）为主的鉴定，针对不同的结构类型，《建筑抗震鉴定标准》GB 50023 中给出了相应的构造或抗震措施要求，根据建筑的实际情况与标准要求的差距确定构造影响系数，包括体系影响系数和局部影响系数。

2）第二级鉴定是抗震验算，A 类建筑一般采用计算楼层综合抗震能力指数的简化方法； B、C 类建筑或不适于简化计算方法的 A 类建筑，应进行构件抗震承载力的验算，最后根据承载力计算结果考虑构造影响系数，对建筑的抗震性能进行综合评定。

3）A 类建筑满足第一级鉴定时，可评定为满足抗震鉴定要求，不再进行第二级鉴定；B、C 类建筑满足抗震措施鉴定要求后，仍需进行第二级鉴定以进行综合评定。

2. 抗震鉴定的基本流程

一般来说，抗震鉴定是对房屋所存在的缺陷进行"诊断"，包括下列步骤：

1）原始资料收集，如勘察报告、施工图、施工记录和竣工图、工程验收资料等，资料不全时，要有针对性地进行必要的补充实测。

2）建筑现状调查，调查建筑现状与原始资料相符合的程度、施工质量及使用维护情况，发现相关的非抗震缺陷。

3）综合抗震能力分析，应根据各类结构的特点、结构布置、构造和抗震承载力等，依据后续使用年限采用相应的逐级鉴定方法，进行建筑综合抗震能力分析。

4）对现有建筑的整体抗震性能做出评价。

现有建筑的抗震鉴定流程见图 5–1。

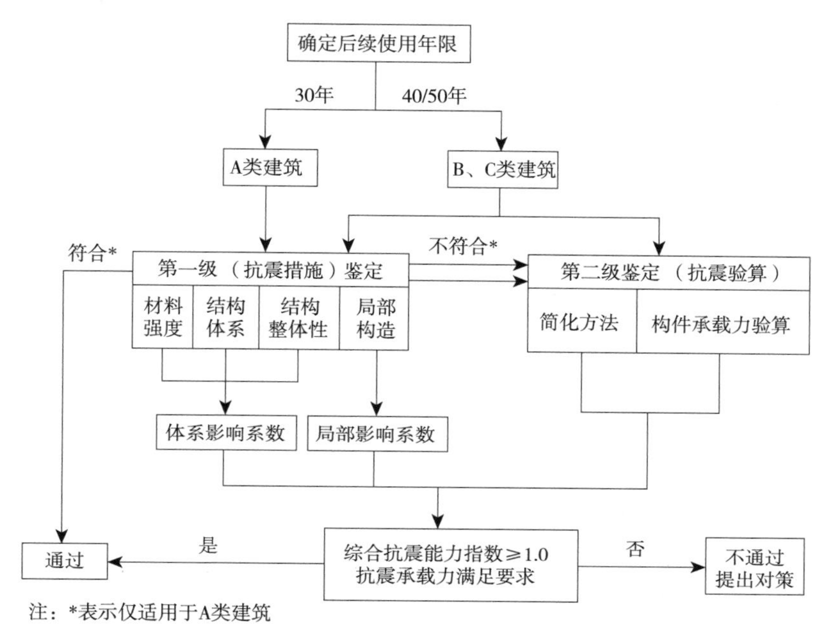

图 5–1　抗震鉴定流程图

5.3.3　抗震鉴定的结论与评级

经抗震鉴定后将出现满足抗震鉴定要求、不满足抗震鉴定要求两种情况，评定为不满足抗震鉴定要求时，现行国家标准《建筑抗震鉴定标准》GB 50023 给出了以下抗震减灾对策和处理意见。

1）维修：指仅少量次要构件不满足要求，尚不明显影响结构抗震能力，只需结合日常维修进行处理即可，但对位于人流通道处且地震中易掉落伤人的次要构件应立即采取处理措施。

2）加固：不满足抗震鉴定要求，但从技术与经济的角度考虑，可通过加固达到鉴定标准的要求，加固设计与施工应符合《建筑抗震加固技术规程》JGJ 116 的要求。

3）改变用途：不满足抗震鉴定要求，且从技术与经济的角度加固难度较大，加固所需投入较高，但可通过改变建筑用途降低其设防类别，使之通过加固甚至无需加固就能达到按新用途使用的抗震鉴定要求。

4）更新：结构体系明显不合理、加固难度很大、代价高，这类建筑可结合城市规划予以拆除，短期内需继续保留使用的，应采取应急措施。

为体现加固后防灾性能的提升水平，对抗震鉴定的结论也可按以下方法进行评级：

（1）不满足抗震鉴定要求的建筑评定为 C_E 级，应采取相应的抗震减灾对策并加以处理；

（2）满足规定后续使用年限抗震鉴定要求的建筑评定为 B_E 级，可不进行加固；

（3）满足大于规定后续使用年限抗震鉴定要求的建筑评定为 A_E 级，不必进行加固。

5.4 结构加固

5.4.1 基本规定

1. 结构加固依据

结构加固应以安全性与抗震鉴定报告的结论与建议为依据，这一点必须在加固设计施工总说明中予以明确，即先鉴定后加固的原则，未鉴定而进行的加固是盲目的加固。

2. 结构加固方案

结构加固方案应综合安全性鉴定与抗震鉴定的结论确定，结构加固应以抗震加固为主、构件加固为辅，确定合理的加固方案。

对于不满足抗震鉴定要求的建筑，首先应根据抗震鉴定报告的结论与建议，采用整体加固、局部结构或构件加固的方案，在确定抗震加固方案后再对结构构件的安全性重新复核，以减少构件加固的工作量。

对于满足抗震鉴定要求的建筑，则根据安全性鉴定报告的结论与建议，采用构件加固的方式，但应注意切不可因构件加固形成新的抗震薄弱环节。

结构加固方案应尽量减少地基基础的加固工作量。

3. 结构加固设计应达到的要求

1）安全性鉴定时构件承载力为 C_u、D_u 级的构件必须进行加固，达到 A_u 的要求。

2）抗震鉴定不满足要求时，必须进行加固达到 B_E 级要求，条件许可时可达到 A_E 级要求。

4. 结构加固材料

加固所用的砌体块材、砂浆和混凝土的强度等级，钢筋、钢材的性能指标，应符合现行国家标准《建筑抗震设计规范》GB 50011 的有关规定，其他各种加固材料和胶黏剂的性能指标应符合国家现行标准、规范的要求。

5.4.2 房屋加固方法

1. 整体性加固

房屋的整体性加固是针对房屋的整体抗震性能而进行的加固，我国的加固经验表明房屋的加固首先应从整体抗震性能上进行加固，然后再从构件的加固上对整体性加固加以弥补，否则加固反而起反作用。但不可否认的是房屋的整体性加固有时也是以构件性的加固为基础的，只要满足结构的整体安全性要求即可。

1）砌体结构的整体性加固

（1）面层加固。在墙体的一侧或两侧采用水泥砂浆面层、钢筋网砂浆面层、钢绞线网—聚合物砂浆面层或现浇钢筋混凝土板墙加固，这是目前多层砌体结构最常用的加固方法，可有效地提高结构的整体抗震性。

采用面层加固，当房屋抗震能力与要求相差不大时，可在房屋外围及楼梯间部位增设面层，以达到减少入户、房屋正常使用的目的。

（2）外加钢筋混凝土圈梁—构造柱加固。在墙体交接处增设现浇钢筋混凝土构造柱加固及与圈梁（内圈梁采用钢拉杆）连成整体，或与现浇钢筋混凝土楼、屋盖可靠连接。

砌体结构中设置圈梁—构造柱，是唐山地震的经验总结，也是我国首次提出的有效抗震构造措施，圈梁—构造柱不仅能对房屋整体起到约束作用，防止倒塌，还可提高一定的抗震承载能力，既有多层砖混结构采用此项技术加固同样能起到上述作用，因而也是砌体结构常用的加固方法。

当墙体采用双面钢筋网砂浆面层或钢筋混凝土板墙加固，且在墙体交接处增设相互可靠拉结的配筋加强带时，可不另设构造柱。当采用双面钢筋网砂浆面层或钢筋混凝土板墙加固，且在上下两端增设配筋加强带时，可不另设圈梁。

（3）增设抗震墙。增设抗震墙的结构材料宜采用与原结构相同的砖或砌块，也可采用现浇钢筋混凝土。

该方法可以减小抗震横墙间距，同时提高房屋的整体抗震能力，因此也可纳入整体性加固范围。

（4）当墙体平面内布置不闭合（敞口墙）时，可增设墙段或在开口处增设现浇钢筋混凝土框形成闭合。

（5）条件许可时，可采用基础隔震加固技术，这属于改变结构体系的加固方法，乙类建筑宜优先考虑基础隔震加固技术。

（6）外套式加固技术。这是沿房屋纵向在房屋的两侧或单侧增设钢筋混凝土构件，这样地震作用由新增的外套来承担，减小了原砌体结构承担的地震作用，同时还可以扩大使用面积。

（7）对于层数超过鉴定要求的砌体房屋，必须采用改变结构体系的加固方法，常采用的方法是在间距不超过24m的范围内增设两道钢筋混凝土抗震墙，其做法是在砌体墙两侧或单侧（最好在两侧）采用钢筋混凝土板墙加固，板墙总厚度不小于140mm。

2）钢筋混凝土房屋的整体性加固

（1）增设钢筋混凝土抗震墙。这是既有钢筋混凝土结构最常用的加固方法，通过增设抗震墙将原框架结构改变为框架—抗震墙结构，新增抗震墙承担主要的地震作用，结构的抗侧刚度大大提高以减小结构的变形，同时原有框架构件的抗震等级降低，减少了构件加固工作量。

（2）基础隔震加固。该技术是对原结构基础部分进行切割，其上新做一层整体性较强的混凝土结构层（可为梁式基础或板式基础），两层之间设置隔震垫，以减小地震作用向上部结构的传递。因此，这也是改变结构体系的加固方法。

（3）消能减震加固。该方法是在结构中增加一些消能元件，在较小地震作用时为结构提供一定的刚度和较小的阻尼，以减小地震反应；在较大地震作用时消能元件能提供较大的阻尼以耗散大量的地震能量，从而保护主体结构构件免遭严重破坏。

（4）外加钢支撑子结构加固。该项技术源自日本和新西兰，近年来我国也开展了该项技术的研发，并开始在工程中应用。外加钢支撑子结构加固实质上就是在钢筋混凝土结构的外部设置“人”字形或“八”字形的带外框的钢支撑，对于框架结构可作为第一道防线，对于框架—抗震墙结构，可形成第二道防线，从而起到保护框架构件的作用。

（5）自复位摇摆墙加固技术。该项技术由日本首创，近年来我国加大了研发力度，也开始了工程应用试点。自复位摇摆墙加固是为原框架增设钢筋混凝土抗震墙，抗震墙底部与基础铰接可以转动，摇摆墙与原框架结构采用剪切型金属阻尼器连接。

自复位摇摆墙加固的特点，是将原框架结构在地震作用下的剪切型变形改变为均匀的直线型分布，从而减轻了框架结构底层破坏较严重的情况。另外，自复位摇摆墙与主体结构构件的连接可以做到在较强地震作用时首先屈服，从而减轻了框架梁、柱破坏程度。

目前预应力自复位装置研究的成果很多，技术相对成熟。近年来，我国相继开发出了形状记忆合金、碟形弹簧等双向自复位装置，但尚需提出一套完整的设计方法，制定相应的技术标准。

2. 构件层次的加固

1）砌体结构构件的加固

（1）面层加固。包括水泥砂浆面层、钢筋混凝土板墙、钢铰线—聚合物水泥砂浆加固等方式，我国已有相应的技术标准对各种加固方法的承载力计算给出了计算公式。

（2）施加预应力加固。对部分墙段施加预应力，提高墙体的抗震受剪承载力，但采取此方法的前提条件是原墙体的砂浆强度不能太低。

（3）楼、屋盖构件支承长度不满足要求时，可增设托梁或采取增强楼、屋盖整体性等措施进行加固。

（4）窗间墙宽度过小或抗震能力不满足要求时，可增设钢筋混凝土窗框或采用钢筋网砂浆面层、板墙或外加构造柱等进行加固。

2）钢筋混凝土结构构件的加固

（1）加大截面法加固。对不满足承载力的梁、柱及连接节点采取增大截面的方式进行加固，但采用该法加固时，一定要注意防止出现新薄弱部位，导致整个房屋倒塌。此外，当对框架柱采用加大截面法加固时，会使结构的刚度发生变化，造成地震力的增加与重新分配，应重新复核结构的计算分析。

（2）粘贴法加固。包括加粘贴碳纤维布、钢板条等方式，采用粘贴法加固时应注意原结构构件表面的凿毛，并应涂刷界面剂，以保证新旧连接部位的可靠性，采用加大截面法加固时也应注意这一点。

（3）包钢加固法。该方法主要是对框架柱进行加固，在柱的四角布置角钢，角钢间采用缀板带进行连接，相比增大截面法加固而言，该方法可提高构件承载力，但对结构整体刚度增加不大，地震作用增大也不明显。

3. 其他类型的既有公共建筑加固

既有公共建筑中还有单层空旷房屋（如食堂、礼堂）、内框架房屋和底层框架砖房等结构形式，这些建筑归根结底还是由砖砌体构件和钢筋混凝土构件组成的混合结构。各类结构构件的加固可按前述方法进行加固，但整体性加固应注意以下事项：

1）底层框架砖房的加固

一是控制底部框架层与过渡层的刚度比，若底部框架刚度偏小，则地震作用下的变形集中在底部框架层，造成底部框架层严重破坏，但当底部框架刚度偏大时，地震作用下的变形向过渡层转移，而过渡层是变形能差的砌体结构。

二是底部框架与上部砖房交接处的楼板，应有足够的刚度，保证地震作用均匀地向底部框架层传递，因此当楼板为预制圆孔板时，必须采用增设钢筋混凝土叠合层的方法进行加固。

2）单层空旷房屋

单层空旷房屋主要复核屋架与其下的墙垛组成的排架结构的抗弯验算，当不满足要求时，对墙垛可采用外包钢构套或钢筋混凝土壁柱进行加固。

5.5　工程案例

5.5.1　案例 1：某医疗建筑抗震鉴定与加固

1. 工程概况

某疾病预防控制中心实验楼（图 5–2）为四层砌体结构，设计建造于 1990 年。该建筑物长约 33.5m，宽约 12.8m，总建筑面积约 1774m^2，标准层见图 5–3 所示。该建筑一层—三层层高 3.3m，四层层高 3.5m；楼屋盖采用预制圆孔板，局部为现浇板。

本工程的主要检测鉴定内容有：结构体系、布置和房屋现状外观质量检查；墙体砖、砂浆强度检测；混凝土构件混凝土强度、钢筋配置、截面尺寸检测；垂直度检测；安全性鉴定与抗震鉴定。

图 5-2　某疾控中心外观

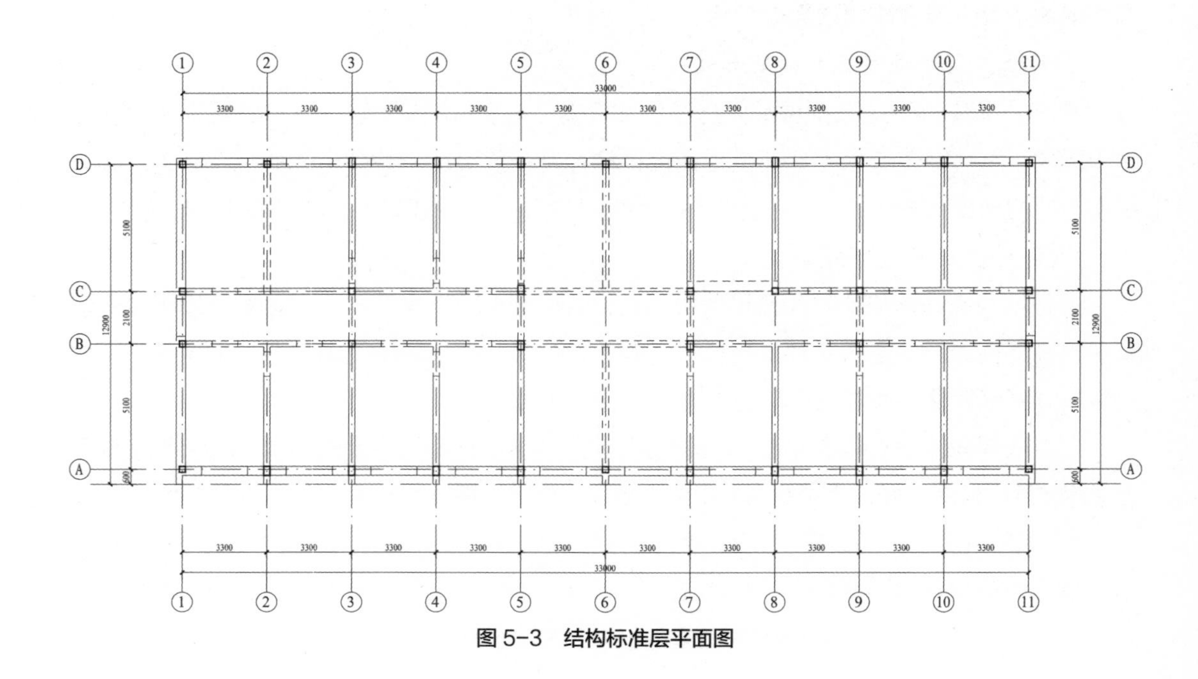

图 5-3　结构标准层平面图

检测鉴定所采用的依据如下：①《建筑结构检测技术标准》GB/T 50344—2004；②《砌体工程现场检测技术标准》GB/T 50315—2011；③《回弹法检测混凝土抗压强度技术规程》JGJ/T 23—2011；④《混凝土中钢筋检测技术规程》JGJ/T 152—2008；⑤《建筑变形测量规范》JGJ 8—2007；⑥《建筑结构荷载规范》GB 50009—2012；⑦《建筑工程抗震设防分类标准》GB 50223—2008；⑧《民用建筑可靠性鉴定标准》GB 50292—2015；⑨《建筑抗震鉴定标准》GB 50023—2009；⑩原设计图纸。

2. 现场调查与检测结果

经现场调查，结构现状相比原设计略有改动，如个别窗洞封堵、墙体拆除。窗洞角出现裂缝，部分墙体渗漏受潮，顶部女儿墙有明显的外闪现象，并出现较大的裂缝，其中 1 轴、11 轴和 D 轴女儿墙墙体外闪分别达 50mm、30mm 和 55mm。

（1）承重墙体一层至四层砖的推定强度等级分别为 MU10、MU15、MU10 和 MU10，均达到原设计强度等级。

（2）承重墙体砂浆的推定强度值一层至四层分别为 3.31MPa、5.32MPa、3.62MPa 和 3.13MPa，均低于原设计强度等级。

（3）混凝土构件（梁和圈梁）的混凝土强度推定值为 15.7~22.2MPa。

（4）所检测的梁构件截面尺寸与原设计图纸相符。

（5）所检测的梁构件的主筋数量和钢筋间距符合设计要求。

（6）该楼在检测高度范围内最大倾斜值为 10mm，最大位移角为 $H/1400$，满足《民用建筑可靠性鉴定标准》GB 50292—2015 的要求。

3. 结构安全性鉴定

按照《民用建筑可靠性鉴定标准》GB 50292—2015（以下简称《可靠性鉴定标准》）的相关规定，对实验楼进行结构安全性鉴定。

根据《可靠性鉴定标准》的要求，鉴定结构安全性，分为构件、子单元和鉴定单元三个层次，每一层次分为四个安全性等级。根据构件各检查项目评定结果，确定单个构件等级；根据子单元各检查项目及各种构件的评定结果，确定子单元等级；根据各子单元的评定结果，确定鉴定单元等级。

1）构件安全性鉴定评级

该结构承重的结构构件主要为砖墙。鉴定结构构件的安全性时，每一受检构件按照承载能力、构造、不适于承载的位移（或变形）、裂缝或其他损伤等四个检查项目，分别评定其等级，取其中最低一级作为该构件的安全性等级。

砖墙受压承载力等级评定结果见表 5-3。

墙体承载力评级　　表 5-3

层＼等级	a_u 级	b_u 级	c_u 级	d_u 级
一层	93.1%	1.7%	—	5.2%
二层	94.6%	—	—	5.4%
三层	100%	—	—	—
四层	100%	—	—	—

构造子项：墙体高厚比满足规范要求，且设有混凝土圈梁和构造柱，未见不当连接与砌筑方式。本子项各构件构造等级均可评为 a_u 级。

不适于承载的位移（或变形）子项：现场调查未发现砌体承重墙体位移或倾斜，也未发现梁、板混凝土构件不适于继续承载的挠度变形。本子项各构件可评为 a_u~b_u 级。

裂缝或其他损伤子项：实验楼承重构件中，四层局部门窗洞口角部和墙体发现有裂缝；四层也有1根梁端发现一条竖向裂缝，裂缝最大宽度0.3mm。本子项可评为 b_u 级。

2）子单元安全性鉴定评级

（1）地基基础子单元

地基基础子单元的安全性鉴定评级应根据地基变形或地基承载力的评定结果确定。对建在斜坡场地的建筑物，还应按边坡场地稳定性的评定结果进行确定。

根据设计图纸，本工程采用条形基础，基础埋深 –2.0m，地基承载力为 $16t/m^2$。根据《可靠性鉴定标准》，可根据地基基础上部结构反应的检查结果进行评定。

地基基础的上部结构反应检查项目：鉴定单元内的基础采用条形基础。从现场调查结果看，各主体结构构件现状良好，未发现结构由于地基不均匀沉降造成承重墙体裂缝、变形或位移现象。因此，本项目可评定为 A_u~B_u 级。

本工程位于非斜坡场地。本边坡场地稳定性检查项目评定为 A_u 级。

根据以上结果，地基基础子单元现状的安全性等级评定为 A_u~B_u 级。

（2）上部承重结构子单元

上部承重结构子单元的安全性鉴定评级应根据其结构承载功能等级、结构整体性等级以及结构侧向位移等级的评定结果确定。

根据“构件安全性鉴定评级”中四个子项的评级结果，一层至四层主要构件集（墙）评级结果分别为 C_u 级、C_u 级、B_u 级和 B_u 级。上部结构承载功能的安全性等级评定为 C_u 级。

结构布置及构造：结构布置基本合理，形成了较为完整的系统，结构选型及传力路线设计正确。本检查项目可评定为 A_u 级。

墙体构件高厚比及连接构造：满足规范要求，未见明显残损或施工缺陷。本检查项目可评定为 A_u~B_u 级。

结构、构件间的联系：结构间的联系能够满足规范的要求，连接方式基本正确，未见松动变形或其他残损，本检查项目可评定为 A_u~B_u 级。

砌体结构中圈梁及构造柱的布置与构造：本房屋设有混凝土圈梁和构造柱，整体性较好。本检查项目可评定为 A_u~B_u 级。

根据以上结果，结构整体性项目的结构安全性等级评定为 B_u 级。

上部承重结构未发现不适于承载的侧向位移，结构侧向位移项目结构安全性等级可评定为 A_u 级。

综合以上各项目的评级结果，上部承重结构子单元的安全性等级评定为 C_u 级。

3）鉴定单元安全性鉴定评级

综合考虑以上结果，实验楼鉴定单元的结构安全性等级可评定为 C_{su} 级。

4. 抗震鉴定方法

依据《建筑工程抗震设防分类标准》GB 50223—2008 和《建筑抗震鉴定标准》GB 50023—2009（以下简称《抗震鉴定标准》）等的规定，实验楼抗震设防分类为重点设防类（乙类）建筑，抗震设防烈度为 8 度（0.2g），按后续使用年限 30 年的 A 类砌体房屋，对实验楼进行抗震鉴定。

对于 A 类砌体房屋，应进行综合抗震能力的两级鉴定。当符合第一级鉴定的各项规定时，应评为满足抗震鉴定要求；不符合第一级鉴定要求时，除有明确规定的情况外，应在第二级鉴定中将综合抗震能力指数计入构造影响做出判断。

1）地基基础与场地

《抗震鉴定标准》第 4.2.2 条规定，地基主要受力层范围内不存在软弱土、饱和砂土和饱和粉土或严重不均匀土层的乙类、丙类建筑，可不进行其地基基础的抗震鉴定。

根据实验楼设计图纸，该建筑基础埋深 –2.0m，地基承载力为 16t/m^2。同时，参考该房屋附近工程勘察报告，该建筑主要受力层范围内未见饱和砂土和饱和粉土或严重不均匀土层，不存在砂土地震液化等不良地质作用。故本工程可不进行地基基础抗震鉴定。

2）上部结构第一级鉴定

按照《抗震鉴定标准》规定的项目，实验楼的上部结构第一级鉴定结果见表 5–4。

实验楼第一级鉴定结果汇总表　　表 5–4

一般规定			
鉴定内容	《抗震鉴定标准》要求	实际情况	鉴定结论
墙体外观质量	1. 墙体不空鼓、无严重酥碱或明显闪歪； 2. 支承大梁、屋架的墙体无竖向裂缝，承重墙、自承重墙及其交接处无明显裂缝	女儿墙墙体外闪，存在较大的裂缝	女儿墙不满足
混凝土构件外观质量	1. 梁、柱及其节点的混凝土仅有少量微小开裂或局部剥落，钢筋无露筋、锈蚀； 2. 填充墙无明显开裂或与框架脱开； 3. 主体结构构件无明显变形、倾斜和歪扭	四层 6–C–D 轴梁发现有裂缝	个别梁不满足
结构体系			
鉴定内容	《抗震鉴定标准》要求	实际情况	鉴定结论
抗震横墙是否较少或很少	否		
最大高度	8 度时，墙体不小于 240mm 厚的砌体房屋不应超过 16m	13.4m	满足
层数	8 度时，墙体不小于 240mm 厚的砌体房屋不应超过五层	地上四层	满足
抗震横墙最大间距	装配式：7m	6.6m	满足
高宽比	不宜大于 2.2，且高度不大于底层平面的最长尺寸	高宽比约为 1.0，高度小于底层平面的最长尺寸	满足

续表

结构体系			
鉴定内容	**《抗震鉴定标准》要求**	**实际情况**	**鉴定结论**
房屋平立面布置	质量和刚度沿高度分布比较规则均匀，立面高度变化不超过一层	质量和刚度沿高度分布基本规则均匀	满足
	同一楼层的楼板标高相差不大于500mm	无高差	满足
砖柱	跨度不小于6m的大梁，乙类设防时不应由独立砖柱支承	跨度不小于6m的大梁由非独立砖柱支承	满足
材料强度			
鉴定内容	**《抗震鉴定标准》要求**	**实际情况**	**鉴定结论**
砖强度等级	砖实际达到的强度等级不宜低于MU7.5，且不低于砌筑砂浆强度等级	一、三、四层为MU10，二层为MU15	满足
砂浆强度等级	砂浆实际达到的强度等级不宜低于M1	一层至四层均高于1.0 MPa	满足
整体性连接			
楼、屋盖	1. 混凝土预制构件应有坐浆； 2. 预制板缝应有混凝土填实，板上应有水泥砂浆面层	混凝土预制板有坐浆；预制板缝以200号豆石混凝土灌严	满足
	楼、屋盖构件支承长度：混凝土预制板，墙上为100mm，梁上为80mm； 预制进深梁，墙上为180mm且有梁垫	混凝土预制板放置在混凝土圈梁上，支承长度略小于120mm；进深梁放置在圈梁上，支承长度同圈梁宽度	基本满足
纵横墙交接处的连接	墙体布置在平面内应闭合，纵横墙交接处应有可靠连接，不应被烟道、通风道等竖向孔道削弱	墙体闭合；纵横墙连接处无竖向孔洞	满足
	纵横墙交接处应咬槎较好；当为马牙槎砌筑或有钢筋混凝土构造柱时，沿墙高每隔10皮砖或500mm应有$2\phi6$拉结筋	纵横墙交接处咬槎好；构造柱处沿墙高500mm设有$2\phi6$拉结筋	满足
圈梁	1. 屋盖处：外墙，均应有圈梁；内墙，纵横墙上圈梁的水平间距均不应大于8m； 2. 楼盖处：外墙当层数超过2层且横墙间距大于4m时，每层均应内墙要求同外墙，且圈梁的水平间距不应大于8m	楼屋盖外墙均有圈梁，内墙圈梁水平间距不大于8m	满足
	圈梁截面高度：不宜小于120mm	大于120mm	满足
	圈梁配筋：不小于$4\phi12$	最少为$4\phi12$	满足
	圈梁位置与楼盖、屋盖宜在同一标高或紧靠板底	圈梁位置与楼盖、屋盖在同一标高或紧靠板底	满足
	屋盖处的圈梁应现浇，楼盖处的圈梁可为钢筋砖圈梁	现浇钢筋混凝土圈梁	满足
构造柱	设置部位：外墙四角，较大洞口两侧，大房间内外墙交接处；隔开间横墙（轴线）与外墙交接处，山墙与内纵墙交接处；楼电梯间四角	外墙四角；每开间横墙与外纵墙交接处；山墙与内纵墙交接处；楼梯间四角	满足
局部易损部位及其连接			
鉴定内容	**《抗震鉴定标准》要求**	**实际情况**	**鉴定结论**
局部尺寸	承重的门窗间墙最小宽度不宜小于1.5m	部分最小为0.91m	不满足

续表

局部易损部位及其连接			
鉴定内容	《抗震鉴定标准》要求	实际情况	鉴定结论
局部尺寸	承重外墙尽端至门窗洞边的距离不宜小于 1.5m	最小为 0.99m，但该处有构造柱	满足
	支承跨度大于 5m 的大梁的内墙阳角至门窗洞边的距离不宜小于 1.5m	最小为 1.27m，但该处有构造柱	满足
非结构构件及其连接	出入口或人流通道处的女儿墙和门脸等装饰物应有锚固	女儿墙锚固不足，女儿墙已出现外闪及裂缝	不满足
其他易损部位	楼梯间的墙体，悬挑楼层、通长阳台或房屋尽端局部悬挑阳台，过街楼的支承墙体，与独立承重砖柱相邻的承重墙体，均应提高对墙体承载能力的要求	楼梯间未见有提高其承载能力的措施	不满足

根据以上结果，发现实验楼以下各项不满足《抗震鉴定标准》第一级鉴定的要求：四层个别梁发现有裂缝；个别承重的门窗间墙最小宽度小于 1.5m；女儿墙锚固不足，女儿墙已出现外闪及裂缝；楼梯间未见有提高其承载能力的措施。

3）第二级鉴定

根据《抗震鉴定标准》的规定，对实验楼的楼层综合抗震能力指数进行了计算，计算时，承重墙体砖和砂浆强度按原设计强度和实测强度的较小值取用，计算结果见表 5–5。

实验楼楼层综合抗震能力指数　　表 5–5

楼层	体系影响系数		局部影响系数		楼层综合抗震能力指数 β_{ci}	
	横向	纵向	横向	纵向	横向	纵向
一层	1.0	1.0	0.9	0.9	1.09	0.79
二层	1.0	1.0	0.9	0.9	1.36	1.10
三层	1.0	1.0	0.9	0.9	1.23	1.04
四层	1.0	1.0	0.9	0.9	2.42	1.98

从计算结果看，实验楼一层纵向的楼层综合抗震能力指数小于 1，不满足《抗震鉴定标准》的要求；一层横向以及其余各层横向和纵向的楼层综合抗震能力指数均大于 1，满足《抗震鉴定标准》的要求。

5. 建议

对竖向承载力不满足要求的墙体应采取加固措施；对楼层综合抗震能力指数不满足要求的楼层采取加固措施；对存在的墙体裂缝，楼板板缝、渗水，梁裂缝等缺陷采取处理措施；对女儿墙进行加固或重新砌筑；应结合部分墙段竖向承载力不足、楼层综合抗震能力指数不足、楼梯间没有采取提高其墙体承载能力的措施以及其他缺陷等情况，对房屋采取综合加固及修复措施。

5.5.2 案例 2：某中学教学楼抗震鉴定与加固

1. 工程概况

该教学楼建于 20 世纪 70 年代，7 度区四层砖混结构，层高 3m，室内外高差 0.5m，楼屋盖为钢筋混凝土预制长向板，纵墙承重。屋盖处外墙设有圈梁且纵墙圈梁最大间距 6m，横墙圈梁最大间距 9m，楼盖处内墙圈梁最大间距 9m，圈梁纵筋 4ϕ12。门宽 1m，窗宽 1.8m，外墙厚 370mm，内墙厚 240mm。该建筑在 20 世纪 80 年代进行了抗震加固，于房屋四角、楼梯间及内外墙交接处增设钢筋混凝土外加柱。经实测，原墙体砌筑砂浆强度等级一、二层为 M2.5，三、四层为 M1。结构平面布置见图 5–4。

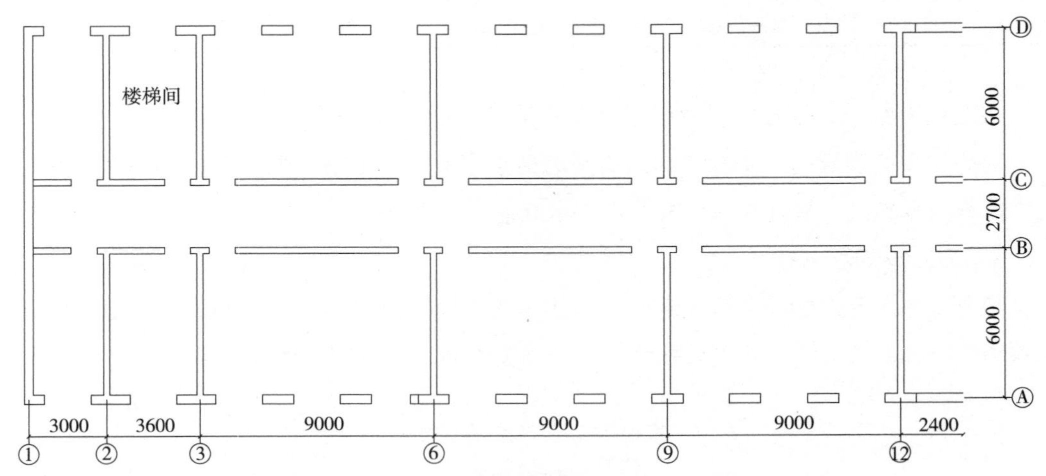

图 5–4 教学楼结构平面图

2. 抗震鉴定结果

该教学楼建于 20 世纪 70 年代，按 A 类建筑进行抗震鉴定，鉴定时应考虑 20 世纪 80 年代抗震加固对其抗震性能的改善。

7 度区乙类多层砌体房屋的层数和总高度限值为 6 层、19m，该教学楼属于横墙很少的房屋，其层数和总高度限值再减两层、6m，即鉴定限值应为 4 层、13m。教学楼实际的层数和总高度为 4 层、12.5m，满足鉴定要求。

1）第一级鉴定

对该教学楼按结构体系、材料强度、整体性连接构造、局部易损易倒部位四方面，按《抗震鉴定标准》中 A 类砌体房屋的要求进行核查，主要鉴定结果见表 5–6。

第一级鉴定结果汇总 表 5–6

鉴定项目	鉴定标准规定值	实际值	鉴定意见
房屋层数	4	4	满足
房屋总高度	13	12.5	满足

续表

<table>
<tr><th colspan="3">鉴定项目</th><th>鉴定标准规定值</th><th>实际值</th><th>鉴定意见</th></tr>
<tr><td rowspan="3">结构体系</td><td colspan="2">刚性体系横墙最大间距 /m</td><td>11</td><td>9</td><td>满足</td></tr>
<tr><td colspan="2">房屋高宽比</td><td>2.2</td><td>0.83</td><td>满足</td></tr>
<tr><td colspan="2">房屋规则性</td><td>—</td><td>—</td><td>满足</td></tr>
<tr><td rowspan="2">材料强度</td><td colspan="2" rowspan="2">砌筑砂浆强度等级</td><td rowspan="2">M1</td><td>一层至二层 M2.5</td><td rowspan="2">满足</td></tr>
<tr><td>三层至四层 M1</td></tr>
<tr><td rowspan="9">整体性连接构造</td><td colspan="2">墙体布置与连接</td><td>—</td><td>—</td><td>满足</td></tr>
<tr><td colspan="2">构造柱设置</td><td>房屋四角、楼梯间、纵横墙交接处</td><td>20 世纪 80 年代已加固</td><td>满足</td></tr>
<tr><td rowspan="6">圈梁设置</td><td>屋盖处的外墙圈梁</td><td>均应有</td><td>设有</td><td>满足</td></tr>
<tr><td>屋盖处纵墙圈梁最大间距 /m</td><td>8</td><td>6</td><td>满足</td></tr>
<tr><td>屋盖处横墙圈梁最大间距 /m</td><td>8</td><td>9</td><td>不满足</td></tr>
<tr><td>横墙大于 4m 时楼盖外墙圈梁</td><td>每层应有</td><td>均设有</td><td>满足</td></tr>
<tr><td>楼盖的内墙圈梁最大间距 /m</td><td>8</td><td>9</td><td>不满足</td></tr>
<tr><td>圈梁的纵向配筋量</td><td>$4\phi12$</td><td>$4\phi12$</td><td>满足</td></tr>
<tr><td colspan="2">楼、屋盖及与墙体连接</td><td>—</td><td>—</td><td>满足</td></tr>
<tr><td rowspan="3">易损易倒部位</td><td colspan="2">承重门窗间墙最大宽度 /m</td><td>1</td><td>1.2</td><td>满足</td></tr>
<tr><td colspan="2">外墙尽端至门窗洞边距离 /m</td><td>1</td><td>1.08</td><td>满足</td></tr>
<tr><td colspan="2">其他</td><td>—</td><td>—</td><td>满足</td></tr>
</table>

鉴定结果表明除各层圈梁横向最大间距外，其他检查项目均满足第一级鉴定要求，因此可进一步进行房屋宽度限值的第一级鉴定。

（1）抗震横墙间距的核查

教学楼总长 72m，共有 11 道横墙，实际的抗震横墙间距 72m/11=6.55m。

7 度区四层房屋 M2.5 砂浆时，一层至二层横墙间距限值为 5.7m，横向墙体有两道 370 墙、10 道 240 墙，修正后的横墙间距限值：

$$L = 5.7 \times \frac{2 \times 1.4 + 10 \times 1.0}{12} = 6.08\text{m} < 6.55\text{m}$$

即横墙间距超过第一级鉴定的限值要求。

（2）房屋宽度的核查

7 度区四层房屋 M2.5 砂浆时，一层至二层房屋宽度限值为 8.5m，但有两道内纵墙，内纵墙厚 240mm，外纵墙厚 370mm，应先修正为同一厚度墙体的房屋宽度限值，再进行内纵墙数量的修正。纵墙在层高 1/2 处的窗洞所占水平截面面积与纵墙总面积之比接近 50%，可不进行墙体开洞率的修正。修正后的房屋宽度限值：

$$B=8.5\times1.8\times\frac{2\times1.4+2\times1.0}{4}=18.36\text{m}>15.07\text{m}$$

即房屋宽度满足第一级鉴定的限值要求。

因此，需进行第二级鉴定，但在第二级鉴定时可仅进行横向楼层平均抗震能力指数的分析。

2）横向第二级鉴定

教学楼为装配式楼屋盖结构，属于中等刚性楼盖，应进行墙段综合抗震能力指数计算。墙段的从属面积计算公式见式（5–1）:

$$A_{bij}=0.5\,(K_{ij}/\sum K_{ij})A_{bi}+0.5A_{bijo} \quad \text{式（5–1）}$$

墙段抗震能力指数计算公式见式（5–2）:

$$\beta_{ij}=(A_{ij}/A_i)(A_{bi}/A_{bij})\beta_i$$

$$=\frac{A_{ij}\times2\beta_i}{\frac{K_{ij}}{\sum K_{ij}}A_{bi}+A_{bijo}}\frac{A_{bi}}{A_i}=\frac{A_{ij}\times2\beta_i}{\frac{A_{ij}}{A_i}A_{bi}+A_{bijo}}\frac{A_{bi}}{A_i} \quad \text{式（5–2）}$$

体系影响系数 ψ_1 取 0.9。

各层建筑总面积 A_{bi}=72.37 × 15.07=1090.62m^2。

各层抗震墙水平截面总面积 A_i=2 ×（15.07 × 0.37+6.3 × 10 × 0.24）=41.39m^2。

墙段综合抗震能力指数计算结果见表 5–7。

墙段综合抗震能力指数计算结果 表 5–7

轴线	层号	A_{ij}/m^2	A_{bij}/m^2	$\frac{2A_{ij}}{\frac{A_{ij}}{A_i}A_{bi}+A_{bijo}}$	砂浆强度等级	$\xi_{oi}\lambda$	ψ_1	β_{cij}
1	4	5.42	25.39	0.0644	M1	0.0286	0.90	2.03
	3				M1	0.0414		1.40
	1~2				M2.5	0.0335		1.73
2	4	3.02	49.73	0.0467	M1	0.0286		1.47
	3				M1	0.0414		1.02
	1~2				M2.5	0.0335		1.25
3	4	3.02	94.94	0.0346	M1	0.0286		1.09
	3				M1	0.0414		0.75
	1~2				M2.5	0.0335		0.93

续表

轴线	层号	A_{ij}/m^2	A_{bij}/m^2	$\dfrac{2A_{ij}}{\dfrac{A_{ij}}{A_i}A_{bi}+A_{bijo}}$	砂浆强度等级	$\xi_{oi}\lambda$	ψ_1	β_{cij}
6 9	4	3.02	135.63	0.0281	M1	0.0286	0.90	0.88
	3				M1	0.0414		0.61
	1~2				M2.5	0.0335		0.75
12	4	3.02	103.98	0.0329	M1	0.0286		1.04
	3				M1	0.0414		0.72
	1~2				M2.5	0.0335		0.88

第二级鉴定结论：各层 3、6、9、12 轴横墙综合抗震能力指数小于 1.0，不满足抗震鉴定要求，需进行加固。

3. 抗震加固

加固方案：对所有不满足要求的墙段采用 30mm 厚双面钢筋网水泥砂浆面层加固，内墙圈梁不符合鉴定要求的状况未通过加固改善，体系影响系数仍取 0.9。加固平面示意见图 5-5 所示。

抗震验算（由于结构对称取一半进行验算）：对横向不满足要求的墙段采用钢筋网水泥砂浆面层加固后，层建筑总面积 A_{bi} 不变，墙段从属面积按柔性楼盖计算的从属面积 A_{bijo} 不变，但因墙段加固后刚度变化，墙段计及刚度影响的从属面积 A_{bij} 发生变化，加固后的墙段从属面积 A_{bij} 计算公式见式（5-3）：

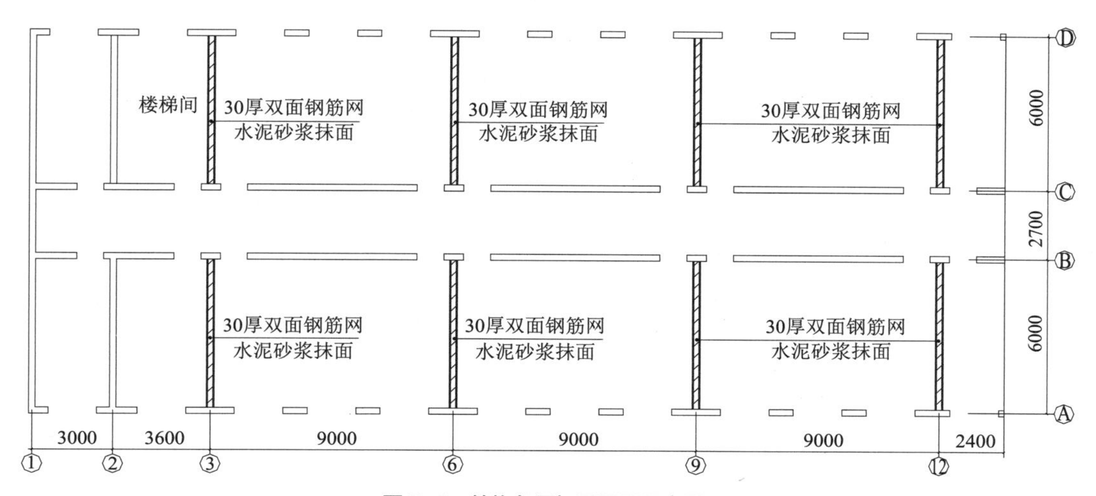

图 5-5　结构各层加固平面示意图

$$A_{bij}=\frac{1}{2}\left(\frac{\eta_{kij}K_{ij}}{\sum_{j=1}^{n}\eta_{kij}K_{ij}}A_{bi}+A_{bijo}\right)=\frac{1}{2}\left(\frac{\eta_{kij}A_{ij}}{\sum_{j=1}^{n}\eta_{kij}A_{ij}}A_{bi}+A_{bijo}\right) \qquad 式（5–3）$$

墙段抗震能力指数计算公式见式（5–4）：

$$\beta_{ij}=\Psi_1(A_{ij}/A_i)(A_{bi}/A_{bij})\beta_i=\Psi_1\frac{\eta_{pij}A_{ij}}{A_{bij}}\cdot\frac{1}{\xi_{oi}\lambda}=\frac{2\Psi_1\eta_{pij}A_{ij}}{\frac{\eta_{kij}A_{ij}}{\sum_{j=1}^{n}\eta_{kij}A_{ij}}A_{bi}+A_{bijo}}\cdot\frac{1}{\xi_{oi}\lambda} \qquad 式（5–4）$$

采用面层加固后墙段的综合抗震能力指数计算结果见表 5–8。

加固后墙段综合抗震能力指数计算表　　表 5–8

层号	轴线	η_{pij}	η_{kij}	A_{ij}	$\eta_{pij}A_{ij}$	$\eta_{kij}A_{ij}$	$\Sigma\eta_{kij}A_{ij}$	A_{bi}	A_{bijo}	$\frac{2\Psi_1\eta_{pij}A_{ij}}{\frac{\eta_{kij}A_{ij}}{\sum\eta_{kij}A_{ij}}A_{bi}+A_{bijo}}$	$\xi_{oi}\lambda$	β_{ij}
4	1	1.00	1.00	5.42	5.42	5.42	29.4	545.31	25.39	0.0775	0.0286	2.71
	2	1.00	1.00	3.02	3.02	3.02			49.73	0.0514		1.80
	3	1.00	1.00	3.02	3.02	3.02			94.94	0.0360		1.26
	6	2.05	2.47	3.02	6.19	7.46			135.63	0.0407		1.42
	9	2.05	2.47	3.02	6.19	7.46			135.63	0.0407		1.42
	12	1.00	1.00	3.02	3.02	3.02			103.98	0.0340		1.19
3	1	1.00	1.00	5.42	5.42	5.42	38.28	545.31	25.39	0.0951	0.0414	2.30
	2	1.00	1.00	3.02	3.02	3.02			49.73	0.0586		1.42
	3	2.05	2.47	3.02	6.19	7.46			94.94	0.0554		1.34
	6	2.05	2.47	3.02	6.19	7.46			135.63	0.0461		1.11
	9	2.05	2.47	3.02	6.19	7.46			135.63	0.0461		1.11
	12	2.05	2.47	3.02	6.19	7.46			103.98	0.0530		1.28
1~2	1	1.00	1.00	5.42	5.42	5.42	33.32	545.31	25.39	0.0855	0.0335	2.55
	2	1.00	1.00	3.02	3.02	3.02			49.73	0.0548		1.64
	3	1.52	2.06	3.02	3.13	6.22			94.94	0.0420		1.25
	6	1.52	2.06	3.02	3.13	6.22			135.63	0.0348		1.04
	9	1.52	2.06	3.02	3.13	6.22			135.63	0.0348		1.04
	12	1.52	2.06	3.02	3.13	6.22			103.98	0.0401		1.20

验算表明，各层墙段综合抗震能力均满足要求。

5.5.3 案例3：北京火车站抗震鉴定与加固

1. 工程概况

北京是全国的政治、经济、文化中心，北京火车站作为首都的重要门户之一，其重要性和所处的特殊地位是不言而喻的。

北京火车站（图5-6）建筑总面积4.8万平方米，根据使用功能的要求设缝，分为19个候车大厅、电影厅、游艺厅等，中央大厅采用大型预应力钢筋混凝土双曲扁壳，结构轻巧，造型开敞优美，站后有入站高架天桥，各建筑分区如图5-7所示。

图5-6 北京火车站外景

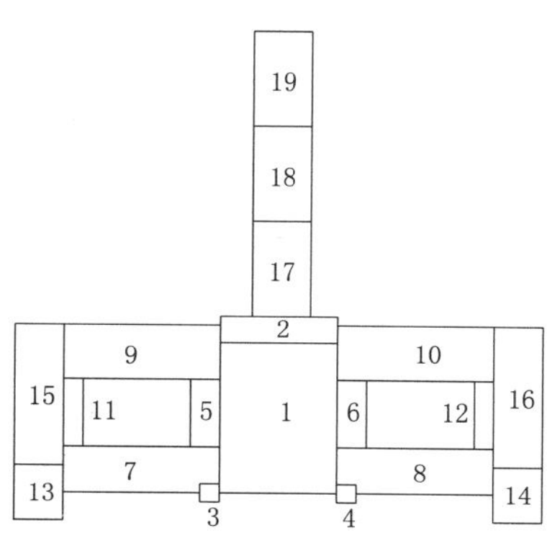

图5-7 北京站分区示意图

北京火车站大楼为钢筋混凝土框架结构，原设计按苏联抗震规范规定进行了7度抗震设防，大楼于1959年竣工，列为当时的首都十大建筑之一。近40年来，由于我国经济迅速发展，车站客流量较原设计成倍增加，大楼超负荷运转，加速了建筑、结构和设备的损坏，1976年唐山地震也影响了大楼的安全性与耐久性，因此有必要对其进行抗震鉴定与加固。结合抗震加固进行了建筑内外装修、设备更新等，以满足当前发展的需求。

2. 抗震鉴定主要结果

北京火车站建成于1959年，限于当时我国的经济水平和技术条件，结构抗震设防水准偏低，存在着多方面的缺陷。北京站各分区主要鉴定结论见表5-9。

北京火车站大楼各分区抗震鉴定结果一览表 表5-9

区号	名称	结构特征	鉴定结论
1	广厅	框架结构，35m跨双曲扁壳	底层边柱、角柱纵筋偏少；梁柱节点区箍筋不满足；层间变形稍大；9度时严重破坏或可能倒塌
2	广厅后楼	四层单跨框架结构	角柱纵筋稍少，底层变形偏大，梁柱节点箍筋不足，有明显的变形集中，9度时可能倒塌
3、4	左右钟楼	筒体结构	无需加固

续表

区号	名称	结构特征	鉴定结论
5、6	广厅边楼	四层框架结构	梁柱节点箍筋不足，抗震能力差
7、8	北区候车室	三层带小楼框架结构	顶层柱截面偏小、配筋不足；梁柱节点箍筋不足；顶层有明显变形集中；8度时可能严重破坏，9度时小楼可能倒塌
9、10	南区候车室	二层带小楼和夹层框架结构	小楼抗震能力严重不足，角柱、边柱纵筋不足，梁柱节点箍筋不足。8度时小楼可能倒塌
11、12	两翼夹层	二层框架结构	可不考虑加固
13、14	两翼北区	三层带角楼框架结构	角柱、边柱纵筋偏少，角楼抗震能力不足。8度时角楼可能倒塌
15、16	两翼南区	三层框架结构	三层有部分中柱纵筋不足，层间变形大，梁柱节点箍筋不足。9度时可能严重破坏或倒塌
17~19	高架候车廊	框架结构，16 m拱，屋顶为双曲扁壳	地基不均匀沉降导致多处开裂，层间变形大，梁柱节点箍筋不足。9度时可能倒塌

此外各分区间抗震缝最大宽度为7cm，不能满足现行规范要求，并且变形验算结果表明地震时各分区会相互碰撞。

鉴定结果表明，北京火车站大楼各区整体刚度较小，在地震作用下的变形较大，另外梁、柱及梁柱节点的配筋构造明显不符合规范要求，致使结构的变形能力不足。因而在设防烈度地震作用时就可能发生明显的损坏和局部严重破坏，在罕遇地震作用时结构将发生严重破坏甚至倒塌，必须进行抗震加固。

3. 抗震加固方案

由于北京火车站是首都的标志性建筑，在考虑加固方案时需兼顾建筑、结构抗震、经济、施工几方面的因素，为此项目组提出了如下抗震加固设计的原则：

1）符合北京地区抗震设防烈度8度、乙类建筑的抗震鉴定设防目标；

2）加固方案以不影响建筑外观为前提，尽量减少对使用功能的影响；

3）尽可能减少加固工作量，分段独立施工，减少施工对车站运营的影响；

4）运用先进的加固技术，提升加固设计中的科技含量。

在此原则下针对车站大楼各分区存在的主要问题，决定以改变结构体系作为主要加固方案，即将框架结构改为框架—剪力墙结构；对一区广厅消能减震进行加固；对高架候车廊则以湿式外包钢法为主，利用树根桩加固技术解决基础不均匀沉降问题。

4. 抗震加固技术应用

1）改变结构体系加固方案

即在结构的适当部位增设一定数量的剪力墙，将原框架结构改变为框架—剪力墙结构。一方面，通过提高结构的侧向刚度，从而减小了在地震作用下的变形；另一方面，新加剪力墙承担了大部分的地震荷载，减小了原框架梁柱的受力，也降低了其抗震等级，从而在不加固或少加固原框架梁柱的前提下，减轻地震破坏，达到抗震鉴定所规定的设防要求。该方法是框架结构抗震加固常用且非常有效的方法，北京火车站大多数区段采用了这一方法。

新增剪力墙的位置一般设在各分区的四角，对称均匀布置，这些部位原有围护墙或隔墙，因此基本上不会影响建筑内部的原有功能。新增剪力墙数量根据对结构的整体分析计算确定，通过调整剪力墙的长度、厚度以及剪力墙上门窗洞口位置、大小，控制结构的变形和扭转效应。

新增剪力墙两端自设端柱，承担了剪力墙的主要弯矩。端柱与原框架柱用交错布置的拉结相连，为避免剪力墙竖向分布筋穿梁对原框架梁造成过多的损伤，设计中将其中一排筋从梁边穿楼板伸入上一楼层，另一排筋在原框架梁位置按等强度原则等代替换，以减少穿筋数量，但端柱纵筋未进行等代替换，以保证剪力墙边缘构件的连续性。新增剪力墙在原框架梁上下各做一道暗梁，当结构层高较大时，在层高中间再加设一道暗梁。

2）消能减震加固新技术应用

一区广厅最初（1988 年）的加固也采用改变结构受力体系的方案，即在中庭四角设 L 形剪力墙。由于剪力墙长度有限，抗侧刚度提高有限，经验算多遇地震作用下顶点位移仍有 2.4cm，如遇大震作用则可能与相邻区段结构发生碰撞，此外尚需对东西向的 10 根框架柱进行加固。该方案明显地改变了广厅的建筑布局，大厅采光也受到影响，并且加固施工时需进行基础开挖，严重影响车站正常运营。

项目组提出采用消能减震新技术对广厅进行加固，消能支撑设置位置如图 5-8 加黑线处所示。经计算分析对比，该方案有较多优点：设置在原有填充墙位置的消能支撑，可利用建筑装修及大型广告牌予以遮挡，北侧消能支撑设于窗内，不影响外立面，大厅内采光也不受影响（图 5-9）；计算表明消能器能吸收大量的地震能量，结构在地震作用下的变形明显减少，与周边结构的位移较协调，减少了发生碰撞的可能；该方案无需对基础及框架

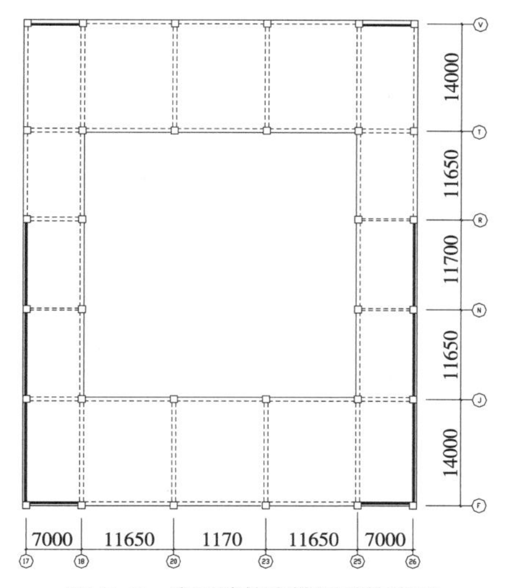

图 5-8 广厅消能支撑设置位置图

图 5-9 北侧消能支撑效果

柱进行加固，施工现场无湿作业，基本上不影响车站正常运营。

3）外包钢加固技术

北京火车站17~19区高架候车廊跨越多条铁路、是旅客进入各站台的通道，因地基不均匀沉降已发生拱圈开裂现象，地震变形验算表明大震时将全部倒塌，致使铁路运营中断。该区加固施工绝对不能影响列车正常进出车站，因此不可能增设任何构件进行加固，只能采用外包钢加固技术。高架候车廊采用外包钢加固时，不仅增加了框架柱纵筋，解决了承载力不足问题，同时也加强了柱的箍筋构造，尤其是梁柱节点区，通过钻孔锚筋技术，较好地解决了已往节点区无法加固的问题。采用外包钢加固后，17~19区高架候车廊的变形能力大大增强，可避免大震作用下的倒塌。

4）树根桩加固技术

北京站地区的地基状况普遍软弱，采用改变结构体系加固方案时，新增剪力墙自重较大，并且还承受较大的地震力，需进行基础处理。原框架柱为单独基础（埋深达6m），新加基础若采用墙下扩大基础则需与原基础同深，不仅工程量大、工期长，且难以避免基础间的不均匀沉降，影响车站的正常运营。为克服上述缺点，新加剪力墙基础采用了树根桩加固技术，桩直径0.15m，桩长12.7m，桩底深入卵石层0.5m。施工时采用钢管套筒钻孔灌注桩工艺，钻机施工高度仅需3m，不需基础挖深，在室内地面即可成孔，工程量小，施工快，保证客运正常进行。此外17~19区高架候车廊南端基础有严重的不均匀沉降，导致上部主体结构开裂，虽进行多次处理，但未见明显效果，本次抗震加固采用树根桩技术加固后未再发现沉降。

参考文献

[1] 四川省住房和城乡建设厅．民用建筑可靠性鉴定标准：GB 50292—2015 [S]. 北京：中国建筑工业出版社，2016.

[2] 中华人民共和国住房和城乡建设部．建筑抗震鉴定标准：GB 50023—2009 [S]. 北京：中国建筑工业出版社，2009.

[3] 中国建筑科学研究院，等．建筑抗震加固技术规程：JGJ 116—2009 [S]. 北京：中国建筑工业出版社，2009.

[4] 四川省住房和城乡建设厅．混凝土结构加固设计规范：GB 50367—2013 [S]. 北京：中国建筑工业出版社，2013.

[5] 四川省住房和城乡建设厅．砌体结构加固设计规程：GB 50702—2011 [S]. 北京：中国建筑工业出版社，2011.

[6] 中国建筑科学研究院，中达建设集团股份有限公司，等．钢铰线网片聚合物砂浆加固

技术规范：JGJ 337—2015 [S]. 北京：中国建筑工业出版社，2015.
[7] 国家工业建筑诊断与改造工程技术研究中心，四川省建筑科学研究院，等. 碳纤维片材加固混凝土结构技术规程：CECS 146：2003（2007 版）[S]. 北京：中国计划出版社，2007.
[8] 中国建筑科学研究院有限公司，等. 既有公共建筑综合性能提升技术规程：T/CECS 600：2019 [S]. 北京：中国计划出版社，2019.
[9] 程绍革. 建筑抗震鉴定技术手册 [M]. 北京：中国建筑工业出版社，2012.
[10]《建筑抗震鉴定标准》与《建筑抗震加固技术规程》编制组. 全国中小学校舍抗震鉴定与加固示例 [M]. 北京：中国建筑工业出版社，2010.

第 6 章　建筑防火

6.1　概述

对既有公共建筑进行改造时，其防火设计原则上应按现行规范执行。由于既有公共建筑建成年代不同，而建筑防火设计规范不断发生变化，改造时完全符合现行防火规范存在较大困难。传统的“处方式”防火设计方法存在着一定的局限性[1]。随着科学技术的发展，大量新材料、新结构、新工艺、新方法不断涌现，传统的防火设计方法有时会限制设计者的自由度，甚至还会影响建筑物的使用功能。这客观上为基于性能的既有公共建筑防火性能提升技术的应用提供了现实可能。基于消防安全工程学的原理和方法，形成以性能要求为基础的消防安全设计方法。由于“处方式”防火设计方法应用于既有公共建筑改造设计存在着困难。

以性能要求为基础的消防安全设计方法，首先要制定建筑防火设计的安全目标，围绕安全目标制定防火设计方案，并论证分析设计方案是否可以保障安全目标实现。一般来说，建筑防火设计的安全目标包括：防止火灾发生，及时发现火情，通过适当的报警系统及时发布火灾警报，有组织、有计划地将楼内人员撤出，采取正确方法扑灭和 / 或控制大火，将损失控制在一定范围之内。基于上述原则，既有公共建筑改造防火性能提升安全目标如下：

（1）为使用者提供安全保障，为消防人员提供消防条件并保障其生命安全；

（2）将火灾控制在一定范围，尽量减少财产损失；

（3）保障结构防火安全；

（4）对于重要的公共建筑如机场航站楼、铁路站房等，还应尽量减少对运营的干扰。

由于建筑火灾具有不确定性和随机性的双重特性，无论采取什么措施，建筑物的消防安全总是相对的。因此，上述安全目标是与消防投入水平相一致的相对安全水平。这实际上反映了投资方以及社会公众的安全期望与建设投资的关系。建筑物的消防安全水平应依据现有规范的规定和建筑物的实际情况，由设计单位、建设单位、委托方、消防监督机构、消防安全技术咨询机构等共同研究确定。

既有公共建筑防火性能提升与改造技术应遵循的基本原则包括安全保障原则、技术可行原则和经济合理原则，改造设计方案应保障建筑消防安全达到社会经济可接受的状态，做到经济技术合理可行。

6.2 评估技术

既有公共建筑防火性能提升与改造技术包括3个重要环节，首先要对既有公共建筑的消防安全状态进行综合评价，然后根据评价结果结合安全目标制定技术方案，最后对技术方案是否满足安全目标进行论证分析。既有公共建筑火灾风险评价技术路线如图6–1所示。

图6–1 建筑火灾风险评价技术路线图

6.2.1 火灾风险识别

建筑内的火灾风险因素直接影响火灾发生时人员和财产的安全。火灾风险评估首先要确定评估对象的火灾风险源，然后针对确定的火灾危险源进行合理的分析和评判，进而提出合理有效的风险控制方案，将火灾风险控制在可接受的范围之内。

通常情况下不同类型的建筑，其火灾风险存在较大差异。对于既有公共建筑，其火灾危险主要包括以下几大类。

1. 环境因素

环境因素主要包括建筑地理因素和气象因素。地理因素主要是周围建筑概况、道路情况，与重大危险源的距离等。气象因素主要包括气温、风速及风向、湿度、降水量及雷电等。

2. 电气设备及线路火灾

既有公共建筑内可能存在电气线路老化现象，容易引发电气火灾，会给国家财产和人民的生命安全造成巨大损失。

3. 易燃易爆危险品

爆炸一般是由易燃易爆物品引起，既有公共建筑内可能发生燃烧爆炸的场所主要为发电机房、锅炉房等，燃气设施布置不当也是带来建筑火灾风险的因素之一。

4. 用火不慎

用火主要包括建筑内的动火施工（热切割及焊接等）、餐厨燃气明火、焰火表演、断电蜡烛照明及蚊香驱蚊等，防火措施不到位或者管理疏忽极易引发较大规模的火灾。

5. 不安全吸烟

燃烧着的烟头最高温度可达 732℃，未完全熄灭的烟蒂跌落至可燃物表面时，在一定时间内完全能够引燃附近的可燃物，进而造成较大规模的火灾。

6. 人为纵火

由于公共建筑面对公众开放，不排除有社会极端人员蓄意纵火破坏，此类情况突发性较强，预防难度较大，一旦发生容易造成较大的影响。

6.2.2 火灾风险评估方法

建筑火灾风险评估需要根据建筑的特点，确定合理的评估模式，选取适当的评估方法，对使用周期存在的火灾风险进行系统分析，尽量采用定性与定量相结合的综合评估模式。

目前，国内外的各种火灾风险评估分析方法多达 20 种，主要分为定性、半定量及定量评估三大类，常见的有层次分析法、预先危险性分析法、Gretener 法、火灾风险指数法、事故树分析法、火灾风险 CESAE-Risk 模型、数值模拟软件分析法等。

6.2.3　基于性能的评估体系

为了使评估体系科学准确，充分发挥体系的研判、指导、分析、决策等功能，在评估体系指标的构建过程中应把握客观性、系统性、适用性、代表性、综合性五个原则。指标的建立必须能够准确反映建筑的防火安全现状，能够突出重点和主要矛盾。

基于性能的评估体系构建主要从影响建筑防火安全的各项指标出发，建立以性能为导向的基础指标，进而展开细致分析，构建能够表征性能的次级指标，从而形成完整的评估体系。建筑防火性能通常需要考虑火灾危险源、消防安全管理、消防系统及设备、建筑防火及灭火救援等多个方面，具体如下。

1. 火灾危险源控制性能

对火灾危险源的控制，通过火灾风险辨识，可以概括为对电气火灾、易燃易爆危险品、环境因素、用火不慎、人为纵火及吸烟不慎的控制。

2. 消防安全管理性能

消防安全管理性能主要考虑的方面包括建筑的合法性，消防管理制度及规程、组织及职责，消防安全重点部位管理，防火巡查和防火检查，火灾历史及火灾隐患整改，消防宣传教育、培训和演练，以及用火用电和燃油燃气管理等。

3. 防止火灾蔓延扩大性能

防止火灾蔓延扩大主要从建筑防火性能角度考虑，包括建筑的总平面布局、耐火等级、平面布置、防火 / 防烟分区划分、防火分隔设置、内部装修以及建筑构造等。

4. 人员安全疏散性能

安全疏散性能主要涉及安全出口、疏散通道、疏散楼梯、火灾应急照明与疏散指示标识以及逃生器材等。

5. 消防系统及设施性能

消防系统与设施性能主要考虑建筑内为防止火灾蔓延扩大、有效控制火灾规模、营造有利疏散救援条件而设置的各种消防系统和设施。

6. 消防灭火救援性能

消防灭火救援主要考虑建筑的消防车道、消防扑救场地、救援窗、灭火救援应急预案、专职和志愿消防队伍建设、灭火救援设备等。

7. 结构耐火性能

建筑结构耐火性能主要考虑结构构件本身的耐火能力、防火保护措施的可靠性，以及在建筑结构经历火灾后的承载能力、加固后的性能等。

6.2.4　判定方法

建筑火灾风险的评估结果应根据实际情况，采取直接判定或综合判定的方法，并按照相应的判定程序进行处理与分析。

1. 直接判定法

直接判定法属于定性评估方法，主要根据建筑内火灾风险因素的危险程度直接给出相应的火灾风险等级评估结果。由《重大火灾隐患判定方法》GB 35181—2017[2] 第 7 章可知，既有公共建筑的下列重大火灾隐患可以直接判定：

1）公共娱乐场所、商店、地下人员密集场所的安全出口、楼梯间的设置形式及数量不符合规定。

2）旅馆、公共娱乐场所、商店、地下人员密集场所未按规定设置灭火系统或报警系统。

3）在人员密集场所违反消防安全规定使用、储存或销售易燃易爆危险品。

4）儿童用房及老年人活动场所所在楼层不符合规定。

因此，当既有公共建筑中存在上述情况时，可采用直接判定法给出评估结果；当不存在上述情况时，宜采用综合判定法对建筑进行具体的定量或半定量分析。

2. 综合判定法

综合判定法需要确定既有公共建筑的类别，然后根据类别确定综合判定要素，形成评估指标体系，并结合现场检查及测试等方法对各指标进行现场确认，最终给出合理的评估结果。

综合判定法的判定要素指标主要包括以下几类。

1）总平面布置：主要包括消防车道、既有防火间距、儿童活动场所和老年人建筑的楼层分布等。

2）防火分隔：主要包括防火分区、有火灾爆炸危险等部位的防火防爆措施。

3）安全疏散及灭火救援：主要包括建筑内的避难走道、避难层、安全出口、疏散指示及消防电梯等。

4）消防给水及灭火设施：主要包括消防水源、消火栓、自动灭火系统等。

5）防烟排烟设施：主要包括建筑防排烟风机、风口位置等。

6）消防电源：主要包括消防用电设备的供电回路、末端自动切换装置等。

7）火灾自动报警系统：主要包括火灾探测器、声光警报、消防广播、消防电话及消防联动控制系统。

8）其他：主要包括结构构件、防雷、防静电及防爆设施、内装修等。

在确定了综合判定的各项要素指标后，即可构建评估体系，然后通过选用适当的分析方法对指标体系进行系统的计算分析，给出合理的评估结果，最终确定建筑的火灾风险等级。

6.2.5 评估结论

为了量化具体的评估结果，参照公安部消防局研究制定的《火灾高危单位消防安全评估导则（试行）》（公消〔2013〕60 号）[3]，评估结论可以分为“好”“一般”“差”三类（表 6–1）。

风险等级判定规则一览表　　表 6-1

评估结论	备注
好	建筑防火安全性能好，消防安全等级高，各类消防设施运行状态完好，消防管理水平高，具有较强的火灾抵御能力，可以将火灾损失降低至可接受的水平，发生重大火灾的概率较低
一般	建筑防火安全性能一般，消防安全等级中等，各类消防设施运行状态基本良好，消防管理水平较好，对于火灾风险的抵御能力一般，可以将火灾风险降低至可控制的水平，在适当采取加强措施后能达到可接受水平，风险控制重在局部整改和加强管理
差	建筑防火安全性能差，消防安全等级低，各类消防设施缺乏维护，运行状态差，消防管理水平一般，抵御火灾风险的能力差，火灾风险处于很难控制的水平，应当采取全面的措施对建筑的设计、主动防火、危险源、消防管理和救援力量进行全面加强

注：评估结论的量化判定标准应根据选用的评估方法具体确定。

6.3 改造技术

6.3.1 技术路线

基于性能的既有公共建筑防火改造技术路线主要围绕前述消防安全目标展开，即人员疏散安全、财产安全、运营的连续性和结构安全。

保障人员疏散安全的技术措施，包括设置布局合理、宽度合适的疏散设施；全面设置火灾报警系统，保证人员尽早获知火灾信息；设置疏散引导系统，合理引导人员进行疏散；设置应急照明系统与防排烟系统，保证疏散路径安全。技术路线如图 6-2 所示。

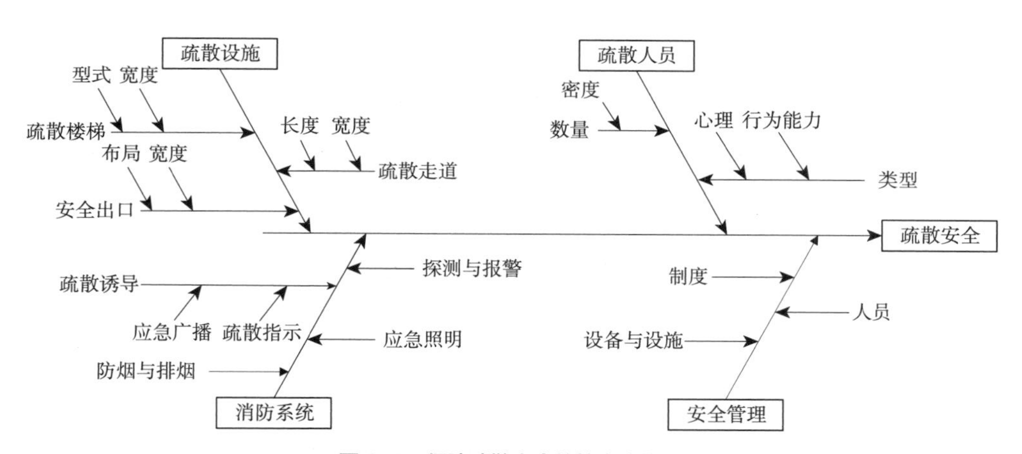

图 6-2　保障疏散安全的技术路线图

防止火灾连续蔓延、减少财产损失的主要技术措施包括合理划分防火分区，防火分区之间设置必要的防火分隔设施；对大空间高火灾荷载房间按防火单元、防火舱等方式进行控制；设置灭火设施和排烟设施；对内装修和可燃物进行控制。技术路线如图 6-3 所示。

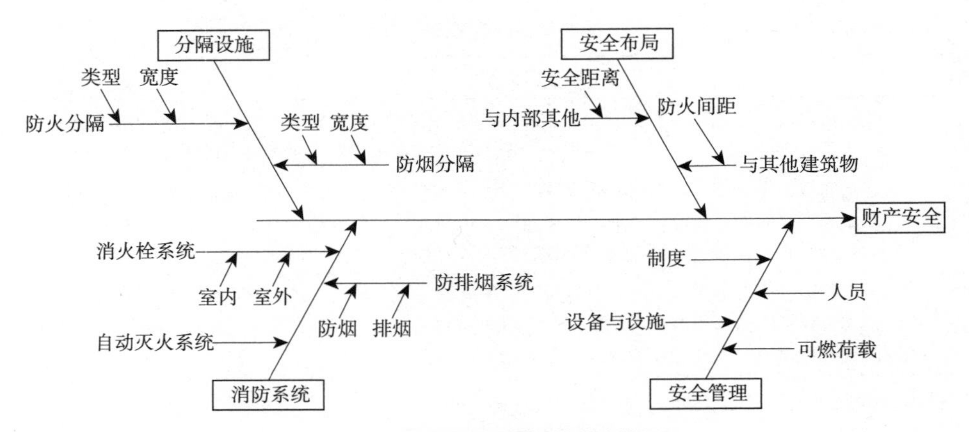

图 6-3 减少财产损失的技术路线图

降低对运营的干扰，保障运营连续性的措施包括合理划分防火分区、防火控制分区，火灾分级管理与控制，合理进行消防联动控制等。技术路线如图 6-4 所示。

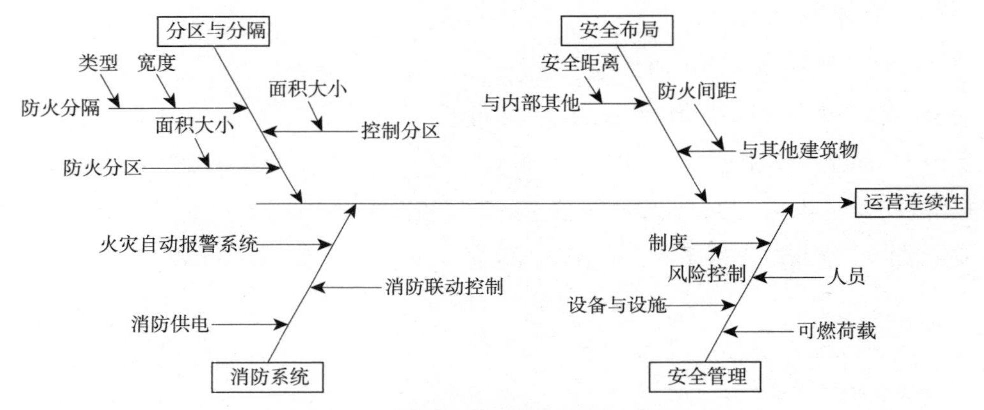

图 6-4 保障运营连续性的技术路线图

保障结构安全的措施包括采用可靠的结构形式，支撑与承重构件采用具有一定耐火极限的非燃烧体，合理进行防火保护。技术路线如图 6-5 所示。

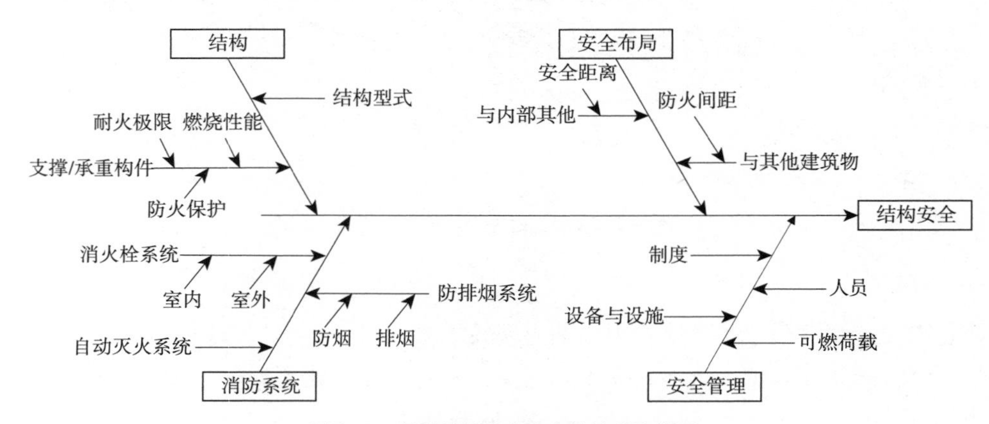

图 6-5 保障结构防火安全的技术路线图

基于性能的既有公共建筑消防安全性论证技术路线如图 6-6 所示。

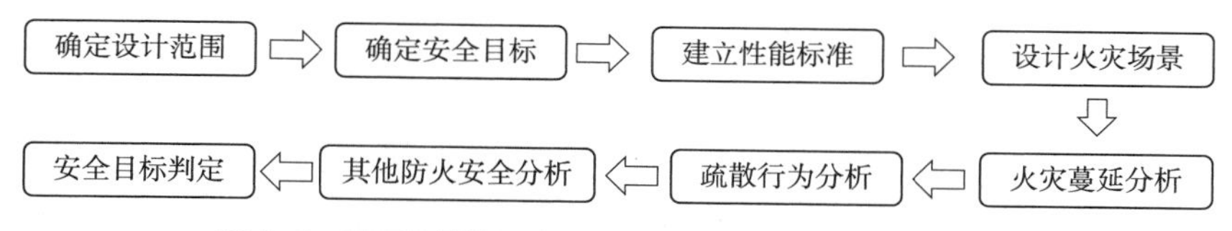

图 6-6　基于性能的既有公共建筑消防安全性论证技术路线

对于既有公共建筑，对建筑结构、外部救援条件的防火改造可能给建筑当前使用功能带来不利影响，因而在实际改造中更侧重于人员安全疏散和防止火灾蔓延扩大方面的改造。

6.3.2　人员安全疏散

1. 概述

保障人员安全是既有公共建筑防火性能提升与改造技术的基本原则。在既有公共建筑改造设计中，需结合既有公共建筑的状态综合考虑，利用现有建筑条件，合理改造或增设疏散设施，为安全疏散创造有利条件。

2. 疏散改造设计难点

1）建筑使用功能改变

在扩建和改造的过程中，常常会改变原有建筑的使用功能，或者增加多样化的功能区域，导致所需疏散宽度发生变化，不满足改造后的需求。在大型公共建筑中，上述问题尤为严重。

2）安全疏散计算方法变化

由于建筑防火规范发生变化，既有公共建筑在改扩建中重新校核疏散宽度及疏散距离时，原设计方案可能不能满足现行规范中的疏散设计要求。

3）疏散设施 / 消防系统不能满足现行规范要求

疏散设计包括疏散设施以及为人员安全疏散提供保障的消防系统设计等。疏散设施需根据建筑物性质、火灾危险性、人员数量以及周围环境等进行设计。既有公共建筑常存在安全出口及疏散楼梯不足的情况，但增设楼梯很可能对建筑结构的稳定性和空间刚度产生不利的影响。另外，既有公共建筑改造后，原楼梯形式可能不能满足现行规范的要求。

消防系统设计也是保障人员安全疏散的重要手段。既有公共建筑改造往往会涉及增加消防系统或设备、更改消防系统控制模式、增加系统的联动控制、增加消防用水量等问题。

3. 人员安全疏散对策

1）校核安全疏散指标、增设疏散设施

既有公共建筑改造设计应按现行规范校核既有疏散设施是否满足改造后的设计要求，

并结合建筑平面布置，合理增设疏散楼梯间及安全出口。疏散楼梯间的设计应尽可能满足现行规范的相关要求，对敞开楼梯间的改造应按规范要求增设防火隔墙，对无自然通风条件的封闭楼梯间应增设机械加压送风系统。

大多数既有公共建筑存在疏散宽度不足的情况，而通过改善内部疏散设施来提高建筑的疏散能力有时难以实施，且工程量和造价也相当巨大。利用既有的结构特点，设置室内外疏散准安全区以及辅助疏散设施，能在合理支出范围内较好地弥补建筑疏散能力的欠缺。

2）合理改造消防设施、选择恰当的控制模式

既有公共建筑改造应当根据建筑类别、使用功能，合理设置消防系统和消防器材。

一是要落实消防水源和消防给水系统。一些既有公共建筑由于建造时期和地理位置的原因，市政水源未配套到位。有些既有公共建筑周边虽然有市政水源，但无法满足消防用水量要求，这就需要增大市政进水管径或设置消防水池。在能够增设消防水池的情况下，建议改造过程中仍按照现行《消防给水及消火栓系统技术规范》GB 50974 的要求增加水池容量。对于建筑结构受限和产权复杂无法协调扩建消防水池的，建议与周边建筑协商共用消防水池，确保一次火灾需要的消防用水量。对周边无建筑或者周边建筑无法共用消防水池的老旧高层公共建筑，可通过在老旧高层公共建筑部分楼层设置转输水箱、增加屋顶水箱容量及生活水池改造、消防与生活用水合用等措施来尽可能地确保建筑消防用水量。

二是按改造后的消火栓系统和自动灭火系统，重新校核管网压力及消防泵的流量和扬程。既有公共建筑内增设了消防用水设施后，管网的系统压力发生变化，条件允许下原干管及配水管的管径均需根据计算后的压力更换，并按现行规范中的要求设置增稳压设施或减压设施。

三是合理增设疏散诱导及应急照明系统。根据建筑内各区域使用功能，优化应急照明系统、疏散指示标识、消防应急广播等。对人员密集的公共场所，应提高疏散照明照度及备用电源连续供电时间。结合安全出口及疏散楼梯间的位置增设能够保持视觉连续的灯光或蓄光疏散指示标识。

四是根据场所的性质、分类、火灾危险性等级选择恰当的火灾自动报警系统，并设置相应的消防系统控制模式。应结合改造后的建筑体量及各系统容量选择报警系统，完善系统的联动控制及信号反馈设计。

3）建立健全安全管理制度，落实消防安全责任制

制定本单位的消防安全制度，完善灭火和应急疏散预案。各级消防安全负责人及管理人应明确改造后建筑内存在的消防薄弱点及火灾隐患，制定有针对性的安全防范措施。消防值班人员及消防设施维保人员应了解改造后的消防设施、设备的操作流程及工作原理。[4]

6.3.3　防止火灾蔓延扩大技术

基于性能的既有公共建筑防火改造技术首先要保障使用者的安全，同时也要防止火灾大范围蔓延而造成不可挽回的财产损失。由前所述，防止火灾连续蔓延、减少财产损失的主要技术措施包括合理划分防火分区，设置必要的防火分隔设施；对大空间内高火灾荷载房间进行防火设计控制；对内装修和可燃物进行控制；设置必要的灭火设施和排烟装置。

1. 防火分区分隔改造

现行规范对防火分区的最大允许建筑面积和防火分隔方式做了规定。但是在实际改造过程中，由于使用性质导致公共建筑往往存在防火分区建筑面积超过规范要求的上限，此时很难采用传统的隔墙来限制火灾及烟气的蔓延。对于防火分区的划分，采用基于性能的设计理念，在经济投入可被接受的范围内对既有公共建筑进行必要的改造。工程实践中涌现出一些新兴的防火分隔设计理念，有防火隔离带、防火控制分区、准安全区概念等。防火隔离带，即建筑内具有一定宽度的通道，该通道内无可燃物，并配合设置有消防设施。通过设置防火隔离带，将建筑空间在逻辑上划分为不同的控制区域，即防火控制分区，各控制分区之间未进行物理分隔，但是通过保证一定间隔，起到防止火灾蔓延的作用。消防设施的联动控制亦可结合防火控制分区设计。所谓准安全区，一般是指高大空间内基本无可燃物的室内外区域。防火分区之间通过准安全区进行功能连通，可以很大限度地减少火灾的危害。

2. 大空间内高火灾荷载房间的改造

既有公共建筑改造过程中如未按照现行规范进行设计，为保证安全性，应对内部火灾荷载进行控制。对于很多大型既有公共建筑的改扩建工程，大空间整体火灾荷载较低，但内部可能设置一些为大空间服务的火灾荷载较高的房间，需要做好与大空间的防火分隔措施，以防止这些区域发生火灾对大空间产生不利影响。目前国内很多工程项目都应用到防火舱和防火单元的概念对以上功能区域进行防火分隔，这些概念甚至已被新修订的规范慢慢接纳，成为普遍适用的防火分隔技术。防火舱和防火单元，其设计原理均是采用一定的防火分隔方式，对火灾风险较大的区域进行围合，并在其内设置必要的消防系统，这样既可快速抑制火灾，又可防止烟雾蔓延到大空间，满足大空间开敞布局的需要。

3. 对内装修和可燃物的控制

除了高火灾荷载的房间外，既有公共建筑改造过程中还应注意对内装修及可燃物进行控制，尽量选用不燃的装修装饰材料。除顶棚、墙面、地面外，其他固定设施也应避免使用易燃材料，限制可燃材料的使用，并采用可靠的自动灭火系统对高火灾荷载区域进行保护。

4. 消防系统改造

消防系统改造包括灭火系统改造、烟控系统改造、电气系统改造，在既有公共建筑防火改造中值得重点关注。消防系统改造原则上执行国家现行规范，但在实际改造过程中可能会遇到一些困难，需要结合现行规范要求和既有公共建筑的消防系统设置情况，合理设计改造方案。改、扩建部分严格执行现行规范，既有区域各系统末端改造会带来很大影响的地方维持不变，但系统关键节点，如消防水池、水泵房等应按现行规范进行改造，这样既提高了建筑整体防火安全性能，又将对建筑的使用和运营造成的影响降到最小。此外，如既有公共建筑原消防系统相对于规范要求有所加强，则改、扩建部分也应相应加强。[4]

6.3.4 降低对运营的干扰

对于交通枢纽等重要的既有公共建筑，在防火改造时还应尽量减少对运营的干扰，可采用划分消防联动控制分区、分级控制、分阶段疏散等方式，将火灾的影响控制在较小范围内。

1. 合理划分消防联动控制分区

在实际工程中，由于建筑性质和使用功能要求，一些既有公共建筑各区域空间互通，难以划分防火分区，为减少火灾时的影响，应根据各区域功能特点、防火分隔条件等要素合理设置防火隔离带，将建筑空间划分为多个防火控制分区，防止火灾大范围水平蔓延，并可用于消防系统的分区控制。采用防火隔离带进行防火分隔的方法虽然没有采用物理的防火分隔构件，但仍能阻止火势蔓延。

2. 采用分级控制方式

根据火灾可能影响范围采用分级控制方案，结合火灾危险等级，可按表 6–2 的分级方法划分三个等级。

火灾分级控制要求一览表　　表 6–2

分类等级	等级描述	消防联动控制要求
一级	火点处在较小范围内； 仅有少量烟气冒出； 无人员受困	在小范围内发出预警
		做好消防联动控制一切准备
二级	火点范围扩大； 有大量烟气冒出； 有人员受困	按联动控制分区进行消防联动控制
		组织着火所在控制分区人员进行疏散
三级	火势猛烈； 大量浓烟、高热； 出现受伤人员并增多	渐次将火灾相邻区域转入火灾状态
		通知并组织可能受到影响的区域直至全站房人员疏散

3. 采用分阶段引导人员疏散策略

采用分阶段疏散策略，即首先疏散火灾区域人员，必要时，再将其他可能受到影响的区域的人员疏散至安全场所。人员在疏散过程中，首先进入相对安全的区域，再经由相对安全的区域最终疏散至安全的场所。

6.3.5　保障结构安全

发生火灾时建筑结构的安全可为人员疏散和消防灭火提供最基本的安全保障，火灾下结构安全尤为重要。对于既有建筑结构，原有的防火保护可能已经损坏，原有的防火设计可能不符合现行的国家技术标准，既有公共建筑的结构可能不符合现行国家标准要求的耐火能力。

首先对既有公共建筑的防火保护措施以及结构的构造情况进行调查，包括现场调查和原设计资料调查。尽量把原设计资料搜集齐全，在详细了解原设计资料的基础上掌握建筑结构的布置、混凝土和钢材的设计强度、构件的配筋情况、建筑的设计标准、抗震等级以及已经使用的年限等情况。在搜集既有公共建筑资料的基础上还需要进行现场调查、测试和评估，评估现有防火措施的可靠性、建筑结构及构件的损伤情况，抽样测试建筑材料的强度，并结合原设计资料，按照现有的国家防火设计标准对既有建筑的耐火能力和承载能力做出评估。

对于评估结果不满足现行国家标准的既有公共建筑，需要有针对性地进行修复加固，提高其耐火性能，满足现行国家标准的要求。

综上所述，对于既有公共建筑的改造设计，宜因地制宜地采用基于性能的设计理念，合理配置有限的资源，最大程度保证改、扩建后公共建筑的防火安全性，保证人员安全疏散，避免火灾大范围蔓延造成重大财产损失。对于使用功能不发生改变的公共建筑，其防火改造保证建筑安全性能适度提升；对于使用功能发生改变的公共建筑，建筑防火改造则须严格实施。目前没有专门针对既有公共建筑改造的整体指导方针，采用以性能要求为基础的消防安全设计方法可以在满足建筑使用功能需求的前提下，保证防火安全性达到预期目标。

6.4　应用案例

6.4.1　工程概况

某综合楼总建筑面积 76745m^2，建筑高度 74.15m，地上 23 层，地下 1 层。建筑功能包括商业、住宅、汽车库、办公及物业用房等，为一类高层建筑。本工程于 2011 年完成局部消防验收。

6.4.2　评估体系构建

针对本工程的火灾风险评估体系，主要选取能够直接表征本工程建筑防火灾安全性能的指标，如图 6–7 所示。

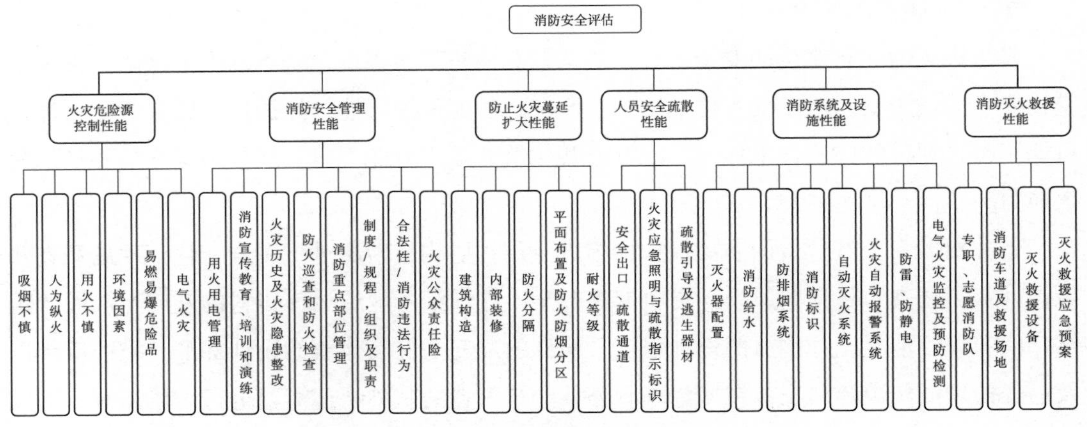

图 6-7　某工程消防安全评估体系

6.4.3　风险等级判定准则

1. 火灾风险因素划分

参考《重大火灾隐患判定方法》GB 35181—2017[2]，将火灾风险因素划分为 A、B、C 三类，具体划分标准如表 6-3 所示。

火灾风险因素分类表　　表 6-3

<table>
<tr><th colspan="2">类别</th><th>特征描述</th><th>备注</th></tr>
<tr><td colspan="2">A</td><td>重大火灾风险因素</td><td>将《重大火灾隐患判定方法》GB 35181—2017 中的重大火灾隐患直接判定情形列入 A 类，并将可立即整改的消防安全管理风险因素列入了 C 类</td></tr>
<tr><td rowspan="2">B</td><td>B1</td><td rowspan="2">较大火灾风险因素</td><td rowspan="2">将《重大火灾隐患判定方法》GB 35181—2017 中的重大火灾隐患综合判定要素列入 B 类，并进一步分解为 B1 类和 B2 类。B1 类包含公共场所内装修、安全疏散和灭火救援、防排烟设施方面要素；B2 类为除 B1 类外的 B 类要素。
将可立即整改的消防安全管理风险因素列入了 C 类</td></tr>
<tr><td>B2</td></tr>
<tr><td colspan="2">C</td><td>一般火灾风险因素</td><td>其他火灾风险因素</td></tr>
</table>

2. 风险等级判定准则

评估体系考虑采用建筑内火灾风险因素的类别及数量进行综合判定，判定规则如表 6-4 所示。

风险等级判定规则一览表　　表 6-4

风险等级	判定规则
好	A=0，B1 $<$ 2，B1+B2 $<$ 3，C $<$ 10
一般	A=0，B1 $<$ 2，B1+B2 $<$ 3，C $\geqslant$ 10
差	A $\neq$ 0，或 B1 $\geqslant$ 2，或 B1+B2 $\geqslant$ 3

6.4.4　火灾风险评估结论

经过对本工程初步调研、现场检查设施功能及进行联动测试后，根据构建的评估体系及上述火灾风险因素分类标准，将各单项评估指标中的各类火灾风险因素汇总，如表 6-5 所示。

火灾风险因素汇总表　表 6-5

评价指标 \ 火灾风险因素	火灾风险因素总数			
	A	B1	B2	C
火灾危险源控制性能	—	—	—	3
消防安全管理性能	1	—	—	8
防止火灾蔓延扩大性能	—	—	—	5
人员安全疏散性能	—	2	—	6
消防设施与消防系统性能	1	1	1	25
消防灭火救援性能	—	—	—	2
合计	2	3	1	49

1. 火灾危险源控制性能

包含 3 项 C 类指标，表明对火灾危险源管控较好，但应加强防火巡查及电气火灾防范。

2. 消防安全管理性能

包含 1 项 A 类指标，地下车库变更为仓库，未报消防审批，直接判定为“差”。

其余 8 项 C 类指标表明消防安全管理规定及制度体系较齐全。消防控制室的管理运行水平、消防设施维护制度的落实程度有待提高，消防设施的管理主体有待改善。

3. 防止火灾蔓延扩大性能

在实施整改的前提下，包含 5 项 C 类指标，防止火灾扩大及蔓延性能较好。

4. 人员安全疏散性能

包含 2 项 B1 类指标，6 项 C 类指标，疏散安全性能一般。

5. 消防设施与消防系统性能

包含 1 项 A 类指标，消防水系统压力不足，未处于正常工作状态，直接判定为“差”。

除消防水系统外，还包含 1 项 B1 类指标、1 项 B2 类指标、25 项 C 类指标，整体防火、灭火性能一般，各类消防设施及消防系统的维护及运转状态有待加强和改善。

6. 消防灭火救援性能

包含 2 项 C 类指标，消防救援性能较好，应加强对消防救援场地的管理。

根据制定的风险等级判定准则，采用直接判定法，可以判定本工程的消防安全等级为“差”。当排除 A 类火灾风险后，应采用综合判定方法对其消防安全等级进行重新评估。

6.4.5　整改及提升改造建议

对于在本工程评估过程中发现的火灾风险因素，从其根源可以归纳为两类，即需整改项目和宜提升改造项目。需整改项目是由于人为损毁、管理监督不到位等原因形成的火灾风险因素，建议限期整改；宜提升改造项目是由于原设计方案、建设施工及新旧规范更替等形成的火灾风险因素，建议根据实际情况进行提升改造。可根据表 6–6、表 6–7 的建议进行整改或提升改造。

整改建议表　　表 6–6

评价指标	风险因素	风险类别	整改建议
火灾危险源控制	三层 KTV 消防控制主机机房内电气线路散乱	C	建议线路重新规整，按规范套线管
	地下室部分区域存在随手丢弃的烟蒂	C	建议张贴禁烟标志，适当增加防火巡查频次
	部分餐饮店铺内使用液化气罐	C	建议液化气罐瓶组存放满足现行规范要求
消防安全管理	二次装修图纸等相关技术资料及扩建部分图纸资料不齐全	C	建议对承租单位的二次装修图纸进行收集整理，对扩建部分的图纸应联系设计单位及时予以归档
	消防控制室内存放预制七氟丙烷柜式灭火装置	C	建议及时将气瓶移至气瓶间或不会造成危害的场所
	消防通道、疏散楼梯间及前室内堆放杂物	C	建议加强监管，及时清理杂物，并张贴警示标志
	防火卷帘下放置障碍物	C	建议及时清理卷帘下方障碍物，加强人员巡查
	登高扑救场地内布置商业	C	建议取消救援场地内的临时商业
	部分楼梯间内设置空调外挂机箱	C	建议清理设置在楼梯间内的空调外挂主机
	地下车库部分区域被占用，作为商场的仓库，建筑功能性质改变，但未报消防审批	A	商场确需将车库用作地下仓库时，应向消防部门提交设计变更申请，在未取得消防批复前，应限期整改
防止火灾蔓延扩大	养生会所内厨房通向楼梯间的防火隔间的防火门缺失，厨房直接与楼梯间连通	C	建议重新安装防火门；确有困难时，将厨房更换至其他部位
	部分常闭防火门闭门器损坏，处于开启状态	C	建议及时维修受损的闭门器，同时加强人员巡查
	联动测试二层卷帘无法自动追降，需人工协助	C	建议加强对卷帘的维护，适当增加对卷帘的测试频次
人员安全疏散	部分区域疏散指示标识存在设置不合理、故障或缺失等情况	C	建议及时调整不合理标识，更换故障标识，漏设部位及时增设疏散指示灯具，困难时可贴蓄光型指示标识
	部分位置应急照明灯具损坏	C	建议及时维修损坏的灯具，同时加强人员巡查
	首层疏导通道内开设厨房后门，占用疏散通道	C	建议将开向走道的厨房门调整为内开的门，同时应严禁厨房工作人员在疏散通道内摆放工作用具等
	三层自动扶梯（已经停用）入口处设置了美甲柜台，防火卷帘下降后该区域无独立疏散条件	C	建议取消此处美甲柜台，现阶段无法取消时，应制定合理措施确保该区域人员在卷帘下降前能够安全疏散
消防设施及消防系统	多线消防电话总机 –32 故障	C	建议及时修复故障的电话总机
	消防控制主机主备电切换功能故障	C	建议及时修复故障的备用电池
	联动测试打开喷淋系统末端试水装置和湿式报警阀试水阀放水，喷淋消防泵均无法自动启泵	A	存在重大火灾隐患因素，应及时协调沟通，及时解决水系统存在的问题
	湿式报警阀阀前、阀后压力表读数均不正常		
	二层消火栓系统栓口测试静水压力接近 0MPa		
	部分自喷系统的喷头损坏	C	建议及时更换受损的喷头，同时加强人员巡查

续表

评价指标	风险因素	风险类别	整改建议
消防设施及消防系统	消防水泵控制柜处于手动状态	B2	建议将水泵控制调整到自动状态
	部分消火栓箱箱体损坏，箱内的器材缺失	C	建议及时维修破损的消火栓箱，补齐缺失的消防器材，同时加强人员巡查
	联动测试中二、三层 KTV 排烟口无风或风速较低；地下一层排烟口在排烟风机开启后未打开	B1	建议加强对风机的维护，定期对排烟管路进行清扫及检查，及时清除内壁尘土，降低排烟管路的风阻
	柴发机房内的七氟丙烷气体灭火系统的气瓶压力不足	C	建议加强对气体灭火系统气瓶的检查与管理，及时处理发现的问题
	柴发机房的防火门自闭器损坏	C	建议及时维修破损的闭门器，同时加强人员巡查
	消防重点部位未设置明显的防火标志	C	建议设置防火标志
	防火卷帘下方未设置标志	C	建议增设相应的标志
	风机房的类别及作用区域未标识	C	建议在房门上张贴铭牌或者直接在房门上标记
	水泵房湿式报警阀出水管路上未标明水流流向	C	建议在水管上标明水流流向
	主要出入口未设置消防安全重点单位标志	C	建议在主要出入口位置设置消防安全重点单位标志
消防灭火救援	西北侧的消防车道较窄，与建筑外墙间距较小	C	建议枢纽站将围挡在外墙北侧的挡板适当外移
	高层塔楼的救援场地内仅设置了一处出入口，不利于多辆消防车的同时作业	C	建议在场地的另一侧增设一处出入口

提升改造建议表　　表 6-7

评价指标	火灾风险因素	风险类别	提升改造建议
消防安全管理	消防控制室值班人员单班工作时间超过 8h	C	建议增加消控室值班人员总数，实行每班 8h 工作制
	有多个运营单位及维保单位，在消防管理方面相互交叉，难以协调统一	C	建议市政置业公司、商场及其承租单位协商委托同一单位对该工程的消防设施及系统统一管理
防止火灾蔓延扩大	商场的楼梯间前室内设置配电房	C	建议加强对配电房的管理，及时处理火灾隐患
	排烟机房与排烟风井之间未采用自闭式丙级防火门	C	建议考虑更换为丙级防火门
人员安全疏散	二层及三层的疏散宽度略有不足	B1	建议加强对商场疏散楼梯的管理，确保所有楼梯通畅
	部分疏散楼梯的形式与设计图纸不符	C	建议确认是否已在施工期间向消防部门备案
	办公区疏散门上锁，火灾时需要用钥匙开启	C	建议考虑更换为电磁锁
消防设施及消防系统	首层消防控制室不能对三层 KTV 的消防控制主机报警信号进行监控，联动控制关系存在缺陷	C	建议将消防控制主机全部设置在首层消防控制内

续表

评价指标	火灾风险因素	风险类别	提升改造建议
消防设施及消防系统	三层 KTV 消防联动控制采用单一报警信号触发联动的模式	C	建议根据实际情况，有条件下优化消防主机的联动控制模式，改为两点联动
	三层 KTV 消防控制主机处于手动状态	C	建议制定可靠管理程序，应确保在发生火灾后，能够立即将消防系统控制模式切换到自动状态
	消防给水管网压力开关报警信号未反馈到消控室	C	建议将压力开关的信号接入消防控制主机
	消防控制主机未设置中庭水炮远程操作的控制盘	C	建议增设中庭水炮的远程控制盘
	消防控制主机老化，部分功能难以迅速实现	C	建议加强对消防控制主机的维护
	消防控制主机 CRT 显示功能缺失	C	建议增设 CRT 显示装置
	联动测试二层商场及三层 KTV 火灾声光警报系统与消防广播系统之间未间隔交替工作	C	建议根据实际情况优化火灾声光报警系统与应急广播系统的报警方式
	KTV 消防控制主机设置在三层工程部值班室，部分时段无人值守，且堆积杂物造成进出不便	C	建议将 KTV 主机设置在首层消防控制室
	消防水池缺少就地水位显示装置，未设置泄水管	C	建议增设简易的水位显示装置和泄水管
	消防水泵房出水管上压力表设置位置不合理	C	建议设置梯子等辅助工具，方便读数
	湿式报警阀缺少试验管路，且铭牌未放置在阀组前方	C	建议根据现场实际情况有条件时增设试验管路，将铭牌设置在阀组前方
	湿式报警阀的警铃未设置在有人的地方	C	建议采取必要措施确保值班员能够听到警铃报警信号
	部分店铺内自喷系统喷头间距过大	C	建议相关责任区负责人加强对该区域火灾风险的监控
	部分楼梯间内无自然通风条件，也未设置正压送风设施	B1	建议加强对楼梯间的管理，根据实际情况研究顶部设置自然通风排烟口的可行性

参考文献

[1] 倪照鹏．国外以性能为基础的建筑防火规范研究综述 [J]. 消防技术与产品信息，2001，10：3-6.

[2] 公安部消防局，公安部天津消防研究所，等．重大火灾隐患判定方法：GB 35181—2017[S]. 北京：中国标准出版社，2017.

[3] 公安部消防局. 火灾高危单位消防安全评估导则（试行）：公消〔2013〕60 号 [S]. 2013.

[4] 刘诗瑶，刘文利，刘松涛．基于性能的既有交通枢纽防火改造研究 [J]. 消防科学与技术，2018，5：626-628.

第 7 章　结构耐久性

7.1　概述

我国公共建筑以混凝土结构和钢结构居多。一些较早年建造的既有公共建筑，其设计和施工规范将重点放在各种荷载作用下的结构强度要求上，对环境因素作用（如一般大气环境、大气污染环境、氯盐侵蚀环境、冻融环境、化学侵蚀环境等）下的耐久性要求考虑较少。近些年来，有些公共建筑的耐久性劣化问题逐渐凸显，有的甚至已经影响到结构的安全性，需要引起格外重视。基于此，本章以混凝土结构和钢结构为基本对象，系统地提供了两种结构类型的耐久性检测、评定与修复技术，并介绍了实际应用案例，旨在为既有公共建筑出现的结构耐久性问题及其处理措施提供依据。

7.2　混凝土结构耐久性检测、评定与修复技术

混凝土结构耐久性劣化情形如图 7–1 所示。

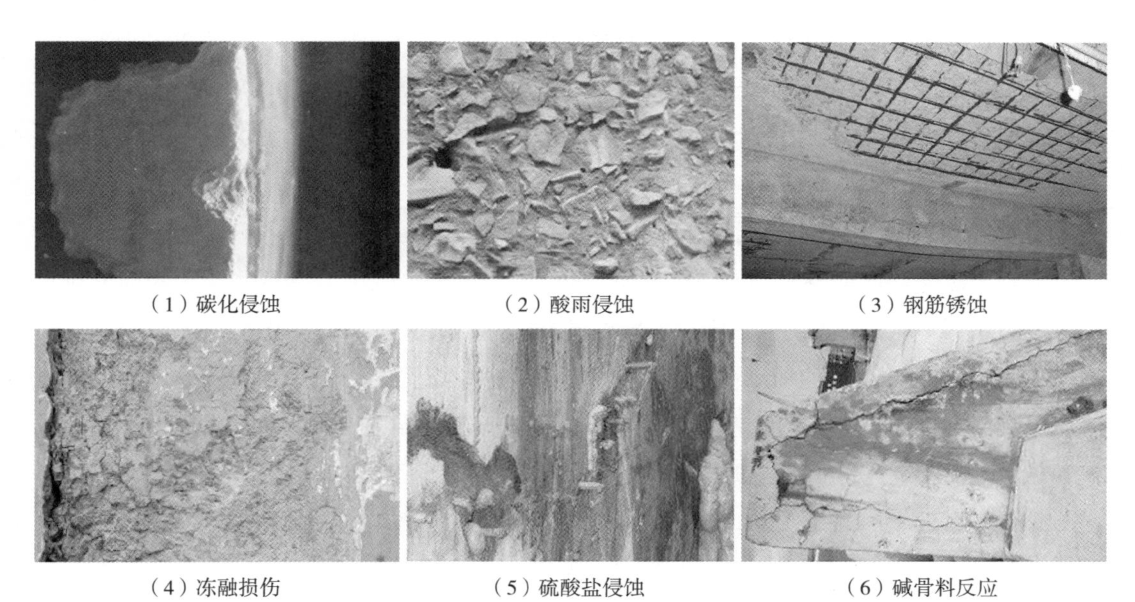

（1）碳化侵蚀　（2）酸雨侵蚀　（3）钢筋锈蚀

（4）冻融损伤　（5）硫酸盐侵蚀　（6）碱骨料反应

图 7–1　混凝土结构耐久性劣化

7.2.1 检测技术

1. 外观损伤状况的检查

主要检查结构表面的各种损伤、损伤范围（直径、长度、深度等）、损伤发生的时间和发生速度[1]。混凝土表面的损伤症状包括裂缝、蜂窝、麻面、起鼓、疏松、剥离、剥落、骨料外露、磨损、塌陷、污染（漏水痕迹等）、锈迹、晶化（有结晶物析出）等。

2. 混凝土渗透性的检测

检测混凝土渗透性的方法包括渗水高度法、逐级加压法、抗氯离子渗透法等。渗水高度法和逐级加压法均可按现行国家标准《普通混凝土长期性能和耐久性能试验方法标准》GB/T 50082—2009[2] 的规定执行。氯离子在混凝土中扩散系数的大小可以很好地反映混凝土抗渗性的好坏，常用的方法有快速氯离子迁移系数法（RCM 法）和电通量法。其中，RCM 法设备简单，测试周期短，测量容易，重复性好，能定量检测混凝土抵抗氯离子扩散的能力，有效评价混凝土的抗渗性能，目前应用十分广泛。RCM 法和电通量法均可按现行国家标准《普通混凝土长期性能和耐久性能试验方法标准》GB/T 50082—2009[2] 的规定执行。

3. 混凝土抗压强度的检测

结构混凝土抗压强度的现场检测主要有无损和微破损两种方法。无损法是在不损坏结构的前提下测试混凝土的某些物理量，并根据这些物理量与抗压强度之间的关系推算出混凝土的抗压强度。无损法主要有回弹法、超声法、超声回弹法等。回弹法可按现行行业标准《回弹法检测混凝土抗压强度技术规程》JGJ/T 23—2011[3] 的规定执行；超声回弹法可按现行中国工程建设协会标准《超声回弹综合法检测混凝土强度技术规程》CECS 02：2005[4] 的规定执行。微破损法是在不影响结构承载力的前提下从结构物上直接取样或进行局部破坏试验，根据试验结果确定混凝土抗压强度。微破损法主要有钻芯法、后装拔出法等。钻芯法可按现行中国工程建设协会标准《钻芯法检测混凝土强度技术规程》CECS 03：2008[5] 的规定执行，后装拔出法可按现行中国工程建设协会标准《拔出法检测混凝土强度技术规程》CECS 69：2011[6] 的规定执行。

4. 碳化深度的检测

混凝土碳化深度的测量，可采用电锤、冲击钻或钢钎等工具在测区混凝土表面形成直径约 15mm、深度大于混凝土的碳化深度的孔洞，用压缩空气清除孔中的粉末或碎屑（不得用水洗），立即用 1% 的酚酞酒精溶液滴在孔洞内壁的边缘处，当已碳化与未碳化分界线清楚时，用深度测量工具测量已碳化与未碳化交界面到混凝土表面的垂直距离，测量不应少于 3 次，精确至 0.5mm，取其平均值作为碳化深度。

碳化深度测量的测区及测孔布置应符合下列规定：同环境、同类构件含有测区的构件数为 5%~10%，但不少于 6 个，同类构件数少于 6 个时，则逐个测试；每个检测构件的测区数不少于 3 个，测区布置在构件的不同侧面；每一测区布置三个测孔，呈“品”字排列，孔距应大于 2 倍孔径。测区宜布置在钢筋附近，对构件角部钢筋最好测试钢筋处两侧的碳化深度。测区优先布置在测量保护层厚度的测区内。

5. 混凝土中氯离子含量的检测

混凝土中水溶性氯离子含量一般采用硝酸银滴定法测量。采用混凝土取芯机在相应的混凝土构件上沿氯离子侵入方向钻取直径不小于 70mm 的混凝土芯样，芯样长度大于预估侵入深度。沿混凝土芯样深度方向逐层磨取粉样，取样深度以每 5~10mm 作为一层。分别将每一层混凝土试样破碎，剔除大颗粒石子，研磨至全部通过 0.08mm 的筛子，用磁铁吸出试样中的金属，然后置于 105~110℃烘箱中烘干 2h，取出后放入干燥皿中冷却至室温。称取适量烘干后的混凝土粉末，置于三角烧瓶中，加入去离子水，塞紧瓶盖，剧烈震荡 1~2min，浸泡 24h 后，将试样过滤，然后取适量滤液，用稀硫酸中和后，用硝酸银溶液作为滴定液进行滴定，根据滴定消耗的硝酸银溶液量计算混凝土中水溶性氯离子的含量。

氯离子含量测定也可以用铬酸钾滴定法，可按现行行业标准《水运工程混凝土试验规程》JTJ 270—1998[7] 的规定执行。氯离子含量测定还可以用电位滴定法，可按现行国家标准《建筑结构检测技术标准》GB/T 50344—2004[8] 的规定执行。

6. 混凝土保护层厚度、钢筋位置、钢筋直径的检测

混凝土保护层厚度、钢筋位置及钢筋直径检测可按现行行业标准《混凝土中钢筋检测技术规程》JGJ/T 152—2008[9] 的规定执行，可采用非破损或微破损方法检测。非破损方法主要有基于电磁感应原理的探测仪法和基于电磁波反射原理的雷达仪法，微破损方法采用剔凿原位检测法检测。采用电磁感应法和电磁波反射法进行混凝土保护层厚度、钢筋位置及钢筋直径检测，必要时可通过剔凿原位检测法进行验证。

剔凿原位检测法是在工程现场凿去混凝土构件上局部位置保护层，用游标卡尺直接量测钢筋直径及保护层厚度，测量精度为 0.1mm。钻孔、剔凿时不得损坏钢筋。这种方法较为直观准确，但对混凝土构件有局部损伤，一般仅能作少量检测。

采用基于电磁感应原理的探测仪法进行混凝土保护层厚度、钢筋位置及钢筋直径检测，检测面应清洁、平整，并避开金属预埋件。检测前先对被测钢筋进行初步定位，将探头有规律地在检测面上移动，直到仪器显示接收信号最强或保护层厚度值最小时，结合设计资料判断钢筋位置，此时探头中心线与钢筋轴线基本重合，在相应位置做好标记。按上述步骤将相邻的其他钢筋逐一标出。设定好仪器量程范围及钢筋直径，沿被测钢筋轴线选择相邻钢筋影响较小的位置，并应避开钢筋接头，读取指示保护层厚度值及钢筋直径值。在被测钢筋的同一位置重复检测两次，如两次混凝土保护层厚度检测值相差大于 1mm，该组数据无效，应在该处重新进行检测。

采用基于电磁波反射原理的雷达仪进行钢筋位置、保护层厚度检测时，根据被测结构及构件中钢筋的排列方向，将雷达仪探头或天线沿垂直于选定的被测钢筋轴线方向扫描，

应根据钢筋的反射波位置来确定钢筋间距和混凝土保护层厚度的检测值。

混凝土保护层厚度、钢筋位置及钢筋直径检测的测区数量及位置应符合下列规定：同类构件含有测区的构件数宜占5%~10%，且不应少于6个，同类构件数少于6个时，应逐个测试；每个检测构件的测区数不应少于3个，测区应均匀布置，每个测区测点不应少于3个，构件角部钢筋应测量两侧的保护层厚度。

7. 混凝土构件钢筋锈蚀状况的检测

钢筋锈蚀状况的检测可以采用微破损检测法和无损检测法。微破损检测法是选择构件上钢筋锈蚀比较严重的部位，如在保护层膨胀、剥落处和保护层有空鼓现象的部位，凿出局部钢筋保护层，将钢筋全部露出来，直接测量钢筋的剩余直径、锈蚀深度、长度及锈蚀物的厚度，得出锈蚀钢筋直径的算术平均值，推算钢筋的截面损失率。微破损检测法较为直接，但对构件有局部损伤，一般适应于混凝土表面已出现锈痕、顺筋裂缝或保护层已胀裂、剥落的情况。

钢筋锈蚀状态的无损检测方法有半电池电位法、线性极化法等。半电池电位法是研究和应用的最早、最广泛的电化学方法，既简单又经济。混凝土中钢筋腐蚀是一种电化学过程，钢筋有腐蚀，必然会产生电流，影响钢筋的电位值，因此，测量钢筋电位值的大小，可以判断钢筋腐蚀的状态。半电池电位法可按现行行业标准《混凝土中钢筋检测技术规程》JGJ/T 152—2008[9]的规定执行。半电池电位法最大的缺点是只能从热力学角度定性判断钢筋发生锈蚀的可能性，不能应用于定量测量。混凝土干燥或表面有非导电性覆盖层时，无法形成回路，不宜采用半电池电位法。另外，钢筋电极电位受环境相对湿度、水泥品种、水灰比、保护层厚度、氯离子含量、碳化深度等因素影响较大，评定结果较粗糙。

线性极化法又称极化电阻法，该方法利用腐蚀电位 E_c 附近极化电位与极化电流呈线性关系来测定金属腐蚀速度，在钢筋的锈蚀电位附近，对待测体系施加一个很小的电化学扰动并量测其反应，根据 Stern 公式计算得到极化电阻，然后根据 Stern–Geary 公式计算得到腐蚀电流，从而算出腐蚀速度。现在广泛应用的直流极化电阻测量仪，是可（或不可）调制电位（或电流）扫描速度的恒电位仪。通常，先用三电极系统测量钢筋对参比电极的自然电位 E_{corr}，然后对工作电极施加一个小的电化学扰动（如 ±10mV 或 ±20mV 扰动电压）。从工作电极对此扰动的反应（即经过一定稳定时间后的 ΔI），就可按 Stern–Geary 公式计算其瞬时腐蚀速度 I_{coor}。腐蚀速度的判别标准为：

$I_{coor}<0.1\mu A/cm^2$ 时，腐蚀可忽略不计；

$I_{coor}>0.2\mu A/cm^2$ 时，正在腐蚀；

$I_{coor}>1.0\mu A/cm^2$ 时，腐蚀速度较大。

8. 碱骨料反应的检测

对有发生碱骨料反应危险的混凝土结构，应进行碱骨料反应检测，主要内容有：混凝土的碱骨料活性、混凝土中的碱含量、混凝土潜在膨胀性。混凝土的碱骨料活性检测可按现行行业标准《普通混凝土用砂、石质量及检验方法标准》JGJ 52—2006[10] 的规定执行，混凝土中碱含量检测可按现行国家标准《水泥化学分析方法》GB/T 176—2008[11] 的规定执行，混凝土潜在膨胀性检测可按现行国家标准《普通混凝土长期性能和耐久性试验方法标准》GB/T 50082—2009[2] 的规定执行。

9. 建筑防水材料老化的检测

现行国家标准《建筑防水材料老化试验方法》GB/T 18244—2000[12] 规定了热空气老化、臭氧老化、人工气候加速老化（氙弧灯、碳弧光灯、紫外荧光灯）的试验方法，适用于建筑防水工程用的沥青基卷材与涂料、合成高分子卷材与涂料等耐老化性能对比，其他建筑防水材料也可参照使用。

7.2.2　评定技术

1. 耐久性评定的基本准则

1）耐久性评定时期

对混凝土结构进行耐久性评定的时期，现行国家标准《既有混凝土结构耐久性评定标准》GB/T 51355—2019[13] 中有以下规定：达到设计使用年限，拟继续使用时；使用功能或环境明显改变时；已出现耐久性损伤时；考虑结构性能随时间劣化进行可靠性鉴定时。

我国尚没有建筑物定期检测评价法规。国外有些国家的法律或规范有明确的规定，如新加坡的建筑物管理法规定，居住建筑在建造后每隔 10 年须进行强制鉴定，公共、工业建筑则为建造后每隔 5 年进行一次鉴定。日本通常要求建筑物服役 20 年后才进行一次鉴定。英国只对体育场馆等人员密集的公共建筑做强制定期鉴定的规定。根据我国以往的工程经验，良好使用环境下民用建筑的室内构件一般可使用 50 年以上，而处于潮湿环境下的室内外构件往往使用 20~30 年就需要维修；冶金、化工等使用环境较恶劣的工业建筑使用 25~30 年即需大修；处于严酷环境下的工程结构甚至不足 10 年即出现严重的耐久性损伤。因此，在保证建筑物安全性的前提下，民用建筑使用 30~40 年、工业建筑及露天结构使用 20 年左右宜进行耐久性鉴定。

2）耐久性极限状态

现行国家标准《建筑结构可靠度设计统一标准》GB 50086—2001[14] 是将结构的耐久性能作为一项功能要求提出的。采用极限状态设计时，各项功能要求通过不同的极限状态设计保证，但对耐久性极限状态没有给出明确的定义。现行国家标准《既有混凝土结构耐久性评定标准》GB/T 51355—2019[13] 给出的耐久性极限状态可以表述为：结构或构件由耐久性损伤造成某项性能丧失而不能满足使用要求的临界状态。造成结构耐久性损伤的因素很多，引起结构性能丧失而影响使用性也是多方面的，因此需要根据结构的具体功能要求确定相应的耐久性极限状态。

3）耐久性评价指标

在混凝土耐久性损伤中，有一些能够预测其剩余使用年限，有一些则不能或当前没有条件预测。如氯盐侵蚀混凝土的情况下，以钢筋开始锈蚀作为耐久性失效标准时，对于在制备时掺入氯盐的混凝土，仅能根据混凝土中的氯离子含量和引起钢筋锈蚀的临界含量比值，判断钢筋是否发生锈蚀，据此判断耐久性能的好坏，此时是没有时间参数介入的。对于受认识水平所限、当前还不能给出时变退化模型的损伤因素，如碱骨料反应引起的破坏，也只能借助某些参数评价其耐久性状态的优劣。

4）耐久性评定分级

根据现行国家标准《既有混凝土结构耐久性评定标准》GB/T 51355—2019[13]，混凝土结构耐久性应分构件、评定单元两个层次，按三个等级进行评定；评定单元应根据所处环境条件、结构使用功能、结构布置等情况划分。

（1）构件的耐久性应按下列规定评定等级：

a 级：在目标使用年限内，构件耐久性满足要求，可不采取修复、防护或其他提高耐久性的措施；

b 级：在目标使用年限内，构件耐久性基本满足要求，可不采取或部分采取修复、防护或其他提高耐久性的措施；

c 级：在目标使用年限内，构件耐久性不满足要求，应及时采取修复、防护或其他提高耐久性的措施。

（2）评定单元的耐久性应按下列规定评定等级：

A 级：在目标使用年限内，评定单元耐久性满足要求，可不采取修复、防护或其他提高耐久性的措施；

B 级：在目标使用年限内，评定单元耐久性基本满足要求，可不采取或部分采取修复、防护或其他提高耐久性的措施；

C 级：在目标使用年限内，评定单元耐久性不满足要求，应及时采取修复、防护或其他提高耐久性的措施。

构件的耐久性等级应根据耐久性裕度系数或耐久性损伤状态评定，评定单元的耐久性等级应根据耐久性裕度系数确定。

采用耐久性裕度系数进行耐久性等级评定时，应按表 7–1 进行。

耐久性等级评定 表 7–1

耐久性裕度系数	≥ 1.8	1.8~1.0	≤ 1.0
构件耐久性等级	a 级	b 级	c 级
评定单元耐久性等级	A 级	B 级	C 级

耐久性裕度系数 ξ_d 应根据结构所处的环境类别及作用等级、结构的技术状况，并考虑耐久重要性系数 γ_0，按式（7–1）、式（7–2）确定：

$$\xi_d = \frac{t_{re}}{\gamma_0 \cdot t_e} \quad \text{式（7–1）}$$

$$\xi_d = \frac{[\Omega]}{\gamma_0 \cdot \Omega} \quad \text{式（7–2）}$$

式中　t_{re}——结构剩余使用年限；

t_e——目标使用年限；

$[\Omega]$——某项性能指标的临界值；

Ω——某项性能指标的评定值；

γ_0——耐久重要性系数。

耐久重要性系数 γ_0 应根据结构的重要性、可修复性和失效后果按表 7–2 确定。对重要结构，其耐久重要性等级应取为一级；对一般结构，其耐久重要性等级宜取为一级；对次要结构，其耐久重要性等级宜取为二级。对一般结构和次要结构，当构件容易修复、替换时，其耐久重要性等级可降低一级。

耐久重要性系数 γ_0　　表 7–2

耐久重要性等级	耐久性失效后果	耐久重要性系数
一级	很严重	1.1
二级	严重	1.0
三级	不严重	0.9

2. 各种环境条件下的耐久性评定

混凝土结构在各种环境条件下的耐久性评定包括以下内容：

1）一般环境混凝土结构耐久性评定；

2）氯盐侵蚀环境混凝土结构耐久性评定；

3）冻融环境混凝土结构耐久性评定；

4）硫酸盐侵蚀混凝土结构耐久性评定；

5）混凝土碱—骨料反应耐久性评定。

以上五种情况的具体评定方法可按现行国家标准《既有混凝土结构耐久性评定标准》GB/T 51355—2019[13] 的规定执行。

7.2.3 修复技术

1. 钢筋锈蚀修复

1）修复材料要求

钢筋阻锈处理材料可采用修补材料、掺入型钢筋阻锈剂、钢筋表面钝化剂和表面迁移型阻锈剂，并应符合下列规定：在钢筋阻锈处理中应采用钢筋阻锈剂抑制混凝土中钢筋的电化学腐蚀；修补材料宜掺入适量的掺入型阻锈剂，同时，不应影响修复材料的各项性能，其基本性能应符合现行行业标准《钢筋阻锈剂应用技术规程》JGJ/T 192—2009[15] 的规定；钢筋表面钝化剂宜修复已锈蚀的钢筋混凝土结构，钢筋表面钝化剂应涂刷在钢筋表面并应与钢筋具有良好的黏结能力；表面迁移型阻锈剂宜用于防护与修复工程，表面迁移型阻锈剂应涂刷在混凝土结构表面，并应渗透到钢筋周围。

电化学保护材料应符合现行行业标准《混凝土结构耐久性修复与防护技术规程》JGJ/T 259—2012[16] 附录 A.1 的规定。

2）钢筋阻锈修复施工

混凝土表面迁移阻锈处理修复工艺应符合下列规定：混凝土表面基层应清理干净，并应保持干燥；在混凝土表面应喷涂表面迁移型阻锈剂；表面防护处理应符合设计要求。

钢筋阻锈处理修复工艺除应按基层处理、界面处理、修复处理和表面防护处理进行外，尚应符合下列规定：修复范围内已锈蚀的钢筋应完全暴露并进行除锈处理；在钢筋表面应均匀涂刷钢筋表面钝化剂；在露出钢筋的断面周围应涂刷迁移型阻锈剂；凿除部位应采用掺有阻锈剂的修补砂浆修复至原断面，当对承载能力有影响时，应对其进行加固处理；构件保护层修复后，在表面宜涂刷迁移型阻锈剂。

3）电化学保护施工

电化学保护可采用阴极保护、电化学脱盐和电化学再碱化，并应符合下列规定：阴极保护可用于普通混凝土结构中钢筋的保护；电化学脱盐可用于盐污染环境中的混凝土结构；电化学再碱化可用于混凝土中性化导致钢筋腐蚀的混凝土结构；预应力混凝土结构不得进行电化学脱盐与再碱化处理；静电喷涂环氧涂层钢筋拼装的构件不得采用任何电化学保护；当预应力混凝土结构采用阴极保护时，应进行可行性论证。

当采用电化学保护时，应根据环境差异及所选用阳极类型，把所需保护的混凝土结构分为彼此独立的、区域面积为 50~100m^2 的保护区域。电化学保护的可行性论证、设计、施工、检测、管理应由有工程经验的单位实施。电化学保护施工应符合现行行业标准《混凝土结构耐久性修复与防护技术规程》JGJ/T 259—2012[16] 附录 A.2 的规定。

2. 冻融损伤修复

1）修复材料要求

选择冻融损伤修复材料时，应综合考虑冻融损伤性质、影响因素、损伤区域大小、特征和剥落程度，修复材料可选用修补砂浆、灌浆材料和高性能混凝土及界面处理材料，并应符合下列规定：当结构混凝土表面未出现剥落但出现开裂时，宜用灌浆材料和修补砂浆进行修复；当结构混凝土表面出现了剥落或疏松时，宜采用高性能混凝土、修补砂浆、灌浆材料及界面处理材料进行修复。

修复材料除应符合现行国家有关标准规定外，尚应符合下列规定：应选用强度等级不低于 42.5 的硅酸盐水泥或普通硅酸盐水泥；应掺用引气剂，修复材料中含气量宜为 4%~6%；修复材料的强度不应低于修复结构中原混凝土的设计强度；修复材料的抗冻等级不应低于原混凝土抗冻等级。

2）冻融损伤修复施工

对结构混凝土表面未出现剥落但出现开裂的情况，宜先清除冻伤混凝土，再注入灌浆材料，修补裂缝。然后应在原混凝土结构表面进行修补，宜用修补砂浆进行防护。

对结构混凝土表面出现剥落或疏松的情况，修复宜按基层处理、界面处理、修复处理和表面防护处理四步进行，除应满足混凝土表面修复施工的规定外，尚应符合下列规定：对基层处理，应剔除受损混凝土并露出基层未损伤混凝土；对界面处理，当剥蚀深度小于 30mm 时，可采用涂刷界面处理材料进行处理；当剥蚀深度不小于 30mm 时，基层混凝土和修复材料之间除应涂刷界面处理材料外，尚宜采用锚筋增强其黏结能力；对修复施工，当剥蚀深度小于 30mm 时，宜采用修补砂浆或灌浆材料进行修复；当剥蚀深度不小于 30mm 时，宜采用高性能混凝土或灌浆材料进行修复；根据工程实际需要按混凝土表面防护施工的规定进行表面防护处理。

修复后，应进行保温养护，被修复部分不得遭受冻害。

3. 延缓碱骨料反应措施及其防护

1）材料要求

碱骨料反应损伤修补材料应与混凝土基体紧密结合，耐久性好，在修复后应防止外部环境中潮湿水分侵入混凝土。裂缝处理可采用填充密封材料或灌浆。对于活动性裂缝，应采用极限变形较大的延性材料修补，灌浆材料应具有可灌性。表面憎水防护材料应满足透气防水的要求，应保护混凝土结构免受周围环境的影响。

2）延缓碱骨料反应施工

对于存在发生碱骨料反应条件，尚未出现碱骨料反应破坏的混凝土结构，宜对结构混凝土表面进行防护处理。

对于已发生碱骨料反应，外观出现裂缝的混凝土结构，应按下列步骤进行施工：应清除裂缝表面松散物及混凝土表面反应物等物质，并应保持表面干燥；应根据裂缝的宽度、深度、分布及特征，选择表面处理法、压力灌浆法、填充密封法进行裂缝封堵；涂刷表面防护材料。

4. 裂缝修补

1）修补材料要求

混凝土结构裂缝修补材料可分为表面处理材料、压力灌浆材料、填充密封材料三大类。裂缝修补材料应能与混凝土基体紧密结合且耐久性好。

混凝土结构裂缝表面处理材料可采用环氧胶泥、成膜涂料、渗透性防水剂等，其使用应符合下列规定：环氧胶泥宜用于稳定、干燥裂缝的表面封闭，裂缝封闭后应能抵抗灌浆的压力；成膜涂料宜用于混凝土结构的大面积表面裂缝和微细活动裂缝的表面封闭；渗透性防水剂遇水后能化合结晶为稳定的不透水结构，宜用于微细渗水裂缝迎水面的表面处理。

混凝土结构裂缝填充密封材料可采用环氧胶泥、聚合物水泥砂浆以及沥青油膏等。对于活动性裂缝，应采用柔性材料修补。混凝土结构裂缝压力灌浆材料可采用环氧树脂、甲基丙烯酸树脂、聚氨酯类等，其性能应符合现行行业标准《混凝土裂缝修复灌浆树脂》JG/T 264—2010[17] 的规定。有补强加固要求的浆液，固化后的抗压、抗拉强度应高于被修补的混凝土基材。

2）裂缝修补施工

表面处理法施工应符合下列规定：应清除裂缝表面松散物；有油污处应用丙酮清洗；潮湿裂缝表面应清除积水；在进行下步工序前，裂缝表面应干燥；所选择的材料应均匀涂抹在裂缝表面；涂覆厚度及范围应符合设计及材料使用规定。

压力灌浆法施工应符合下列规定：裂缝灌浆前，应清除裂缝表面的灰尘、浮渣和松散混凝土，并应将裂缝两侧不小于 50mm 宽度清理干净，且应保持干燥；灌注施工可采用专用的灌注器具进行，宜设置灌浆嘴，其灌注点间距宜为 200~300mm 或根据裂缝宽度和裂缝深度综合确定，对于大体积混凝土或大型结构上的深裂缝，可在裂缝位置钻孔，当裂缝形状或走向不规则时，宜加钻斜孔，增加灌浆通道，钻孔后，应将钻孔清理干净并保证灌浆通道畅通，钻孔灌浆的裂缝孔内宜用灌浆管，对灌注有困难的裂缝，可先在灌注点凿出“V”形槽，再设置灌浆嘴；灌浆嘴设置后，宜用环氧胶泥封闭，形成一个密闭空腔，应预留浆液进出口；裂缝封闭后应进行压气试漏，检查密封效果，试漏应待封缝胶泥或砂浆达到一定强度后进行，试漏前应沿裂缝涂一层肥皂水，然后从灌浆嘴通入压缩空气，凡漏气处，均应修补密封直至不漏为止；根据裂缝特点用灌浆泵或注胶瓶注浆，应检查灌浆机具运行情况，并应用压缩空气将裂缝吹干净，再用灌浆泵或针筒注胶瓶将浆液压入缝隙，宜从下向上逐渐灌注，并应注满；等灌浆材料凝固后，方可将灌缝器具拆除，然后进行表面处理。

填充密封法施工应符合下列规定：应沿裂缝将混凝土开凿成宽 2~3cm、深 2~3cm 的“V”形槽；应清除缝内松散物；应用所选择的材料嵌填裂缝，直至与原结构表面持平。

裂缝修补处理后，可根据设计需要进行表面防护处理。

5. 混凝土表面修复与防护

1）修复与防护材料要求

混凝土表面修复材料可采用界面处理材料和修补砂浆，修补砂浆的抗压强度、抗拉强度、抗折强度不应低于基材混凝土。

混凝土表面防护材料应根据实际工程需要选择，可采用无机材料、有机高分子材料以及复合材料，并应符合下列规定：在环境介质侵蚀作用下，防护材料不得有鼓胀、溶解、脆化和开裂现象；防护材料应满足结构耐久性防护的要求，根据不同的环境条件和耐久性损伤类型宜分别具有抗碳化、抗渗透、抗氯离子和硫酸盐侵蚀、保护钢筋的性能；用于抗磨作用的防护面层，应在其使用寿命内不被磨损而脱离结构表面；防护面层应与混凝土表面黏结牢固，在其使用寿命内，不应有开裂、空鼓、剥落现象。

2）表面修复与防护施工

混凝土结构表面修复的工序可分为基层处理、界面处理、修补砂浆施工和养护。混凝土表面修复施工应符合下列规定：

基层处理：对需要修复的区域应作出标记，然后沿修复区域的边缘切一条深度不小于 10mm 的切口。剔除表面区域内已经污染或损伤的混凝土，深度不应小于 10mm；修复区边缘混凝土应进行凿毛处理，对混凝土和露出的钢筋表面应进行彻底清洁，对遭受化学腐蚀的部分，应采用高压水进行冲洗，并应彻底清除腐蚀物。

界面处理：修补砂浆施工前，应将裸露的钢筋固定好并进行阻锈处理，待其干燥后应采用清水将混凝土基面彻底润湿，然后喷涂或刷涂界面处理材料。

修补砂浆施工：根据构件的受力情况、施工部位及现场状况可采用涂抹、机械喷涂及支模浇筑方法进行施工。

养护：修补砂浆施工后，宜进行养护。

混凝土表面防护施工应符合下列规定：表面防护前应进行去掉浮尘、油污或其他化学污染物的表面处理工作，对劣化的混凝土表层，宜先打磨清除，再用水清洗，对不宜用水清洗的表面，可用高压空气吹扫；混凝土表面防护材料应按其配比要求进行配制或调制；采用渗透型保护涂料对混凝土表面进行憎水浸渍时，宜采用喷涂或刷涂法施工，且施工时应保证混凝土表面及内部充分干燥，当采用其他有机材料时，底层宜干燥；采用无机或复合材料进行混凝土表面防护时，宜抹涂施工，当混凝土表面整体施工时，分隔缝应错缝设置；当混凝土立面或顶面的防护面层厚度大于 10mm 时，宜分层施工。

7.2.4　工程案例

1. 工程概况

河北省某集商贸、住宅、办公于一体的大型综合性建筑，总建筑面积 45000m^2，其底层为框架剪力墙结构形式的交易大厅，长 148.8m，宽 70m，高 5.1m，该交易大厅之上建有砖混结构住宅楼。交易大厅框架柱截面尺寸 700mm × 700mm，混凝土强度等级 C30，冬期施工，施工过程中掺入了 GK 型早强防冻剂。运营期间，交易大厅部分框架柱出现不同程度的竖向顺筋裂缝，随后对该交易大厅框架柱进行了工程检测和加固[18]。

2. 检测

检测项目：混凝土强度，裂缝深度、宽度、长度，混凝土中氯离子含量。

检测方法：混凝土强度采用超声回弹综合法和钻芯法测定；裂缝深度、宽度和长度分别采用超声波法、裂缝对比卡和卷尺测定；混凝土中氯离子含量采用现场取样后，实验室硝酸银滴定法测定。

3. 评定

1）混凝土强度

采用超声回弹法和钻芯法测得的混凝土强度值均高于 C30 设计值，均能满足设计要求，经检查框架柱配筋亦满足设计要求，框架柱竖向裂缝并非由承载力不足引起。

2）裂缝产生原因

被检测的框架柱裂缝形式基本相同，呈竖向状，裂缝最长 4m，裂缝最宽 2mm，裂缝深度 100~450mm。大部分出现在柱子四角部位，个别出现在柱子中心线上。裂缝位置集中在柱子中部区域，裂缝没有贯通柱身。

（1）氯离子对钢筋锈蚀的影响

任意从三个框架柱上钻取的混凝土样品的氯离子含量分别为 2.62kg/m^3、2.85kg/m^3、2.36kg/m^3，平均值为 2.61kg/m^3，根据混凝土配合比换算成氯离子含量最大值为 11.3%（占水泥重量），超过混凝土结构设计规范和施工及验收规范 1%（占水泥重量）的限值，由于氯离子半径小，活性大，可直接破坏钢筋钝化膜，如此高的含量必然引起混凝土内部钢筋的锈蚀。又因为钢筋锈蚀产物可比钢筋原来体积增大 2.5 倍，局部体积的膨胀，使混凝土在框架柱角部和外侧的临空面产生过大拉应变，当此拉应变超过混凝土极限拉应变时就会产生顺筋裂缝，氯离子含量过高是产生裂缝的主要原因。

（2）温度收缩变形影响

由于施工时间为冬季，最低气温为 –10℃，施工单位采用蓄热法浇筑混凝土，拌合物温度较高，虽然在拌合物中加入一定量的防冻剂，但由于外界气温较低，再加上保温措施不利（钢模外挂单层草袋），致使混凝土在凝结过程中产生过大的温度变形。柱角受双向模板的约束作用较大，致使在柱角部位产生多条温度裂缝。

（3）冻融影响

现场钻芯取样时发现，混凝土有冻融现象，冻伤深度为 30~50mm，内外芯样对比抗折试验结果也证实了这一点。由于混凝土受冻后其内部自由水体积增大 9%，造成外围混凝土膨胀产生裂缝。

（4）周围环境的影响

现场检测时发现，部分柱子上有结冰现象。由于交易大厅之上建有 6 栋住宅楼，住宅楼之间设有交易大厅的采光带，由于存在施工质量问题这些部位常年漏雨，致使邻近的框架柱长期处于水淋、结冰或潮湿状态，这样一方面造成这些柱子的冻融破坏，另一方面造成既有微细裂缝的柱子在水、氧和氯离子作用下发生的电化学腐蚀和化学侵蚀进一步加剧，钢筋锈蚀越来越严重，混凝土裂缝发展急剧增长。

4. 加固修复

采用化学压力灌浆及外包混凝土综合法。在安全卸荷的情况下，以 0.2~0.6MPa 的压力，将以环氧树脂为主剂的化学浆液灌入顺筋裂缝中，借助化学浆液高分子的稳定性阻断混凝土中氯离子与钢筋的通道，保护钢筋不再继续发生锈蚀。然后凿去局部裂缝、疏松、冻伤混凝土，在柱周边布置 16ϕ14 纵向筋，涂刷界面剂或环氧基液，绑扎 ϕ8 箍筋，外挂 ϕ4 钢丝网片，喷射 C35 合成纤维混凝土 50mm 厚，外抹 20mm 厚含密实剂的水泥砂浆，最后涂刷一层环氧基液，以约束混凝土膨胀，防止外界水、氧侵入，阻止氯盐对钢筋进一步锈蚀，确保柱子的承载力和耐久性。

7.3 钢结构耐久性检测、评定与修复技术

钢结构耐久性劣化情形如图 7-2 所示。

（a）钢构件防腐涂层破坏

（b）钢构件大面积锈蚀

图 7-2 钢结构耐久性劣化

7.3.1 检测技术

钢结构的耐久性主要由腐蚀环境和防腐涂层决定[19，20]。

1. 钢结构使用环境腐蚀等级划分

钢结构使用环境腐蚀等级宜根据建筑物所处的生产或生活环境评定。根据使用环境长期作用对钢结构的腐蚀状况，可将使用环境划分为严重腐蚀、一般腐蚀、轻微腐蚀和无腐蚀四个等级。

常温下气态介质对钢结构的腐蚀等级，可根据介质类别以及环境相对湿度，按表 7-3 的规定评定。当介质含量低于表中下限值时，环境腐蚀性等级可降低一级。

气态介质对钢结构的腐蚀等级　　表 7-3

介质类别	介质名称	介质含量 /（mg/m^3）	环境相对湿度 /%	腐蚀等级
Q1	氯	1~5	>75	严重腐蚀
			60~75	一般腐蚀
			<60	一般腐蚀
Q2		0.1~1	>75	一般腐蚀
			60~75	一般腐蚀
			<60	轻微腐蚀
Q3	氯化氢	1~15	>75	严重腐蚀
			60~75	严重腐蚀
			<60	一般腐蚀
Q4		0.05~1	>75	严重腐蚀
			60~75	一般腐蚀
			<60	轻微腐蚀
Q5	氮氧化物（折合二氧化氮）	5~25	>75	严重腐蚀
			60~75	一般腐蚀
			<60	一般腐蚀
Q6	氮氧化物（折合二氧化氮）	0.1~5	>75	一般腐蚀
			60~75	一般腐蚀
			<60	轻微腐蚀
Q7	硫化氢	5~100	>75	严重腐蚀
			60~75	一般腐蚀
			<60	一般腐蚀
Q8		0.01~5	>75	一般腐蚀
			60~75	一般腐蚀
			<60	轻微腐蚀
Q9	氟化氢	5~50	>75	严重腐蚀
			60~75	一般腐蚀
			<60	一般腐蚀

续表

介质类别	介质名称	介质含量 /（mg/m^3）	环境相对湿度 /%	腐蚀等级
Q10	二氧化硫	10~200	>75	严重腐蚀
			60~75	一般腐蚀
			<60	一般腐蚀
Q11		0.5~10	>75	一般腐蚀
			60~75	一般腐蚀
			<60	轻微腐蚀
Q12	硫酸酸雾	大量作用	>75	严重腐蚀
Q13		少量作用	>75	严重腐蚀
			<75	一般腐蚀
Q14	醋酸酸雾	大量作用	>75	严重腐蚀
Q15		少量作用	>75	严重腐蚀
			≤ 75	一般腐蚀
Q16	二氧化碳	>2000	>75	一般腐蚀
			60~75	轻微腐蚀
			<60	轻微腐蚀
Q17	氨	>20	>75	一般腐蚀
			60~75	一般腐蚀
			<60	轻微腐蚀
Q18	碱雾	少量作用	—	轻微腐蚀

常温下固态介质（含气溶胶）对钢结构的腐蚀等级，可根据介质类别和环境相对湿度，按表 7–4 的规定评定。当偶尔有少量介质作用时，腐蚀等级可降低一级。

若钢结构使用环境中有多种介质同时存在时，腐蚀等级应取最高者。钢结构使用环境的相对湿度，宜采用地区年平均相对湿度或构配件所处部位的实际相对湿度。室外环境相对湿度，可根据地区降水情况，较年平均相对湿度适当提高。不可避免结露的部位和经常处于潮湿状态的部位，环境相对湿度大于 75%。

固态介质对钢结构的腐蚀等级　　　　表 7–4

介质类别	介质在水中的溶解度	介质的吸湿性	介质名称	环境相对湿度 /%	腐蚀等级
G1	难溶	—	硅酸盐、磷酸盐与铝酸盐，钙、钡、铅的碳酸盐和硫酸盐，镁、铁、铬、硅的氧化物和氢氧化物	>75	轻微腐蚀
				60~75	
				<60	

续表

介质类别	介质在水中的溶解度	介质的吸湿性	介质名称	环境相对湿度 /%	腐蚀等级
G2	易溶	难吸湿	钠、钾、锂的氯化物	>75	严重腐蚀
				60~75	严重腐蚀
				<60	一般腐蚀
G3			钠、钾、铵、锂的硫酸盐和亚硫酸盐，铵、镁的硝酸盐，氯化铵	>75	严重腐蚀
				60~75	一般腐蚀
				<60	轻微腐蚀
G4	易溶	难吸湿	钠、钾、钡、铅的硝酸盐	>75	一般腐蚀
				60~75	一般腐蚀
				<60	轻微腐蚀
G5			钠、钾、铵的碳酸盐和碳酸氢盐	>75	一般腐蚀
				60~75	轻微腐蚀
				<60	无腐蚀
G6			钙、镁、锌、铁、铟的氯化物	>75	严重腐蚀
				60~75	一般腐蚀
				<60	一般腐蚀
G7	易溶	难吸湿	镉、镁、镍、锰、锌、铜、铁的硫酸盐	>75	严重腐蚀
				60~75	一般腐蚀
				<60	一般腐蚀
G8			钠、锌的亚硝酸盐，尿素	>75	一般腐蚀
				60~75	一般腐蚀
				<60	轻微腐蚀
G9			钠、钾的氢氧化物	>75	一般腐蚀
				60~75	一般腐蚀
				<60	轻微腐蚀

2. 钢结构构件腐蚀损伤程度和腐蚀速度的检测

1）钢构件腐蚀损伤程度检测规定

（1）检测前，应先清除待测表面的积灰、油污、锈皮。

（2）对均匀腐蚀情况，测量腐蚀损伤板件的厚度时，应沿其长度方向选取3个腐蚀较严重的区段，且每个区段选取8~10个测点测量构件厚度，取各区段测量厚度的最小算术平均值作为该板件实际厚度，腐蚀严重时，测点数应适当增加。

（3）对局部腐蚀情况，测量腐蚀损伤板件的厚度时，应在其腐蚀最严重的部位选取1~2个截面，每个截面选取8~10个测点测量板件厚度，取各截面测量厚度的最小算术平均值作为板件实际厚度，并记录测点的位置，腐蚀严重时，测点数可适当增加。

2）板件腐蚀损伤量

板件腐蚀损伤量应取初始厚度减去实际厚度。初始厚度应根据构件未腐蚀部分实测厚度确定。在没有未腐蚀部分的情况下，初始厚度应取下列两个计算值的较大者：

（1）所有区段全部测点的算术平均值加上 3 倍的标准差。

（2）公称厚度减去允许负公差的绝对值。

构件后期的腐蚀速度可根据构件当前腐蚀程度、受腐蚀的时间以及最近腐蚀环境扰动等因素综合确定，并可结合结构的后续目标使用年限，判断构件在后续目标使用年限内的腐蚀残余厚度。

对于均匀腐蚀，当后续目标使用年限内的使用环境基本保持不变时，构件的腐蚀耐久性年限可根据剩余腐蚀牺牲层厚度、以前的年腐蚀速度确定，计算公式见式（7–3）：

$$Y=\alpha t/v \qquad \text{式（7–3）}$$

式中　Y——构件的剩余耐久年限，a；

α——与腐蚀速度有关的修正系数，年腐蚀量为 0.01~0.05mm 时取 1.0，小于 0.01mm 时取 1.2，大于 0.05mm 时取 0.8；

t——剩余腐蚀牺牲层厚度（mm），按设计规定（或结构承载能力鉴定分析）允许的腐蚀牺牲层厚度减去已经腐蚀厚度计算；

v——以前的年腐蚀速度，mm/a。

3. 钢结构构件涂装防护的检测

钢构件涂装防护检测的内容包括涂层检测和拉索外包裹防护层检测。

涂层的检测项目应包括外观质量、涂层完整性、涂层厚度。检测抽样应符合下列规定：钢构件涂层外观质量可采用观察检查，宜全数普查；涂层裂纹可采用观察检查和尺量检查，构件抽查数量不应少于 10%，且不应少于 3 根；涂层完整性可采用观察检查，宜全数普查；涂层厚度可采用涂层测厚仪检测，构件抽查数量不应少于 10%，且不应少于 3 根。

拉索外包裹防护检测应包括拉索外包裹防护层外观质量和索夹填缝，可采用观察检查，宜全数普查。

7.3.2　评定技术

钢构件耐久性鉴定应根据防腐涂层或外包裹防护质量及腐蚀两个基本项目分别评定等级，并应取其中较低等级作为其耐久性鉴定等级 [19]。

钢构件耐久性等级按防腐涂层或外包裹防护质量检测结果评定时，应根据涂层外观质量、涂层完整性、涂层厚度、外包裹防护四个基本项目的最低耐久性等级确定，四个基本项目的耐久性等级应按表 7–5 的规定评定。

钢构件耐久性等级按腐蚀的检测结果评定时，应按表 7–6 的规定评定。

钢构件按防腐涂层或外包裹防护评定耐久性等级　　表 7-5

基本项目	a_d	b_d	c_d
防腐涂层外观质量	涂层无皱皮、流坠、针眼、漏点、气泡、空鼓、脱层；无变色、粉化、霉变、起泡、开裂、脱落，构件无生锈	涂层有变色、失光，起微泡面积小于 50%，局部有粉化、开裂和脱落，构件轻微点蚀	涂层严重变色、失光，起微泡面积超过 50% 并有大泡，出现大面积粉化、开裂和脱落，涂层大面积失效、构件腐蚀
涂层完整性	涂层完整	涂层完整程度达到 70%	涂层完整程度低于 70%
涂层厚度	厚度符合设计要求	厚度小于设计要求，但小于设计厚度的测点数不大于 10%，且测点处实测厚度不小于设计厚度的 90%	达不到 b_d 级的要求
外包裹防护	满足设计要求，包裹防护无损坏，可继续使用	基本满足设计要求，包裹防护有少许损伤，维修后可继续使用	不满足设计要求，包裹防护有损坏，经返修、加固后方可继续使用

钢构件按腐蚀评定耐久性等级　　表 7-6

基本项目	a_d	b_d	c_d
腐蚀状态	钢材表面无腐蚀	底层有腐蚀，钢材表面呈麻面状腐蚀，平均腐蚀深度超过 0.05t 但小于 0.1t，可不考虑对构件承载力的影响	钢材严重腐蚀，发生层蚀、坑蚀现象，平均腐蚀深度超过 0.1t，对构件承载力有影响

注：表中 t 为板件厚度。

7.3.3 修复技术

1. 对钢结构防腐旧涂层的状态进行调查

调查钢结构防腐旧涂层的构成。这对选择维修用防腐涂料品种至关重要。在旧涂层不完全去除的情况下，选择的防腐涂料可能与旧涂层不相容，从而造成咬漆等现象。

调查旧涂层表面的玷污、粉化、开裂、起泡、脱落、生锈、附着强度等。确定维修涂装表面处理和涂层体系时，必须考虑这些因素，维修涂装的工作量也取决于旧涂层的状况。

2. 根据所调查的旧涂层状态，确定维修涂装措施

根据以上要求调查旧涂层状态后，对于涂层系统的维修涂装可分为以下 4 种情况：

1）钢结构防腐旧涂层完整，仅有轻微退化，但没有锈蚀。如果因为装饰的原因而准备重涂，只要清洁表面并拉毛，然后重涂 1~2 道面漆；如果不想重涂，只要清洗表面即可，这样可以清除掉灰尘、盐分以及其他助长锈蚀的杂质。

2）钢结构防腐旧涂层明显有老化现象，粉化或者露出前道涂层，但没有锈蚀，则清洁表面，涂上底漆和 1~2 道面漆，可以延长涂层的寿命。

3）钢结构防腐旧涂层有起泡或针点锈，如果涂膜除了损伤处，其他地方完整，只要对生锈、起泡、开裂和脱落处进行表面处理后，从底漆到面漆修补至足够膜厚即可。

4）钢结构防腐旧涂层显示了锈蚀和其损伤达到或超过标准规定的范围，用合适的方法除去所有旧涂层和锈蚀物，重涂全新的涂层系统。

3. 选择合适的防腐涂料

对于上述 1)、2)、3) 这三种情况，由于旧涂层仍然存在，选择维修防腐涂料品种时必须考虑与旧涂层的相容性，在选择维修油漆前，应首先进行重涂试验。

需要注意的是：不能简单地选择用原旧涂层所用的体系来维修，有些涂层体系对新建结构适用，但并不一定适用于维修涂装。例如富锌底漆，只有涂于经良好表面处理的裸钢表面才能发挥其阴极保护防锈作用，当维修重涂于旧漆表面时，则完全没有意义。

对于上述 2)、3) 情况下，局部涂层损坏或生锈部位，通常难以采用喷射清理达到 Sa2.5 的除锈程度，因此，选择低表面处理能力的底漆则更适合。通常维修重涂在高空作业不太方便，采用一道可涂厚的高固体份油漆，则可减少施工道数从而节约人工费用。

对于上述 4) 中的情况，应根据腐蚀环境级别和耐久性要求选择防腐涂料和涂层体系。

4. 确定表面处理要求和方法

维修涂装的表面处理要求根据底材类型、部位、面积大小以及涂层体系来决定。通常至少包括以下工作内容：清除旧涂层表面的油污、灰尘、盐分等一切污物，对于油污，可采用溶剂清洗，对于灰尘和盐分，可采用高压清洁淡水冲洗；对于松动的旧漆层，可以采用铲刀去除，或者采用钢丝刷或动力工具打磨去除，完好的旧涂膜边缘则打磨光顺；已生锈部位，宜采用钢丝刷或动力工具打磨处理达到至少 St2 级（采用低表面处理涂料时）或 St3 级（采用其他涂料时）；旧的完好热固性涂膜最好进行表面轻微砂磨，以获得良好的附着力。

5. 制订质量控制和检验措施

维修涂层要达到所计划的防腐蚀寿命，质量检验与控制至关重要，应做好以下关键点：表面处理质量、涂装时的环境条件、防腐涂料涂膜厚度、表面外观和附着力检验。

7.3.4　工程案例

1. 工程概况

上海浦东国际机场 T1 航站楼屋面采用了约 16 万平方米的双层彩钢板，屋面由弧型副檩、金属压型底板、离心玻璃棉板和离心玻璃棉毡、金属压型彩钢板面板组成。其中，金属压型底板采用 1.2mm 厚的热镀锌彩涂钢板；金属压型彩钢板面板厚 0.8mm，采用的是以镀铝锌钢板作为基板、表面涂敷聚偏二氟乙烯树脂涂料（PVDF）的彩涂板。

上海属亚热带季风性气候，雨热同期，全年日照时间长，辐射能量大，年平均降水量达 1125mm，平均相对湿度为 76%，且机场地处海滨区域，海上盐雾环境里的大气含有大量氯离子，会对钢结构造成直接的腐蚀危害。经现场初步检查，发现屋面板面漆存在少量锈蚀现象，这些变化如不能及时检查发现，并给予必要合理的修复，则会对建筑物的耐久性造成不利影响。因此，对彩钢板屋面的耐久性进行了检测评估[21]。

2. 检测

屋面板涂层耐久性检测项目和方法如下：

涂层变色：目视比色；

涂层粉化：天鹅绒布擦拭；

涂层开裂：放大镜检查；

涂层起泡：放大镜检查；

涂层长霉：放大镜检查；

面板表面锈蚀：放大镜检查；

涂层剥落：目视结合放大镜检查；

附着力：划格法。

屋面板涂层耐久性检查数量见表 7–7。

检查数量　　表 7–7

区域	分层	总体容量	抽样样本量	样本分配（东檐口 3 ：中部 4 ：西檐口 3）
R1	3	2742 部位	768	230 : 308 : 230
R2	3	2742 部位	768	230 : 308 : 230
R3	3	2742 部位	768	230 : 308 : 230
R4	3	3074 部位	792	237 : 318 : 237

3. 评定

根据保护性漆膜综合老化性能等级的评定标准，漆膜老化的综合等级共分为 0、1、2、3、4、5 六个等级，分别代表漆膜耐老化性能的优、良、中、可、差、劣。

本项目通过检查和数据处理，目前各跨檐口部位涂层老化等级分别为 R1（2.5 级）、R2（2.98 级）、R3（3.19 级）、R4（2.6 级）；各跨中间部位等级分别为 R1（1.52 级）、R2（1.99 级）、R3（1.6 级）、R4（2.2 级）。檐口边 10cm 范围内起泡、锈蚀、剥落等症状明显，中间部位发现的锈点所占总面积比例极小。整体屋面涂层老化情况集中在檐口及纵向锁边边口部位，症状主要有起泡、脱落及锈蚀。

4. 修复

考虑到机场的重要性以及目前的损坏情况，建议对屋面板已发生损坏的部位进行修补，主要集中在檐口、面板锁边口等。首先，由于氟碳涂料本身已是一种十分致密的涂料，因此其他涂料在其之上覆涂后附着力较差，所以在修补时应对损伤部位残留的氟碳涂层进行彻底清除，并加涂渗透剂以加强修补用涂料与基材之间的附着力；其次，由于氟碳涂料一般均为厂内喷涂后进行整体烘烤以达到致密平滑，现场喷涂条件较差，远不能达到厂内制作效果，而对比现场施工的可操作性，就涂料的防腐性能以及经济性各项要求而言，现场修补采用聚氨酯涂料更为合适。同时建议以后每两年为一个周期对屋面板进行一次类似的全面检查检测，并根据检测结果对屋面板进行相应的保养和修复。

参考文献

[1] 惠云玲，郭固．混凝土结构耐久性外观损伤类型、调查方法及原因分析 [J]. 工业建筑，1998，28（5）：40–42.

[2] 中国建筑科学研究院，等．普通混凝土长期性能和耐久性能试验方法标准：GB/T 50082—2009 [S]. 北京：中国建筑工业出版社，2009.

[3] 陕西省建筑科学研究院，浙江海天建设集团有限公司，等．回弹法检测混凝土抗压强度技术规程：JGJ/T 23—2011 [S]. 北京：中国建筑工业出版社，2011.

[4] 中国建筑科学研究院，等．超声回弹综合法检测混凝土强度技术规程：CECS 02：2005 [S]. 北京：中国计划出版社，2005.

[5] 中国建筑科学研究院，等．钻芯法检测混凝土强度技术规程：CECS 03：2008 [S]. 北京：中国建筑工业出版社，2007.

[6] 中国建筑科学研究院，哈尔滨工业大学，等．拔出法检测混凝土强度技术规程：CECS 69：2011 [S]. 北京：中国计划出版社，2011.

[7] 中交天津港湾工程研究院有限公司．水运工程混凝土试验检测技术规范：JTS/T 236—2019 [S]. 北京：人民交通出版社有限公司，2019.

[8] 中国建筑科学研究院，等．建筑结构检测技术标准：GB/T 50344—2004 [S]. 北京：中国建筑工业出版社，2014.

[9] 中国建筑科学研究院，等．混凝土中钢筋检测技术规程：JGJ/T 152—2008 [S]. 北京：中国建筑工业出版社，2008.

[10] 中国建筑科学研究院，等．普通混凝土用砂、石质量及检验方法标准：JGJ 52—2006 [S]. 北京：中国建筑工业出版社，2006.

[11] 中国建筑材料科学研究总院中国建筑材料检验认证中心，等．水泥化学分析方法：GB/T 176—2008 [S]. 北京：中国标准出版社，2008.

[12] 国家建筑材料工业局标准化研究所，中国化学建筑材料公司苏州防水材料研究设计所，等．建筑防水材料老化试验方法：GB/T 18244—2000[S]. 北京：中国标准出版社，2000.

[13] 西安建筑科技大学，中交四航工程研究院有限公司，等．既有混凝土结构耐久性评定标准：GB/T 51355—2019 [S]. 北京：中国建筑工业出版社，2019.

[14] 中华人民共和国住房和城乡建设部．建筑结构可靠性设计统一标准：GB 50068—2018 [S]. 北京：中国建筑工业出版社，2018.

[15] 中国建筑科学研究院，浙江中成建工集团有限公司，等．钢筋阻锈剂应用技术规程：JGJ/T 192—2009 [S]. 北京：中国建筑工业出版社，2009.

[16] 中冶建筑研究总院有限公司，等．混凝土结构耐久性修复与防护技术规程：JGJ/T 259—2012 [S]. 北京：中国建筑工业出版社，2012.

[17] 中冶集团建筑研究总院，等．混凝土裂缝修复灌浆树脂：JG/T 264—2010 [S]. 北京：中国标准出版社，2010.

[18] 李其廉，杜守军，郑世夺，等．遭受氯盐腐蚀病害的钢筋混凝土结构检测及加固 [J]. 建筑结构，2010，40（S）：525-527.

[19] 同济大学，中天建设集团有限公司，等．高耸与复杂钢结构检测与鉴定标准：GB 51008—2016 [S]. 北京：中国计划出版社，2016.

[20] 中国建筑科学研究院，等．钢结构现场检测技术标准：GB/T 50621—2010 [S]. 北京：中国建筑工业出版社，2010.

[21] 苏萍，季立群，周家根．浦东国际机场 T1 航站楼屋面彩钢板面板耐久性检测评估 [J]. 建设监理，2011（6）：63-65.

第四篇
环境性能提升

第 8 章　声环境

8.1　概述

在进行公共建筑设计时，由于缺乏对公共空间声环境的重视，常常有各种环境噪声充斥于人们的周围，人们容易出现精神不集中、易疲劳等问题，影响工作效率，若长时间受到各种环境噪声的影响，甚至会产生一些生理疾病。同时，随着我国经济、科技的发展，建筑形式与工作方式的变化，建筑内机电设备的增多等都造成了相应的声环境问题，如建筑向高层发展而使用电梯、空调等各种电气设备产生的噪声，使用各种办公自动化设备、电脑产生的噪声，宽敞高大的中庭所带来的过长混响等声学问题，工作方式的转变使人们期望工作于更为开敞、灵活的空间而产生的声环境问题。这些变化都给室内声环境设计与改造带来了新的挑战。故在既有公共建筑的改造过程中，要更加重视室内声环境的营造，可以通过采取动静分离、合理分布噪声源设施、从声源上控制噪声、提高围护结构的隔声量、吸声及减少混响、通过隔声减振措施减少噪声干扰等控制措施，满足人们对室内舒适声环境的要求。

8.2　场地噪声控制

8.2.1　技术概述

场地降噪主要从噪声源、噪声传播途径、噪声接收者三个方面入手。本节通过总结已有研究和实践分析场地噪声控制的两种策略：种植绿化植被和设立声屏障。

1. 绿化降噪

解决来自公路的噪声的方式，除了改善路面材质外，也可通过道路两侧行道树与周边绿地对交通噪声进行吸收、衰减与阻隔来达到降低噪声的效果。植物降噪主要通过两种方式进行，一种是通过叶片的振动衰减低频噪声，将声能转化为叶片振动的动能；另一种是将植物整体看作一种巨大的多孔吸声材料，主要吸收中高频噪声，将声能转化为叶片间相互摩擦的热能。

2. 吸声型声屏障

当建筑靠近高速、快速干道或者铁路一侧时，建议设置声屏障。目前声屏障有多种类型，包括混凝土砌块声屏障、复合板类声屏障、泡沫吸声材料等。声屏障的主要特点如下：

整体设计的声屏障可以使应用效率得到显著性提高；公路声屏障一般为平直状态，上部的吸声弧形可以有效控制声源；组合设计中，需要提高整体选型构造的效率。

8.2.2　技术要点

1. 绿化降噪

植物物种不同，其降噪效果也明显不同。对单株植物而言，叶片宽大、质厚、植株分布均匀、分枝低且种植密度较高的植物降噪效果较好；对植物带而言，植物带的宽度、长度以及可见度等均是影响降噪效果的主要因素。此外，在植物群落中，不同的种植方式对降噪效果的影响也明显不同。研究发现，绿化植被形成多层次的立体结构并形成完整的声屏障时降噪效果最佳。

2. 吸声型声屏障 [1]

1）混凝土砌块声屏障。是由混凝土砌块砌筑而成，不仅隔声效果良好，而且吸声效果显著，是典型的吸声型声屏障。其中，超轻陶粒砌块和炉渣砌块有更好的吸声效果。该声屏障具有装饰性强、造价低、方便回收利用的特点。

工程中建议将砌块设计成双排孔结构（图 8–1），吸声面开有竖槽，和内部空腔连通形成共振腔。当声波通过竖槽时，竖槽的摩擦阻尼使声波衰减。当声波和空腔产生共振时，也会消耗声能。此外，建议结合垂直绿化，让混凝土砌块声屏障有更好的形象。

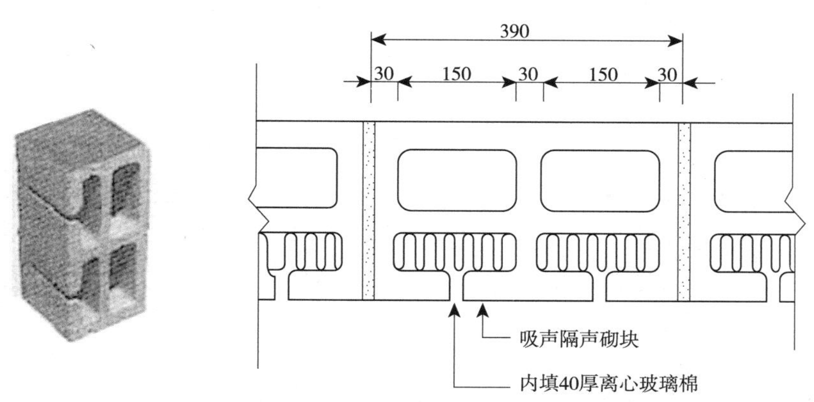

图 8–1　混凝土砌块声屏障示意图 [2]（单位：mm）

2）复合板类声屏障。目前复合板类声屏障的应用相对广泛，在进行整体应用的过程中，需要对复合板的材料属性进行较为明确的参数分析。一般情况下，公路声屏障需要采用多种复合材料。该种材料隔声时，隔声量会随着不同频率的不断升高而增加。如果将其融合到有机复合材料之中，复合板类声屏障的降噪效果会更加显著。

3）泡沫吸声材料。常见的泡沫吸声材料就是镁水泥泡沫吸声板，它采用多种金属粉末与水泥复合而成。这种吸声板强度和刚度较高，结构简单，安装方便。

8.3 外墙隔声及吸声改造技术

8.3.1 技术概述

合理的外墙改造设计能够有效提升既有公共建筑的声环境。建筑外墙作为建筑物的围护结构之一，不仅起着承担荷载、保温隔热、防潮防水、防火安全等作用，也是防止噪声、控制和调节室内声环境的重要组成部件。除此之外，合理提高外墙内表面的吸声性能也可以控制室内混响时间，消除回声、声聚焦等声质缺陷，从而改善建筑内部空间的声环境。

8.3.2 技术要点

1. 外墙隔声改造

对于单层匀质密实的墙体，墙的单位面积质量每增加一倍，隔声量可以增加 6dB。但是，单靠增加墙体厚度提高隔声量在既有公共建筑改造中是不太现实的，也是不经济的，而且还会增加结构的负荷。对此，可以采用加建轻质隔声墙体的方法来提升墙体隔声性能。

在既有建筑的墙体内侧加装龙骨并配以薄板材料可以有效提高外墙体的隔声量。薄板材料主要有纸面石膏板、硅钙板、水泥纤维加压板（FC 板）等，龙骨材料主要为轻钢龙骨等。构造如图 8-2 所示。同时，设计时应注意以下几点：

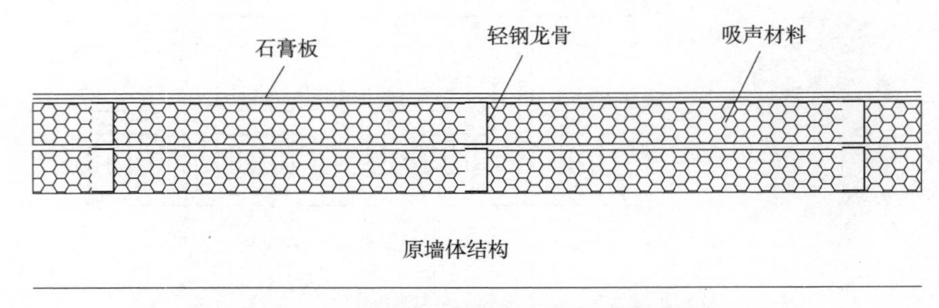

图 8-2 加建轻钢龙骨纸面石膏板墙体隔声改造

1）采用双层薄板并错缝填充空腔内吸声材料（岩棉、玻璃棉等）；

2）龙骨与板之间应当添加弹性垫层以避免构件刚性连接产生的声桥；

3）当对隔声量要求很高时，可以采用相互独立的双排龙骨，并同时采用双层薄板以及空腔填充多孔吸声材料。

不同构造的纸面石膏板隔声量如表 8-1 所示。

不同构造的石膏纸面板（厚 1.2cm）轻质隔墙隔声量比较[4]　　表 8-1

墙板间的填充材料	板的层数	隔声量 /dB	
		钢龙骨	木龙骨
空气层	1 层 + 龙骨 +1 层	36	37
	1 层 + 龙骨 +2 层	42	40
	2 层 + 龙骨 +2 层	48	43
玻璃棉	1 层 + 龙骨 +1 层	44	39
	1 层 + 龙骨 +2 层	50	43
	2 层 + 龙骨 +2 层	53	46
矿棉板	1 层 + 龙骨 +1 层	44	42
	1 层 + 龙骨 +2 层	48	45
	2 层 + 龙骨 +2 层	52	47

2. 外墙吸声改造

1）墙面涂刷吸声涂料

吸声涂料是指以植物纤维、矿物纤维等为主要原料，同时结合防火剂、防湿、防霉腐剂等，通过专业机械将之与胶黏剂一起喷出，形成 2~10mm 厚的表观，具有多孔隙棉状涂层的材料。喷涂时应注意掌握操作步骤，最好是先边沿后中间，做到速度均匀、搭接严密、厚薄一致、不漏底、不重复。喷涂后约 2.5h 方可达到一定的凝结强度（视当时施工天气而定）。

2）悬挂织物帘幕等吸声物件

窗帘和幕布具有多孔吸声材料的吸声特性。帘幕的吸声系数与其材质、单位面积重量、厚度、打褶状况等相关。单位面积重量增加、厚度加厚、打褶增多都有利于吸声系数提高。图 8-3 为不同打褶程度对吸声系数的影响。一些织物帘幕通过在背后留空腔和打褶，平均吸声系数可高达 0.7~0.9，为强吸声结构，可以作为可调吸声结构调节室内混响时间[4]。

在应用时，悬挂窗帘和帘幕时应当与墙体有一定距离，如同在多孔吸声材料背后加空腔，可以提高吸声系数（图 8-4）。除了悬挂帘幕织物之外，还可以悬挂一定的吸声装饰物来提高墙体的吸声量。

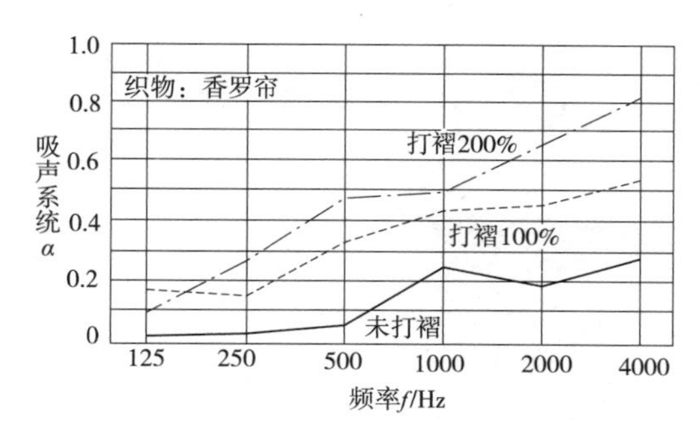

图 8-3　织物帘不同打褶程度吸声系数的变化[1]

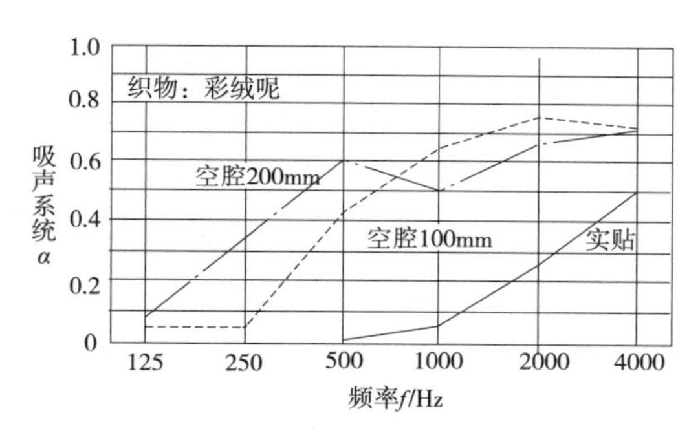

图 8-4　织物帘后不同空腔对吸声系数的影响[1]

8.3.3 应用案例

某人民医院始建于1994年，是一所集医疗、教学、科研、预防、保健于一体的现代化综合性医院。在室内声环境改造前，对该人民医院门诊楼典型房间进行了室内噪声测试。测试发现，门诊楼大厅平均噪声63dB，办公室平均噪声51dB，病房平均噪声51.5dB。对照《民用建筑隔声设计规范》GB 50118—2010中医院主要房间室内允许噪声级，医院门诊楼主要功能房间室内噪声级均不能达到规定的低要求值，声环境质量需要得到有效改善。

现场调研发现，门诊楼一层大厅采用矿棉板和轻钢龙骨纸面石膏板造型吊顶，二层候诊区域采用矿棉板吊顶。矿棉板吸声性能较好，而石膏板造型吊顶吸声性能较差，且位于医院入口处，处于主要噪声源区域，吸声系数不能满足《民用建筑隔声设计规范》GB 50118—2010所规定的吊顶吸声系数宜大于0.40的要求。通过现场测试还发现，挂号大厅、候诊区室内噪声级均达不到规范要求。因此，结合医院噪声主要分布在中高频段的特性，决定采用吸声材料喷涂法，对外墙表面、内墙表面、石膏板造型吊顶可喷涂位置全部喷涂20mm厚K–13吸声材料，以减少室内混响时间。

医院门诊大厅喷涂吸声材料对室内声环境有一定的改善作用，室内噪声级平均降低3dB。

8.4 门窗隔声

8.4.1 技术概述

门窗结构轻薄，而且存在较多的缝隙，因此门窗的隔声性能往往比墙体差得多，是外墙隔声的薄弱环节。所以门窗隔声量的提升对于改善室内声环境尤为重要。

在外墙组装结构中，即使是很小的缝隙也能很大地降低隔声效果。如图8–5所示，只要封闭区域万分之一大小的孔，就可能把全部声音传播值降至一半或者更少。而且，没有空气漏声的基本隔声值越高，缝隙的危害就越大。在外墙结构中，最常见的就是门窗部位与墙体的缝隙。尤其是既有建筑，外窗在经过一定时间的使用之后，窗框损坏、玻璃变形、

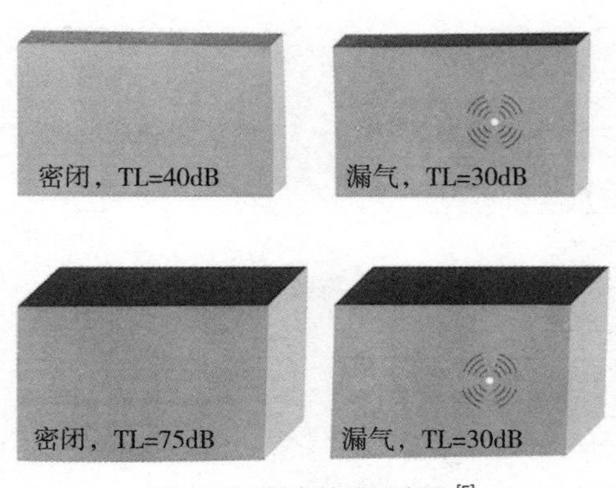

图8–5 漏声效果示意图[5]

密封条老化等都会使外窗隔声量大大降低。因此，在既有公共建筑的外窗改造中，可以采取更换优质的密封条、多道密封等办法来解决。问题较多时，可以采用更换优质门窗的办法。

8.4.2　应用要点

1. 提高门窗密封性

1）更换优质的密封条

建筑外窗在使用一段时间之后，其密封条会有不同程度的磨损，因此既有公共建筑可以在门窗扇与门窗框之间、玻璃与窗扇之间更换抗老化、弹性好的密封胶条，从而减少门窗的漏声现象。

2）多道密封

对于隔声要求较高的公共建筑改造项目，可以在窗扇外侧、中央及其内侧与窗框之间装密封条，形成三道密封。

3）双层窗

最好选用双层窗，并在双层窗之间沿周边做吸声结构。双层窗之间应留有较大的间距，使共振频率低于隔声频率范围。如果可以的话，两层玻璃不宜平行放置，以免引起共振和吻合效应，影响隔声效果。

图 8-6 为隔声窗构造处理示例。

2. 内门隔声

1）对于隔声要求较高的门，其门扇的做法有两种：一种是根据质量定律，采用厚而重的门扇；一种是采用多层复合结构，其原理是当各层材料的阻抗差别很大时，声波在各层表面上被反射，从而提高隔声量。

2）如果单道门难以达到隔声要求，可以设置双道门，将两道门之间的空间扩大成门斗，并在门斗内表面做吸声处理，能进一步提高隔声效果[6]（图 8-7）。

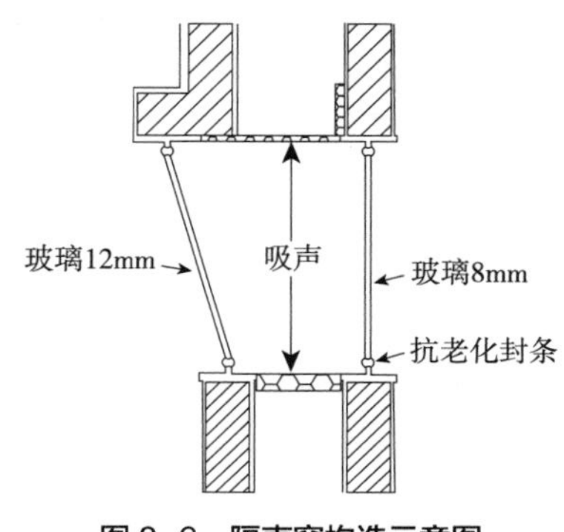

图 8-6　隔声窗构造示意图

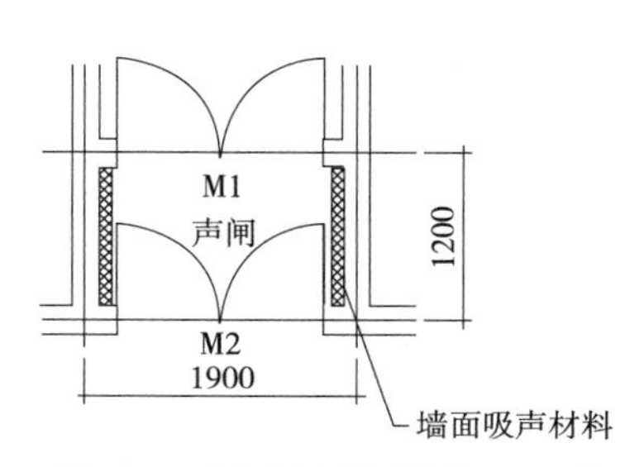

图 8-7　声闸隔声[3]（单位：mm）

3）选择加工工艺精湛的门，结构和材料要有足够的强度和耐久性，以防止日久变形。

4）加工时采用构造做法来减少或密封缝隙，避免直通缝（图 8-8）。

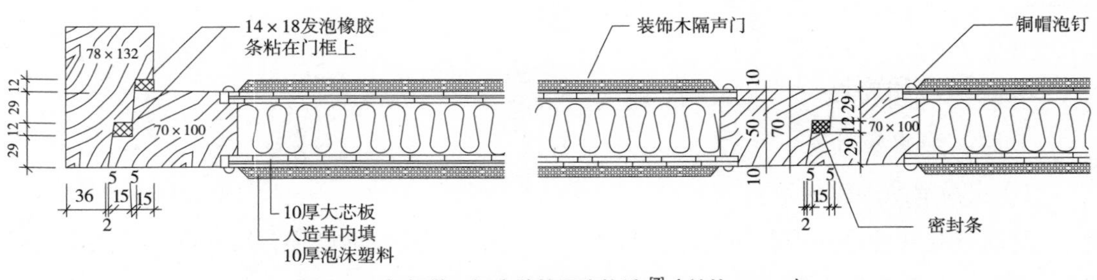

图 8-8　门框缝、门扇缝的隔声构造[7]（单位：mm）

8.4.3　应用案例

在进行既有公共建筑改造时，可以通过更换优质隔声窗来达到降低噪声干扰的目的，甚至有时为了避免室外噪声，会选择关窗来减少空气漏声的情况，虽然可以有效降低室外噪声对室内声环境的影响，但同时也阻隔了室外空气进入室内，不能有效控制室内 CO_2 浓度和室内空气的清洁度，会对人体健康产生不利影响。

因此基于上述问题，研发应用了除霾通风隔声窗，它可实现通风、隔离噪声以及除霾功能。除霾通风隔声窗空气流动阻力较小，通风效果较好；对室外空气在进入室内之前进行除尘和灭菌净化处理，保证室内空气品质；室外空气先经过除尘装置，再到达多孔吸声材料，所以吸声材料上不易积灰，不会影响多孔吸声材料的吸声性能，能保证隔声窗的隔声性能。

8.5　屋面隔声

8.5.1　技术概述

屋顶是建筑外围护结构的重要组成部分。屋顶所暴露的噪声环境与外墙不同，在屋面隔声性能方面，要求比较多的主要是一些大空间建筑，如体育馆、音乐厅和影剧院等。因此本节主要对大空间公共建筑屋面隔声防噪性能提升进行论述。

8.5.2　技术要点

1. 屋面空腔隔声层结构

双层结构可以有效隔声。把两个单层结构的构件分开，中间留有的空气层或填充的矿棉一类的松散材料就是双层结构的构件，它的隔声量比同样重量的单层结构构件要大 6~8dB。如果要隔声量相同，则双层结构构件的重量比单层结构构件减少 50%~70%。

2. 屋面吸声材料喷涂技术

吸声喷涂技术具有良好的吸声性能，可形成密闭、无接缝、整体稳定、有弹性的面层，从根本上解决了传统材料接缝多、安装工序复杂、易老化变形等问题，具有复杂结构的高适应性、完美的密闭包裹性以及施工基面的多样性等优点，可用于任何复杂结构及异形结构表面。

8.6　内墙隔声

8.6.1　技术概述

建筑内某些房间常常因为距离设备机房等噪声源较近而受到较强的噪声干扰，因此对于噪声敏感性房间，在既有公共建筑改造时，除了对室内空间进行合理安排，令噪声敏感性房间远离噪声源外，还可以采取内墙隔声改造以满足室内房间需求。内墙隔声改造可以通过加填吸声材料、增加阻尼损耗、双墙分立、弹性连接、薄板叠合等方式进行。

8.6.2　技术要点

1. 加填吸声材料技术

将多层密实板材用多孔材料（如玻璃棉、岩棉、泡沫塑料等）分隔，做成夹层结构，则其隔声量比材料重量相同的单层墙可以提高很多[6]。例如，60mm 厚 9 孔双层石膏珍珠岩板夹 50mm 厚岩棉，并双面抹灰，墙厚 190mm，可满足有较高安静要求房间的隔声需求。构造做法如图 8–9 所示。

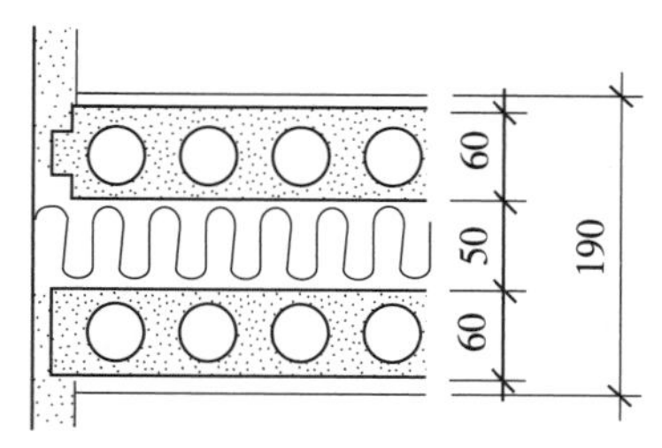

图 8–9　石膏珍珠岩轻质多孔条板构造做法[7]（单位：mm）

此外，多孔材料的吸声性能和安装条件密切相关，一旦吸湿吸水，会降低吸声系数。

2. 增加阻尼损耗技术

避免板材的吻合临界频率落在 100~2500Hz 范围内，对钢板、铝板等可以通过涂刷阻尼材料（如沥青）来增加阻尼损耗，25mm 厚纸面石膏板可分成两层 12mm 厚的板叠合。选择时应注意：

1）在材料选择上，轻质墙面密度越小、越薄，其临界频率越向高频移动，故应尽量采用面密度较小的墙板材料。这种方法可以使临界频率处于常用频率范围之外，从而避免吻合效应的影响。此外，考虑到薄板的隔声量较低，应合理选择其厚度[8]。

2）在墙体构造上，对于隔声要求较高的轻薄墙板（如石膏板和刨花板等），可以在墙板表面涂刷阻尼材料，在墙板夹芯层设置阻尼同样适用。减振隔声板就是在轻质墙板中夹有一层减振材料，在板振动时起到很好的阻尼作用，提高板的隔声能力，如图 8–10 所示。

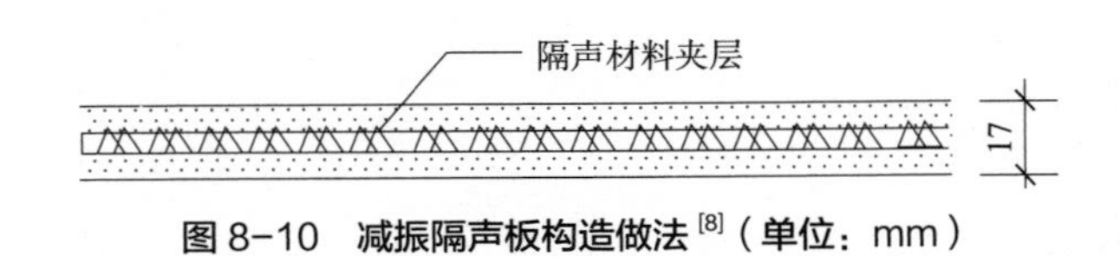

图 8–10 减振隔声板构造做法[8]（单位：mm）

3. 双墙分立技术

轻型板材的墙若做成分立式双层墙（图 8–11），因为材料刚度小，周边刚性连接的声桥作用影响较小，因此，附加隔声量比同样构造的重质双层墙要高。双层墙两侧的墙板若采用不同厚度，可使各自的吻合谷错开[6]。

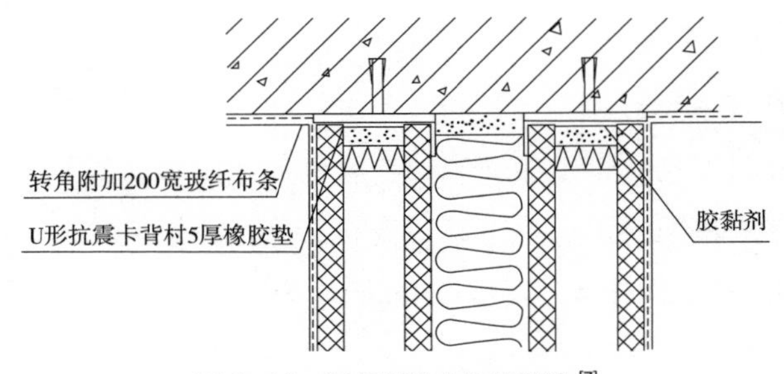

图 8–11 双条板分立构造做法[7]

在大部分实际工程中，当现有墙体隔声量不能满足要求时，墙体不易更换，只能在原有基础上改造以提升性能。对此，可在原有墙体基础上附加轻质墙板，组成“原有墙体 + 空气层 + 轻质墙板”组合结构。为追求轻质、高效、美观的效果，组合结构中的轻质墙板可用共振吸声穿孔板代替，共振吸声穿孔板较普通轻质墙板性能更优异，可弥补低频隔声量不足的缺陷，提高总体隔声量。同时应注意以下几点：

（1）分立式双层墙要做好周边刚性连接。

（2）隔墙尽可能少占用使用面积。

（3）双层轻质隔墙板上端均应直接与楼板相连接。

4. 弹性连接技术

在板材和龙骨间垫有弹性垫层（如弹性材料垫、减振条龙骨、弹性金属片），比板材直接钉在龙骨上有较大的隔声量提升（图 8–12）。

采用此技术时，弹性垫层和板材、龙骨的连接可采用铆接等形式，以减少入射声能透过。

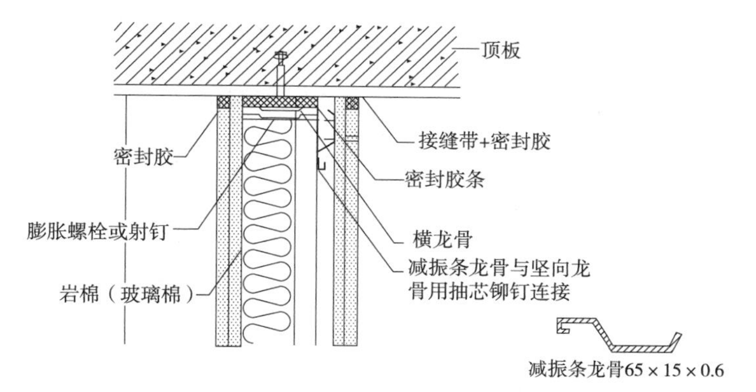

图 8-12　减振条龙骨石膏板隔墙构造 [7]

5. 薄板叠合技术

采用双层或多层薄板叠合，和采用同等重量的单层厚板相比，一方面可使吻合临界频率上移到主要声频范围之外，另一方面多层板错缝叠置可避免板缝隙处理不好时的漏声，还因为叠合层间摩擦，可使隔声比单层板有所提高 [6]。例如 25mm 厚纸面石膏板可分成两层 12mm 厚的板叠合（图 8-13）。

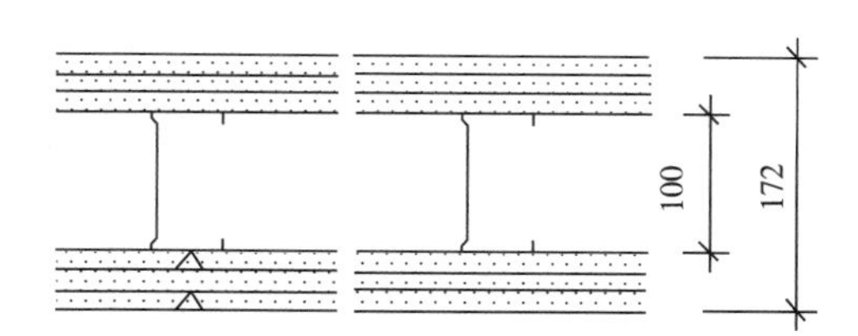

图 8-13　双面三层 12mm 厚标准纸面石膏板隔墙 [7]（单位：mm）

选择时应注意：

（1）石膏板组成的复合轻质墙体施工时，一定要注意板的错缝搭接，避免通缝造成墙体的隔声量下降。

（2）墙体上安装接线盒时要错开安装，避免背对背，且之间的水平距离要大于 200mm，接线盒与墙体的缝隙要着重密封。

（3）轻质隔墙板上端应直接顶至楼板。

8.7　楼板隔声

8.7.1　技术概述

楼板的隔声包括对撞击声和空气声两种声的隔绝性能。一般来说，达到楼板的空气声隔声标准不难，因为目前常用的钢筋混凝土材料具有较好的隔绝空气声性能。据测定，

120mm 厚的钢筋混凝土空气隔声量为 48~50dB，如果再加上其他构造措施效果会更好。但 120mm 厚的钢筋混凝土对隔绝撞击声则显得不足，楼板撞击声是建筑构件隔声的薄弱环节，同时对楼板撞击声的控制也是建筑声环境控制的一个重要课题。为了提高楼板的撞击声隔声性能，可采取增加弹性面层、浮筑楼板、吊顶隔声等方式。

8.7.2 技术要点

1. 弹性面层隔声

在楼板表面加弹性面层，如地毯、橡胶板等，能有效减小撞击能量，降低楼板撞击声，特别是中高频声。由于增加弹性面层简单易行，效果又好，是降低楼板撞击声的首选措施，通常可以达到不大于 65dB 的标准。木地板和地毯隔声构造做法如图 8-14 所示。

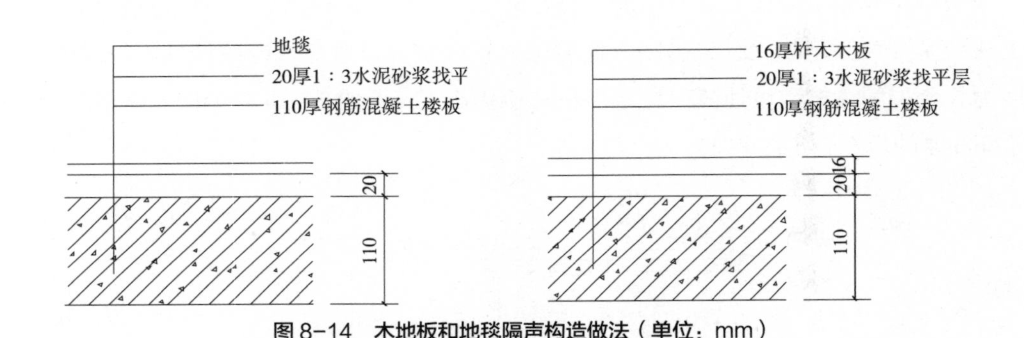

图 8-14　木地板和地毯隔声构造做法（单位：mm）

2. 浮筑楼板隔声

浮筑楼板是在楼板上铺一层弹性减振垫层，再在弹性层上做一层混凝土刚性保护层。人们在楼板上活动产生的振动被弹性层吸收，从而避免振动通过楼板传到相邻空间产生噪声污染。常见的弹性减振垫有玻璃棉、岩棉板、矿棉板、挤塑板、聚乙烯板等，但是浮筑楼板对减振垫层的材料、现场施工工艺都有较高要求，在不规范的施工中会形成“声桥”，最终影响楼板隔声性能。

减振垫板隔声楼板施工要点：隔声减振层板材相接处，应整齐密缝，接缝处应用胶带纸封严，防止上侧混凝土施工时，水泥浆渗入减振垫板下面，造成声桥，胶带纸可采用不透明的纸质或者塑料质带形胶纸，宽度 40~50mm，四周与墙交界处同样用减振垫板将上部混凝土垫层及面层与墙体隔开，以保持良好的隔声效果，此竖向垫板高度为混凝土垫层加面层厚度，用一般建筑胶点粘于墙上，安装踢脚时，需要在踢脚下垫 2mm 厚橡皮条，橡皮条外填密封胶（图 8-15）。

隔声玻璃棉板隔声楼板施工要点：隔声玻璃棉板在铺设时，上层应铺一层聚乙烯膜，聚乙烯膜铺设平整，不得出现褶皱，聚乙烯膜接缝处用不透明的纸质或者塑料质带形胶纸

（宽 40~50mm）封严，防止上层混凝土施工时水泥浆透过聚乙烯膜渗入专用隔声玻璃棉板，造成声桥。四周与墙交界处用 10mm 厚同密度的专用隔声玻璃棉板和聚乙烯膜将上层混凝土面层与墙体隔开，以保持良好的隔声效果（图 8-16）。

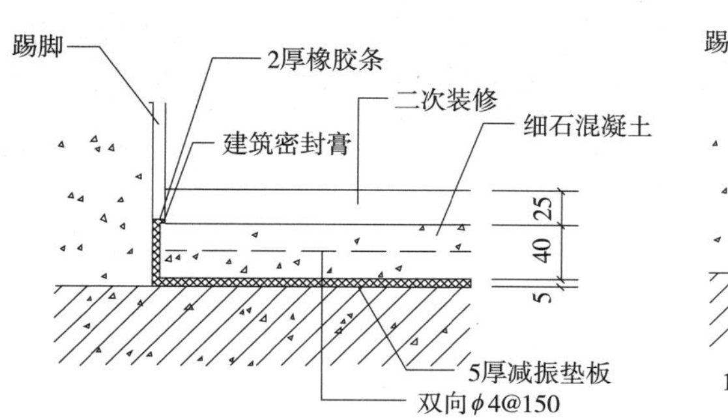

图 8-15　减振垫板隔声楼板构造做法 [7]（单位：mm）

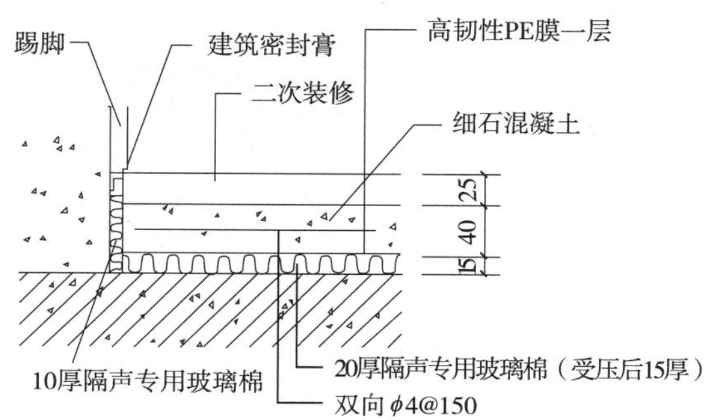

图 8-16　隔声玻璃棉板隔声楼板做法 [7]（单位：mm）

3. 吊顶隔声

采取吊顶隔声，即在楼板下做吊顶，使吊顶与楼板间形成空腔，以隔绝传声。吊顶与楼板间空气层厚度越大，隔声效果越好。在空气层中填充吸声材料也能提高隔声效果，但是隔声吊顶施工复杂、造价高；而且使用隔声吊顶会降低房间净高，需考虑建筑层高的要求，避免因增加隔声吊顶而使房间变得压抑，甚至影响使用的舒适性，所以隔声吊顶的使用有其局限性。

隔声吊顶施工要点：悬吊隔振装置有钢弹簧和橡胶两类隔振元件。悬吊隔振装置可用于隔声吊顶，吊置风管、水管和某些振动较大的设备，用于减少固体声的传递。

隔声吊顶设计时应注意：宜选用面密度大的板材做吊顶板；吊顶板与楼板之间的空气层厚度越大越好；吊顶构件与楼板间采用弹性连接。各类悬吊隔振装置的规格性能不同，要根据产品规格性能合理选用（图 8-17）。

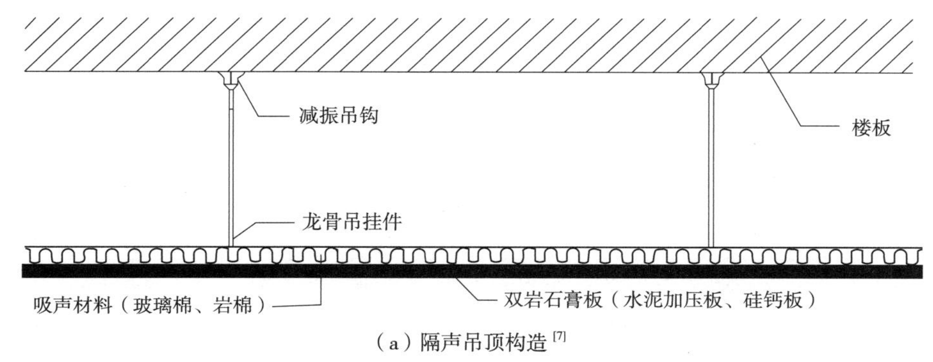

（a）隔声吊顶构造 [7]

图 8-17　隔声吊顶做法及实例

（b）隔声吊顶工程实例　　（c）隔声吊顶龙骨工程实例

图 8-17　隔声吊顶做法及实例（续）

8.8　室内声学设计

8.8.1　技术概述

对于改造工程，由于建筑的型体与结构很难改变，所以建筑的内饰面吸声、设备减振以及室内声景的营造就显得十分重要。

在室内吸声装饰构造方面，可以采用薄板薄膜共振吸声构造、空腔共振吸声构造等方式。对于薄板薄膜共振吸声构造，一般将振动吸声材料（皮革、人造革、塑料薄膜等）通过框架固定在墙壁或顶棚一定的位置上。当声波传输到材料表面，激发了材料与框架的振动，将机械能转化为热能，从而达到吸收声能的目的。对于空腔共振吸声构造，主要指封闭空腔通过开口与外部贯通的构造，如图 8-18 所示。

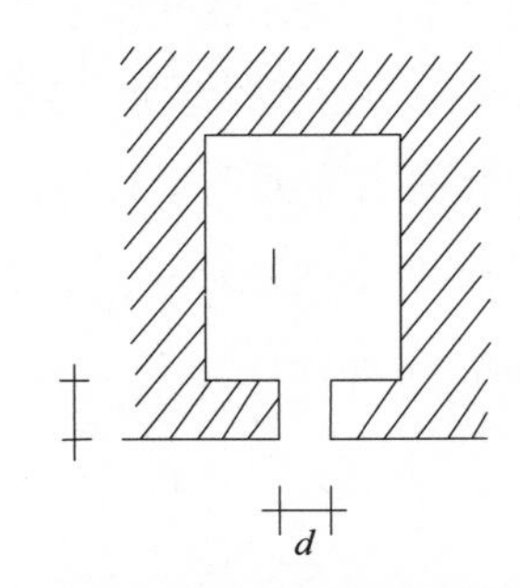

图 8-18　单个亥姆赫兹共振器 [10]

在设备减振方面，针对建筑工程中的设备噪声，采用弹性隔振器，使设备与建筑结构分离，可大幅度减少设备噪声的影响。

在室内声景营造方面，声景不同于一般的噪声控制措施，它是从整体上考虑人对声音的感受，研究声环境如何使人放松、愉悦，并通过针对性的设计，使人们的心理感受更为舒适。在公共建筑的公共空间，如门厅、过厅、中庭等处，配置适当的植物、水景、自然声等，可营造舒适的声环境。

8.8.2　技术要点

1. 吸声装饰构造

1）薄板、薄膜共振吸声构造

建筑中薄板结构共振频率多为 80~300Hz，其吸声系数为 0.2~0.5[11]，因而此种做法对低频有较强的吸收能力，且有助于声波扩散，如大面积的抹灰吊顶、架空木地板、玻璃窗、薄金属板灯罩等。

影响薄板吸声效果的主要因素与板是否容易变形和振动有关，也受板材的刚度、尺寸、重量、安装方式等多种因素影响。

2）空腔共振吸声构造

共振频率容易控制，一般用作低频 100Hz 以下的吸声器，控制厅堂的低频混响时间。常用的有穿孔石膏板、石棉水泥板、胶合板等，取材方便并有较好的装饰效果，孔径 d 小于 10mm（一般 2~8mm）；当孔径小于 1mm 为微穿孔板，常用薄金属板薄膜等，具有结构简单，吸声特性可控，耐高温、高湿、洁净和高速气流等特点。

该结构对吸声具有较强的选择性，即只在其共振频率附近一定范围内具有较高的吸声能力。吸声特性与板厚、孔径、孔距、穿孔率、板后空腔深度等有关，相关因素需结合不同场合的噪声源特性及使用要求计算获得。

2. 设备噪声控制

1）空调机组及风机盘管等设备的隔振、隔声处理，对于落地安装的空调机组和风机的基础，应在设备与混凝土基础之间加装橡胶剪切复合型隔振器或弹簧隔振器，可以最大限度地改善设备隔振和隔声效果。选用的隔振器在额定荷载范围内其静态压缩量为 8~10mm，相应固有频率在 7~8Hz[12]。

2）对于空调风管、风机盘管及所有风速超过 5m/s 的风管，其支吊架或托架采用相应（承重）规格的弹性隔振器进行隔振处理，要求在荷载范围内其静态压缩量为 6~9mm，相应固有频率在 7~10Hz；风机盘管与送回风管的连接均采用柔性连接的方式；机房设备不应与建筑的围护结构有直接接触。机房墙面做法如图 8–19 所示。

3）在风管穿墙部位做好局部隔振、隔声处理，杜绝刚性接触，各穿墙套管至少比风管孔径大 100mm，并且套管与结构之间、套管与风管之间用软性隔声防火材料填充。具体做法见图 8–20 [12]。

4）在电梯机房和井道壁加装吸声装置，将电梯机房墙面及顶部全部施工成龙骨架结构，龙骨架内装有符合消防安全要求的低频共振消声层、吸声织物、吸声孔板、镀锌护板等 [13]。

3. 室内声景设计

1）增加水景。水声是人们比较偏好的声音，不同的水声可以影响人们的听觉感受，不同的水态可产生不同的声效果。水流落在不同介质上效果不同，水流量的大小也会改变

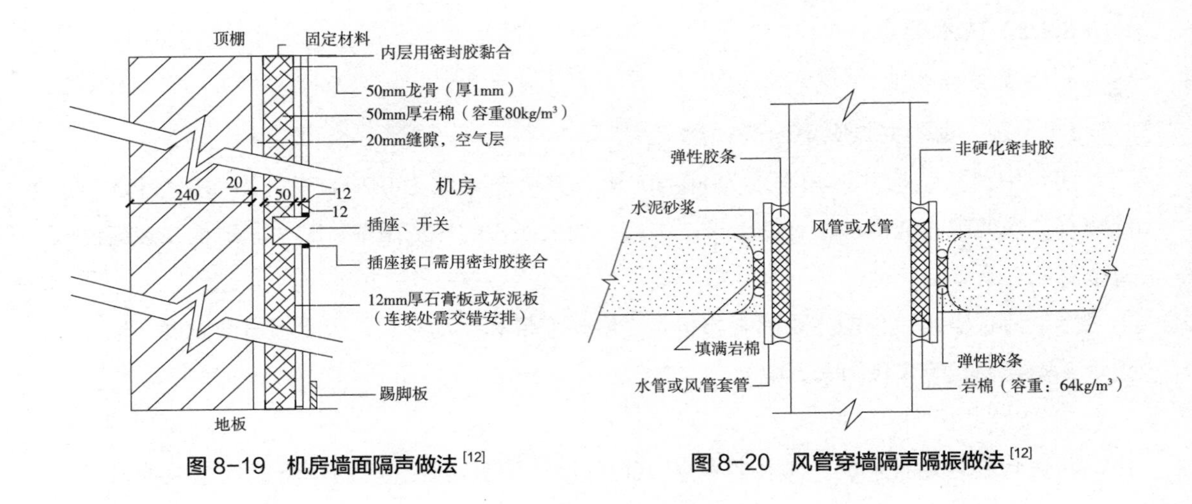

图 8-19　机房墙面隔声做法 [12]

图 8-20　风管穿墙隔声隔振做法 [12]

水声，设计中可利用石材使水流分流或汇集，从而产生多种声调，利用从高音到低音多种声音效果设计落水瀑布。设计流动的水景时，可以通过改变驳岸角度或调节水的流速流量，创造不同的声音效果。

2）增加自然声。利用人们喜爱自然环境的特点，通过控制、设计或增加人们喜欢的声源种类，如代表自然界的鸟叫、海浪声或风吹树叶声，来提高室内空间的声环境质量，使其具有多样性及趣味性，减少人们的疲乏感和烦躁感 [11]。

3）适度引入人工掩蔽声。一些开放性强的公共建筑（如商业建筑）或有特殊要求的公共建筑（如医院建筑），可以采用合适的音乐声作为人工掩蔽声，一方面可以通过这些声音对人们不喜欢的声音（如空调运行声）加以掩蔽，另一方面可以吸引人们多在此停留，令人们心情愉悦 [14]。

参考文献

[1] 俞静. 降噪效果和选型适用性在高速公路声屏障的研究 [J]. 冶金从刊，2017（10）：238-239.

[2] 王武祥,李广全. 混凝土砌块在交通路网声屏障工程中的应用 [J]. 建筑砌块与砌块建筑，2005（1）：9-11.

[3] 张庆费，郑思俊，夏檑，等. 上海城市绿地植物群落降噪功能及其影响因子 [J]. 应用生态学报，2007，18（10）：2295-2300.

[4] 张三明. 建筑物理 [M]. 武汉：华中科技大学出版社，2009.

[5] 格鲁内森. 建筑声效空间设计：原理 · 方法 · 实例 [M]. 毕锋，泽 . 北京：中国电力出版社．2007.

[6] 刘加平．建筑物理 [M]. 4 版 . 北京：中国建筑工业出版社，2009.
[7] 中国建筑标准设计研究院．建筑隔声与吸声构造：08J931（GJBT—1041）[S]. 北京：中国计划出版社，2008.
[8] 刘君．建筑墙体隔声中吻合效应的研究 [D]. 南宁：广西大学，2012.
[9] 石宇熙．体育馆声学吸声材料设计与应用 [J]. 房材与应用，2003，31（05）：22-24.
[10] 朱斌，赵玉峰．几种吸声材料在声学设计中的应用 [J]. 辽宁广播电视技术，2009（3）：9-10.
[11] KANG J．Acoustics of long space：theory and design guide[M]. London：Thomas Telford Publishing，2002.
[12] 陈强．噪声控制技术在世博中心通风空调工程上的应用 [J]．安装，2011（7）：40-43.
[13] 李江．电梯噪声降噪技术与实践 [J]．设备管理与维修，2014（12）：25-27.
[14] 唐征征．地下商业空间声喜好研究 [D]. 哈尔滨：哈尔滨工业大学，2010.

第9章　光环境

9.1　概述

良好的光环境质量，对保障人员身心健康、提高工作效率具有积极的作用。同时，在公共建筑能耗中，照明能耗占建筑总能耗的很大一部分，既有公共建筑的照明节能改造能够节省大量的建筑能耗。随着生活质量的提高，人们对室内环境舒适度的要求也逐渐提高，因此照明改造除了实现节能目标之外，还应着重考虑对室内光环境的综合优化提升。

公共建筑的照明改造，以照明系统节能和室内光环境优化提升为目标。我国既有公共建筑的存量巨大，这些建筑的照明系统老化，能效较低，光环境质量较差。然而，由于受到建筑既有条件的限制，立面和室内装修等现状条件不易修改，故既有建筑的照明改造技术方案需要结合建筑自身的特点进行综合比选才能确定。

主要技术实施过程包括：在改造开展前根据现场勘查及照明测试，确认改造建筑中照明质量欠佳的房间场所或区域；结合改造业主方的相关要求、建筑室内的实际情况，确定合理的设计目标；通过模拟等方法进行方案比选，解决灯具的选型参数和位置布设等问题；在改造完成后根据照明测试验证改造后的光环境效果。

常见的照明改造技术策略如图9–1所示。水平方向从左至右表示技术实施的复杂程度或难度，越往右说明实施难度越大，改造费用越高，但相应的改造效果也越好；垂直方向列举了四类改造技术方案，可根据改造目标和建筑的实际情况进行选择。在灯具布置和照明控制选择时，需要充分考虑与采光结合，以充分利用天然采光。同时需要考虑使用者的特点，特别是控制设备要符合使用者的行为习惯。

照明改造涉及的相关技术及工程问题汇总如图9–2所示。

在照明改造实践中，有几个不良倾向：一是刻意追求高标准，认为照度越高就越好。有些办公室照度常常达到700lx以上，超出标准值30%~50%，造成了不必要浪费。二是为了营造特殊的照明效果，大量采用间接照明，甚至将其用于功能性照明，使光的利用效率低，照明质量水平低且照明能耗大幅增大。三是过于追求节能效果，甚至以牺牲光环境质量为代价，使光环境质量不高。

实践中应合理选择各区域或场所的照明标准（可参照现行的《建筑照明设计标准》GB 50034），不能一味追求高照度，满足标准的要求就能达到满意的照明效果。在同一场所内

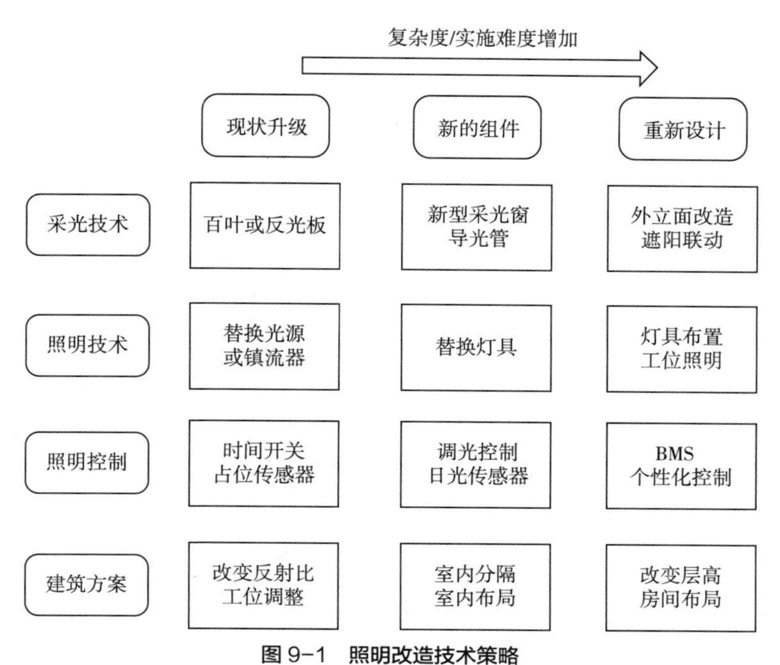

图 9-1　照明改造技术策略

图片来源：International Energy Agency. Catalogue of criteria to rate highly differentiated lighting retrofits technologies[R].

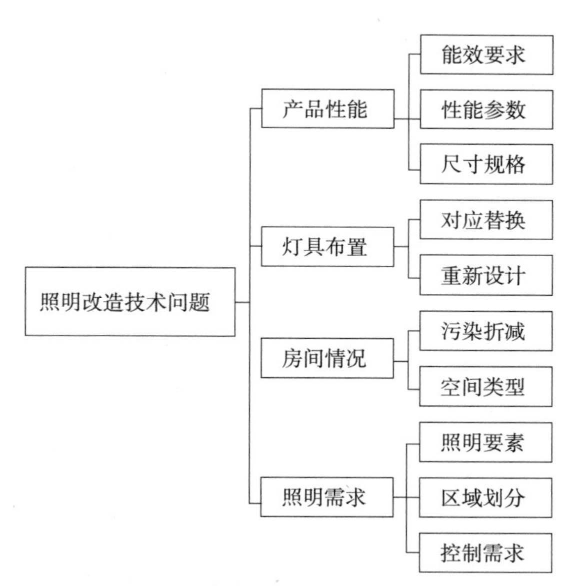

图 9-2　照明改造的相关技术及工程问题汇总

根据功能特点进行分区，划分为视觉作业区域、非工作区域、走道等，确定不同区域合理的照度水平。

实际改造中，应综合考虑经济成本、使用需求或技术标准、改造技术的实施难度等因素，实践中常用的技术策略主要有照明产品简单替换和照明系统整体提升两大类。

9.2 照明灯具选型

9.2.1 技术概述

在不进行其他系统改造的情况下，照明改造常常采取高效照明产品替换原有照明设施的技术措施，其核心为照明产品的设备选型方案。该技术措施具有施工周期短、成本较低等特点。在保证光环境效果的前提下，选择能效高的光源和灯具产品。近年来，我国照明产品的能效显著提高，以直管荧光灯为例，与前几年相比，灯具光效的平均水平提高了约15%，相应的，灯具效率和镇流器效率也都有所提高，比如镇流器的能效提高了4%~8%。照明产品性能的提高为降低照明的安装功率提供了可能性[2]。

近几年来，LED灯具已开始全面进入一般照明领域。LED灯具的光效可达80~120lm/W，是传统白炽灯的10倍以上；少数LED灯具的系统效能甚至达到140lm/W。目前，除了部分特殊场所外，各类公共建筑的房间场所均可选用高效的LED灯具产品。如在办公建筑和商业建筑中替代传统的荧光灯、白炽灯和卤钨灯用于重点照明，工业建筑中替换高压汞灯和金卤灯等。

评价LED照明产品性能时，除了能效、功率因数外，还需要考虑色温、显色指数、颜色一致性、频闪、寿命等指标，以确保光环境质量。《LED室内照明应用技术要求》GB/T 31831—2015中有相应规定[3]，同时该标准还给出了照明产品的替换建议。

9.2.2 技术要点

在进行LED灯具的选择时，应着重考虑以下几项指标：

1. 驱动电源类型

LED光源所需要的驱动电流是低电压的直流电，必须依靠LED驱动电源将220V交流电转换为低电压的直流电才能正常运行。LED芯片本身的寿命很长，目前可以达50000h，但是LED驱动电源中的电解电容寿命相对来说较短，通常为5000~10000h，LED整灯寿命主要受电源寿命的限制。

对于民用建筑室内照明光源来说，恒流式电源有较好的亮度稳定性与安全性，是一种适宜的LED驱动电源；阻容式电源虽然成本低，但稳定性、安全性较差。一些节能改造工程为了降低成本，采用阻容式LED灯具，但从长远来看，阻容式电源因稳定性差，也削减了LED灯具的寿命，导致改造后灯具维护、更换成本增加。

2. 功率因数

LED驱动电源中存在容性负载，对于未采用功率因数校正或功率因数无有效校正的功率驱动电源，其功率因数甚至会低于0.5，大量使用低功率因数的LED灯具将可能导致严重的谐波电流，从而污染公共电网，增加线路损耗，降低供电质量，影响供电安全。

对于照明能耗占比较高的建筑（如酒店等）其影响更加明显，有工程就曾因大量使用了功率数过低的 LED 灯具作为节能改造的替换光源，导致建筑整体用电功率因数大幅度下滑。

3. 显色指数

显色指数是判断 LED 光源质量的另一个重要指标参数，许多特殊场所对 LED 光源的显色指数有比较高的要求。这些场所的 LED 光源选择，应以保证建筑使用需要为前提，选择满足显色指数要求的光源。但通常提高 LED 显色指数的方式为增加红光的比例，这会降低 LED 灯具的光效。

在相同色温水平下，当显色指数从 70 提升到 90 时，芯片的光效下降约 20%。《建筑照明设计标准》GB 50034—2013 中规定，长期工作或停留的房间或场所，照明光源的显色指数不应小于 80。

9.2.3　应用案例

本案例是针对某学校照明系统节能改造及室内光环境优化的项目。项目改造前，教室、实训车间所使用的灯具主要为传统的荧光灯，灯具存在严重光衰、老化及损坏情况，维护费较高，且部分教室存在光照不足的问题。项目 1~13 号楼室内主要功能区域和公共照明区域使用的传统灯具总计 7008 盏，其中 1.2 米 T8 荧光灯 4280 盏、0.6 米 T8 荧光灯 819 盏、吸顶灯 1360 盏、筒灯 411 盏、T5 支架灯 138 盏。

1. 改造技术

1）室内光环境提升方法

（1）照度平均值及均匀度

受实际条件限制，改造场所不能改变原有的灯具布设位置和安装形式，因此采用了“变更布设密度”和“改变安装高度”两种方式，来提升室内照度平均值及均匀度。项目室内照度平均值及均匀度提升方法见表 9-1。

（2）显色指数

项目采用将老化、显色性较差的传统灯具更换为显色指数较高的新型 LED 灯具或 T5 系列高效荧光灯具的方法，来提升建筑室内光环境的显色指数。

灯具布设位置和安装形式变更的情况下照度平均值及均匀度提升方法　　表 9-1

区域	灯具布设变动方法	
	改变安装高度（垂直方向）	变更布设密度（水平方向）
外部	保持或减小安装高度	增大灯具布设密度
内部	增大或保持安装高度	保持或减小灯具布设密度

注：外部区域指房间距墙小于等于 1.5m 的区域，内部区域指房间距墙大于 1.5m 的区域。

（3）现场色温

项目根据业主单位要求，改造前后灯具的色温保持一致，以保证建筑室内光环境的场景氛围不变。

2）照明改造技术措施

项目应用了 LED 灯具和 T5 系列高效荧光灯具，并通过现场照明测试和人工照明模拟的工作结合，进行了光环境优化设计，实现了节能改造与室内光环境综合优化提升。

2. 改造效果分析

以项目 3 号楼 304 教室为例，以下为照明改造效果的对比分析。

1）室内光环境改善效果

根据改造前后照明效果现场实测，304 教室的室内照明效果变化情况见表 9-2 和图 9-3、图 9-4。

304 教室改造前实测值与改造后实测值对比　　表 9-2

照明参数	改造前测试值	改造后测试值	变化比例
平均照度 /lx	181.99	344.46	89.27%
最大照度 /lx	273.60	473.80	73.17%
最小照度 /lx	112.85	257.00	27.73%
照度均匀度	0.62	0.75	24.19%
现场色温平均值 /K	5595	6048	/
显色指数平均值	75.4	83.0	10.08%
照明功率密度 /（W/m^2）	7.26	5.65	–22.18%

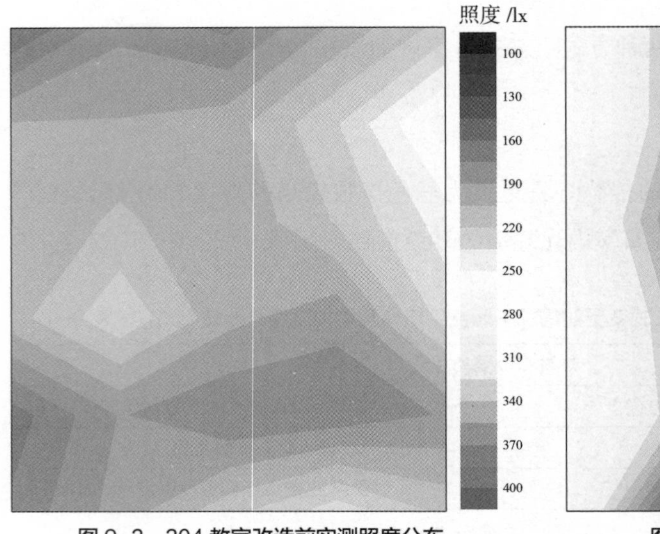

图 9-3　304 教室改造前实测照度分布

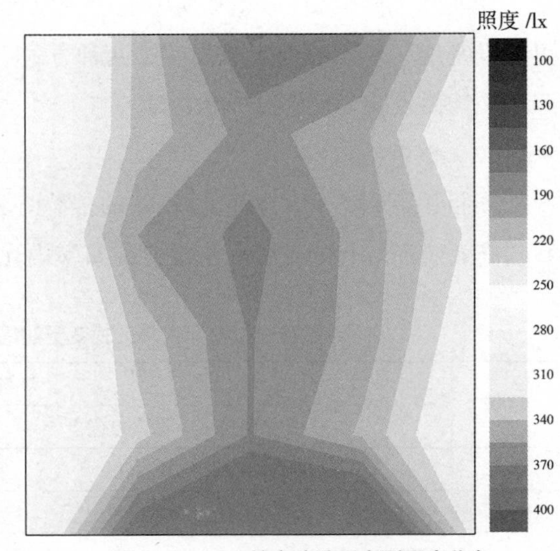

图 9-4　304 教室改造后实测照度分布

2）房间场所照明及空调系统节能情况

对改造前后选用灯具的额定功率进行汇总统计，304 教室改造前后灯具用电量情况见表 9–3。

304 教室改造前后灯具用电量情况对比　　表 9–3

房间	区域	灯具类别	改造前功率 /W	改造后功率 /W	数量 / 支	改造前每小时用电量 /（kW·h）	改造后每小时用电量 /（kW·h）
304 教室	顶面光管	1.2 米　T5 日光灯	36	28	12	0.432	0.336
	总计	—	—	—	12	0.432	0.336

由表 9–3 可知，改造后，3 号楼 304 教室的灯具在使用过程中，每小时节电量可达 0.096kW·h，节能率约为 22.2%。

在照明系统节能方面，根据对 3 号楼 304 教室实际使用情况的调查了解，业主单位全年共计有 50 个教学周，3 号楼 304 教室每周使用 5 天，每天使用时长约为 9h，则 3 号楼 304 教室全年使用小时数约为 2250h，在此情况下，改造后 3 号楼 304 教室室内灯具的全年总节能量约为 216.0kW·h。

9.3　照明系统提升策略

9.3.1　技术概述

单纯的照明产品替换对光环境提升的效果有限，当建筑改造涉及空间及室内装修改造时，照明改造通常重新进行设计，实现系统提升，从而极大改善室内光环境效果。同时，可改善原有照明系统的一些问题，如未考虑天然采光的状况和实际的运行，照明分区不合理，造成能源浪费，影响室内人员照明舒适度与健康。照明系统的整体提升策略，需要充分考虑照明控制技术，该技术不仅影响光环境效果和舒适性，也是照明节能的一项重要措施。不同类型的空间应选择适合的控制方式，否则会起到相反的作用。

9.3.2　技术要点

1. 照明系统分区

照明设计时未考虑天然采光的状况和实际的运行，照明分区不合理。如在一个大房间内，没有根据不同区域的工作特点进行合理划分，全部按房间内的最高照度水平设计，造成浪费。

照明控制过于集中或设置不合理。有些案例中，房间内只设置一个照明开关，只能全开或全关，即使窗户附近区域采光良好或者只有少数人在房间时，也只能全部开灯，造成浪费。如图 9–5（a）所示，房间内照明回路设计不合理，照明回路的布置与窗户垂直，即使采光良好，也无法按采光水平的高低顺序开灯。而图 9–5（b）中的设计是正确的做法，照明系统的控制应与自然采光结合[1]。

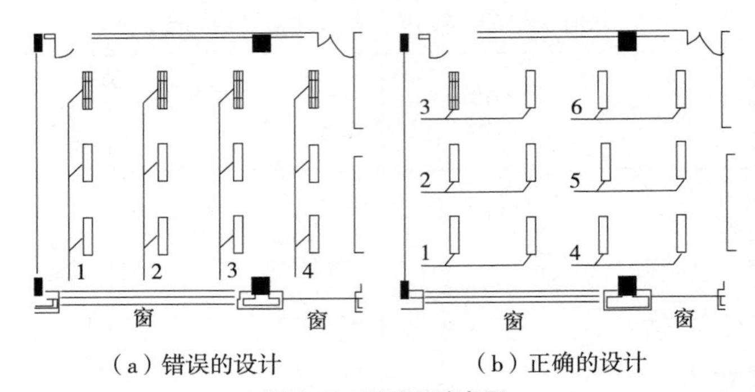

（a）错误的设计　　　（b）正确的设计

图 9–5　照明回路布置

图片来源：清华大学建筑节能研究中心．中国建筑节能发展年度研究报告 2014[M]. 北京：中国建筑工业出版社，2014.

照明回路与窗平行布置，在采光充足的时段和区域可进行光控开关或调光控制，如图 9–6 所示。

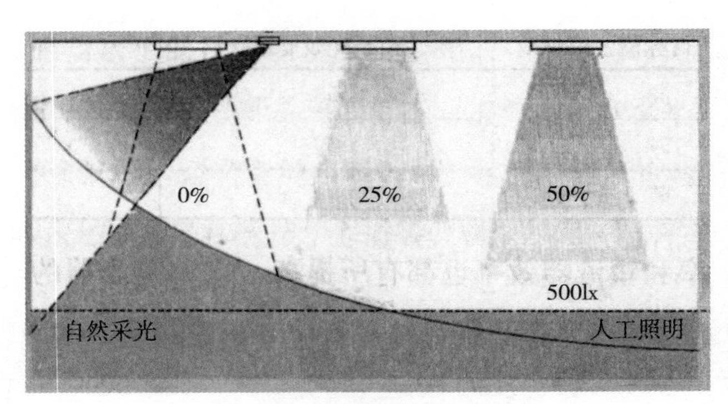

图 9–6　人工照明与采光结合

图片来源：清华大学建筑节能研究中心．中国建筑节能发展年度研究报告 2014[M]. 北京：中国建筑工业出版社，2014.

随着技术的发展，目前已出现了网络化控制和无线控制技术，可单独控制每个灯具，这为开放式办公室的照明设计提供了非常灵活的解决方案。

2. 照明系统控制

一些高档办公室采用了所谓的“恒照度”自动控制技术，在任何时候都保证同样的照度水平。这种控制方式没有考虑人在不同时段内不同的照明需求，有时会造成不必要的浪费。

①误认为调光一定比开关的控制方式更节能。调光系统比光控开关方式更为昂贵，节能效果理论上也更好。但是由于照明灯具的限制，调光只能低到一定的程度，在调到最低时也需要消耗一定的能量。当室内采光水平较高，室内照度高于要求照度时，该系统反而

不如光控开关方式节能。同时，当房间面积较大，不同区域的照度要求不同，照度传感器数量少或设置不合理时，控制的效果并不理想，有时也无法满足工作面照度恒定的要求。

②忽视了人的主动节能意识和控制意愿，采用所谓的全自动照明控制系统，误认为自动控制系统一定比手动控制节能。不恰当的自动控制有时不仅不能达到节能的效果，还会适得其反，甚至由于误动作而影响正常的使用功能。

同时，由于无法进行手动控制，使用者的主动节能意识逐渐丧失，将对人的主动节能行为造成不利的影响。另外，全自动的照明控制系统在人一来时就开灯，没有考虑人对于光环境的差异性需求，往往造成不必要的开灯和浪费。

1）照明控制方式的改进

不同类型的空间应选择适合的控制方式，如对于大开间办公室等场所推荐采用时间和光感控制；对于没有自然采光的大型超市，应采用时控开关或调光的方式；而一些小房间，靠近门边设置手动面板开关就可满足使用和节能的要求。

同时，照明控制系统的设计应考虑使用者的特点，充分发挥人的行为节能作用。当人感觉暗时会主动开灯，但除非离开房间，一般不会主动关灯[1]。照明控制系统设计时应充分考虑该特点，可由人负责手动开灯，控制系统负责关灯或降低照度，以防止人忘关灯，弥补手动控制的不足，且并不会影响或降低光环境的舒适度。另外，还可以将多种控制方式进行组合，起到更佳的节能效果。图 9–7 给出了各种常见控制方式的照明能耗对比。

可以看到，手动开灯、自动关灯和调光的组合控制方式能耗最低，因此提倡自动控制与手动控制相结合。

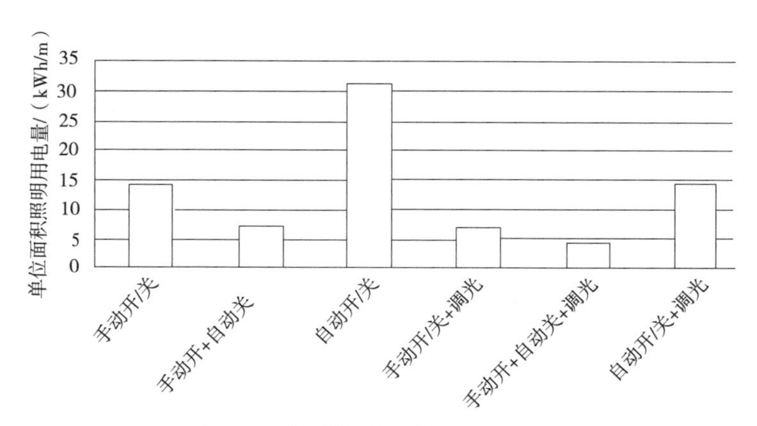

图 9–7　各种控制方式的照明能耗对比

图片来源：清华大学建筑节能研究中心 . 中国建筑节能发展年度研究报告 2014[M]. 北京：中国建筑工业出版社，2014.

2）人员不长期停留场所的节能策略

公共建筑中的地下车库、机房和走廊等区域，人员只是通过但不长期停留，如采用传统的照明系统，需要 24h 开灯，照明能耗高，且多数时间为“无效照明”。这类场所宜采取“部分空间、部分时间”的“按需照明”方式。本书以地下车库的照明系统为例，说明系统运行的原理和节能控制策略。

照明控制系统由LED灯具、传感器和智能控制器组成，根据工程的需要，可将部件集成到单个灯具中，或者组成局部的网络。传感器通过红外、动静或超声等方式，感应是否有人员或车辆在区域内活动，当无人无车时，灯具处于“休眠”状态，输出功率可维持在2W左右，区域内处于低照度；当有人或车接近时（小于5m），灯具迅速切换到额定工作状态，提供正常的照明；当人员或车远离，灯具又恢复到“休眠”状态。在这样的工作模式下，灯具大部分时间的输出功率都较低，减少了不必要的照明，减少了电耗。另外，由于减少了开灯的时间，也延长了灯具的使用寿命。根据现有改造项目的经验，其节电率可达到30%~60%。

9.4 光环境参数优化

9.4.1 技术概述

照明改造除了保证照明水平，实现节能的目标外，光环境质量的提升也同样重要。可在改造过程中优化的光环境参数包括照度均匀度、眩光、显色性等。在照明改造工程中，应通过精细化设计、定量分析，确定改造后的技术指标，优化灯具选型，实现最佳的改造效果。

9.4.2 技术要点

1. 照度均匀度

出于施工方便与成本控制考虑，许多工程采取逐一替换的方式来更换光源，不替换原有灯具、不改变原有灯具位置、不改变原有光源数量，这种替换方式可能会导致改造后照明质量下降。原有灯具设计位置是基于传统荧光灯确定的，而LED灯具相比传统荧光灯，光效高，光束角小。用LED灯具替换时应注意其配光，光束角不应过小，以避免影响均匀度。

对某教室采用LED光源替换传统光源照明改造后照明质量的变化情况进行了分析。根据《建筑照明设计标准》GB 50034—2013的规定，取0.75m为工作面、工作面标准照度值为300lx、墙面反射率为0.5、地面反射率为0.2、顶棚反射率为0.7、工作面（桌面）反射率为0.5、目标照度均匀度为0.6的状态下的分析结果，改造前后的灯具情况与照明质量参数对比见表9–4。

由表9–4可知，在保证照度基本不变的前提下，不改变原有灯具位置，采用LED灯具替换荧光灯后照度均匀度下降了约0.07，改造前的照度均匀度满足《建筑照明设计标准》GB 50034—2013的要求，改造后的不满足。因此，在进行方案设计时，应对替换后光照均

改造前后的灯具情况与照明质量参数对比　　表 9-4

光源类型	T8 直管荧光灯	T5 直管 LED 灯
安装方式	支架悬吊	支架悬吊
整灯功率 /W	36	18
布设数量 / 套	12	12
工作面平均照度 /lx	189	322
工作面最小照度 /lx	115	175
工作面最大照度 /lx	273	422
工作面照度均匀度	0.61	0.54

匀度采用现场照明测试和人工照明模拟的方式进行论证，若无法满足标准的要求，应调整光源数量或灯具类型，并对光源位置进行重新设计。

也有部分工程在保持光通量相同的前提下，采用一替二、一替三的方式进行光源替换，其照度均匀度下降更为显著。对于灯具的增减，应在保证照度与照度均匀度的前提下，进行合理论证后再确定，简单按一替一、一替二、一替三进行改造是缺乏考量的。

2. 眩光控制

1）灯具遮光角与光源亮度的控制

在大多数的照明改造工程中，改造方式通常为仅替换光源，而不改变原有的灯具类型和照明形式，这种改造方式可能导致眩光问题。一般情况下，LED 光源的发光角度远小于传统光源的发光角度，在相同的光通量下，LED 灯具有更高的发光强度，光通量更集中，与背景亮度差异更大，眩光感受更加明显。因此，虽然原有灯盘与孔洞的设计可以满足传统荧光灯的遮光控制要求，但对于高光效、小发光角度的 LED 光源仍有可能无法满足遮光要求，甚至于对一些改造前灯具遮光角就无法满足要求的项目，进行照明改造后整体的眩光感受非常强烈，这在办公建筑与文化教育建筑中尤为明显。在一些老旧学校建筑中，存在大量的吊装灯管，仅使用 LED 灯管替换原有灯管会造成整体眩光感受加强。

因此，出于对眩光控制的要求，应在改造工程中根据新灯具的光源特性来更换原有灯具，以满足灯具遮光角和光源亮度的要求。根据《建筑照明设计标准》GB 50034—2013 的规定，长期工作或停留的房间或场所，选用直接型灯具的遮光角具体要求见表 9-5。

直接型灯具的遮光角　　表 9-5

光源平均亮度 /（kcd/m²）	遮光角 /°
1~20	≥ 10
20~50	≥ 15
50~500	≥ 20
≥ 500	≥ 30

2）增加灯具遮光角的措施

（1）采用深照型灯具，并在其他结构不变的情况下，增大光源的安装高度，以达到增大遮光角的目的。常规的配照型或广照型灯具遮光角是基于人正常视力仰角的 30°~50°，灯具遮光角大于 50° 时，可有效地避免光线直接射入人眼。

（2）采用常规灯具 + 防眩灯具遮光装置，防眩灯具遮光装置主要包括十字防眩装置、蜂窝防眩装置和遮光叶。十字防眩格栅主要是遮挡纵横两个方向的光线，把眩光的临界位置从边界调整到灯具中心，进而增大遮光角，达到防眩的目的；蜂窝防眩格栅网可遮挡各个方向的光线，是所有防眩配件中防眩效果最好的，遮光角可接近 90°，也是光损最大的；遮光叶可遮挡各方向的光线，易于对灯光进行塑形，可形成从灯具自身的遮光角到完全遮挡光线的效果，是最为灵活的防眩配件。

3）降低光源表面亮度的措施

（1）采用漫反射暗装 LED 灯具，使光线通过顶棚或壁面反射后进行照明，可避免人眼直视光源，能够有效防眩。

（2）采用柔光玻璃作为灯具的透光罩，柔光玻璃包括磨砂玻璃、布纹玻璃、布纹 + 磨砂玻璃等，均可以在一定程度上使光源表面的亮度降低，达到防眩的效果。

3. 光源色温

人工光源具有光色的属性，体现在所发射光的色调上。色温是表征光源光色的指标，不同功能类型的房间有不同的色温要求，按照国际照明委员会（简称 CIE）的建议，光源的色表可分为三类，其典型的应用场所见表 9–6。

光源色表特征及应用场所　　表 9–6

色表类别	色表特征	相关色温 /K	应用场所举例
I	暖	<3300	客房、卧室、病房、酒吧、餐厅
II	中间	3300~5300	办公室、阅览室、教室、诊室、机加工车间、仪表装配
III	冷	>5300	高照度场所、热加工车间，或白天需补充自然光的房间

人对光色的爱好还同照度水平有关系，表 9–7 为各种照度水平下，不同色表的荧光灯照明给人的一般印象。

各种照度下灯光色表给人的不同印象　　表 9–7

照度 /lx	灯光色表		
	暖（<3300K）	中间（3300~5300K）	冷（>5300K）
<500	舒适	中性	冷
500~1000	↑	↑	↑
1000~2000	刺激	舒适	中性
2000~3000	↑	↑	↑
>3000	不自然	刺激	舒适

光源的色温应与照度相适应，即随着照度增加，色温也应相应提高，否则，在低色温、高强度下，人会感到酷热；而在高色温、低照度下，人会感到阴森的氛围。色温与照度的合理搭配区间如图 9-8 所示。

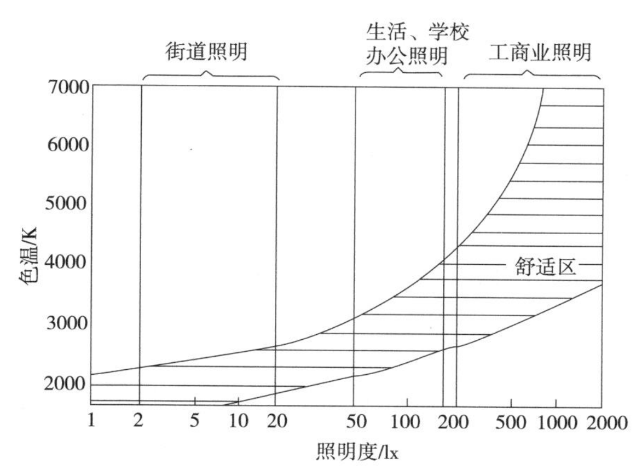

图 9-8　光色舒适感与照度值关系

图片来源：冯健 . 如何从零开始给一个教室做照明设计？ [EB/OL].（2019-06-29）. http://www.elicht.com/view/18662.html

9.4.3　应用案例

本案例是某省委大院照明系统节能改造及室内光环境优化项目。项目改造前，室内照明灯具主要为传统的荧光灯、筒灯、节能灯等，室外照明灯具基本上是高压钠投光灯路灯等，灯具都存在严重光衰、老化及损坏情况，且存在能耗高、寿命短、维护工作量及支出大、光源废弃污染环境等问题。项目 1 号楼附楼一层至五层会议室及走廊（附楼四层会议室除外），1 号楼、4 号楼、11 号楼公共照明区域和道路、绿化区域使用的传统灯具总计 6279 盏，其中室内灯具 5944 盏，室外灯具 335 盏。

1. 改造技术

1）室内光环境设计优化

（1）照度平均值及均匀度

受实际条件限制，改造房间场所不能改变原有的灯具布设位置和安装形式，因此采用了“调整光通量”和“调节光束角”两种方式来提升室内照度平均值及均匀度。项目室内照度平均值及均匀度提升方法见表 9-8。

灯具布设位置和安装形式不变的情况下照度平均值及均匀度提升方法　　表 9-8

区域	灯具照明方式	
	直接、半直接照明	间接、半间接照明
外部	增大光通量，保持或减小光束角	增大光通量
内部	扩大光束角，保持或增大光通量	保持或增大光通量

注：外部区域指房间距墙小于等于 1.5m 的区域，内部区域指房间距墙大于 1.5m 的区域。

（2）显色指数

项目采用将老化、显色性较差的传统灯具更换为显色指数较高的新型 LED 灯具的方法，来提升建筑室内光环境的显色指数。

（3）现场色温

项目根据业主单位要求，改造前后灯具的色温保持一致，以保证建筑室内光环境的场景氛围不变。

2）照明改造技术措施

项目应用了 LED 灯具，并通过现场照明测试和人工照明模拟结合进行光环境优化设计，实现了节能改造与室内光环境综合优化提升。

2. 改造效果分析

以项目附楼一层会议室为例，照明改造效果的对比分析如下：

1）室内光环境改善效果

根据改造前后照明效果现场实测，一层会议室的室内照明效果变化情况见表 9–9 和图 9–9、图 9–10。

一层会议室改造前实测值与改造后实测值对比　　表 9–9

照明参数	改造前测试值	改造后测试值	变化比例
平均照度 /lx	289.61	347.61	20.03%
最大照度 /lx	347.40	409.20	17.79%
最小照度 /lx	205.60	279.90	36.14%
照度均匀度	0.71	0.81	14.08%
现场色温平均值 /K	2723	3055	—
显色指数平均值	58.5	76.7	31.11%
照明功率密度 /（W/m^2）	54.50	25.44	–53.32%

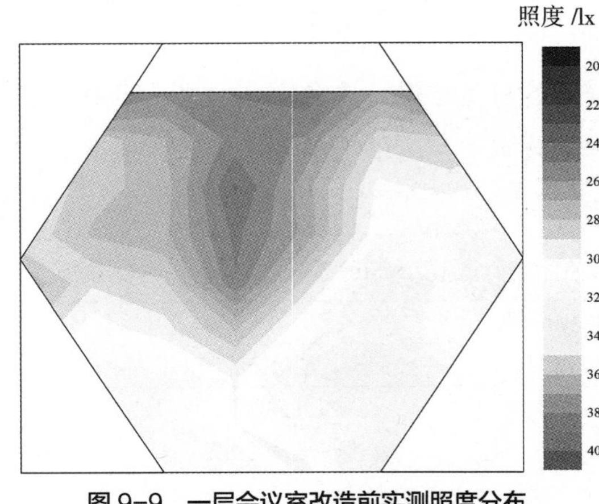

图 9–9　一层会议室改造前实测照度分布

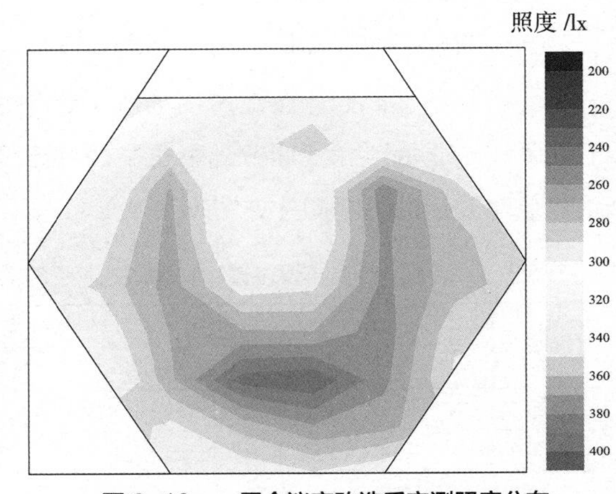

图 9–10　一层会议室改造后实测照度分布

2）房间场所照明系统节能情况

根据对改造前后选用灯具的额定功率的汇总统计，一层会议室改造前后灯具用电量情况见表 9–10。

一层会议室改造前后灯具用电量情况对比　表 9–10

房间	区域	灯具类别	改造前功率 /W	改造后功率 /W	数量 / 支	改造前每小时用电量 /（kW・h）	改造后每小时用电量 /（kW・h）
1 层会议室	顶面筒灯	8 寸筒灯	70	20	76	5.32	1.52
	顶面筒灯	7 寸定制筒灯	52	20	66	3.43	1.32
	墙壁光管	1.2 米　T8 日光灯	36	17	150	5.40	2.55
	墙壁光管	0.6 米　T8 日光灯	18	9	28	0.50	0.25
	顶面光管	1.2 米　T8 日光灯	36	17	180	6.48	3.06
	顶面光晕	1.2 米　T8 日光灯	36	17	150	5.40	2.55
	顶面光晕	1.2 米　T5 支架灯	28	14	200	5.60	2.80
	顶面光晕	0.6 米　T5 支架灯	14	7	300	4.20	2.10
	总计	—	—	—	1150	36.34	16.15

由表 9–10 可知，改造后，一层会议室的灯具在使用过程中，每小时节电量可达 20.18kW・h，节能率约为 55.5%。

在照明系统节能方面，对附楼一层会议室实际使用情况的调查显示，业主单位全年共计有 50 个办公周，会议室每周约使用 3~4 次，每次使用时长约为 3h，则会议室全年使用时间约为 500h，在此情况下，改造后一层会议室照明系统的全年总节能量约为 10092.0kWh。

参考文献

[1] 清华大学建筑节能研究中心．中国建筑节能发展年度研究报告 2014[M]. 北京：中国建筑工业出版社，2014.

[2] 杭州菁蓝照明科技有限公司，厦门通士达照明有限公司，松下电器研究开发（苏州）有限公司,等．普通照明用非定向自镇流 LED 性能要求：GB/T 24908—2014 [S]. 北京：中国标准出版社，2014.

第 10 章　热环境

10.1　概述

人的一生有 80% 以上的时间在室内度过，室内热环境质量直接影响人们的身心健康、舒适感及工作效率。随着生活水平的提高，人们对室内热环境的要求也越来越高。在室内环境调研分析中发现，目前室内热环境往往存在室内温度偏高或偏低、温度波动较大、冷热不均、吹风感等问题，室内热环境改善仍是室内物理环境质量的关键性问题。因此在进行既有公共建筑性能提升时，室内热环境的改善不可忽视，目前主要从围护结构性能提升、合理设置外遮阳设施、改善气流组织以及室内热环境智能化监控等方面改善室内热环境。本章主要从透明围护结构外窗玻璃的选用、建筑外遮阳提升策略、气流组织改善及集中空调监测与调控策略四个方面进行阐述。

10.2　建筑外窗玻璃选用

10.2.1　技术概述

随着城市的发展，建筑师为了追求立面的视觉效果，窗户和玻璃幕墙面积越来越大。外窗作为建筑物热交换、热传导最活跃、最敏感的部位，传统中只重视其对节能的影响，而忽略了其对热湿环境的影响。有文献指出，不同外窗类型在对室内热湿环境的影响上差异较大，建筑外窗的选择要因地制宜，选择合适的类型。从适宜居住的角度来看，外窗玻璃的气候适宜性分析将有助于改善室内环境，因此外窗玻璃的选择需要考虑多种因素。通过外窗玻璃传递的热量可以分为两个部分：一部分是外窗的外表面受到室外空气温度和天空辐射的作用，以导热形式通过外窗玻璃向室内传递热量；另一部分是太阳辐射透过玻璃，这部分扰量同样会给房间带来热量。

其中以导热形式传热的得热量与玻璃的热工性能密切相关，热工性能的好坏直接影响着导热传热量的大小。直接通过辐射形式进入室内的得热量与玻璃的光学性能密切相关，这是由于玻璃对太阳辐射具有反射、吸收、透过等物理性质，并且与太阳入射角和波长有关，如图 10–1 所示。

目前市场上外窗玻璃种类繁多，厚度不同，颜色不同，镀膜种类不同，玻璃的光学和热工性能存在差异，通过玻璃的室内得热量也不同。例如测试发现，低辐射玻璃（又

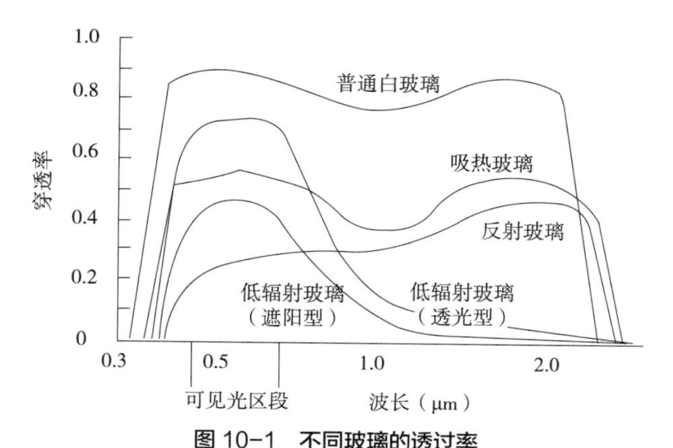

图 10-1 不同玻璃的透过率

图片来源：郁文红．建筑节能的理论分析与应用研究 [D]. 天津：天津大学，2004.

称 Low-E 玻璃）房间室内平均温度相比中空玻璃和单层玻璃，室内平均温度分别低 0.3℃、0.5℃，这说明 Low-E 玻璃的隔热性能优于普通中空玻璃和普通单层玻璃。现在市面常见的玻璃类型有普通单层玻璃、普通中空玻璃、单（双）银 Low-E 中空玻璃等，还有吸热玻璃、热反射镀膜玻璃、真空玻璃、变色玻璃、夹层玻璃等特殊玻璃。由于不同的外窗玻璃有着不同的热工性能与光学性能，对室内物理环境的影响均不同，因此不同的建筑类型对外窗玻璃的应用策略也不尽相同。

10.2.2 技术要点

普通中空玻璃、单银 Low-E 中空玻璃、双银 Low-E 中空玻璃均是常用的节能玻璃，但在不同气候区不同的室外环境状态下，根据不同的室内热环境需求，应选择相适应的外窗玻璃以更节能并提高室内舒适性。

基于既有公共建筑外窗玻璃对室内热环境的影响研究，通过分析不同空调运行模式下，伴随全天室外气象动态变化的室内热环境需求——隔热、保温或散热，针对不同建筑类型，提出满足气候适宜性的外窗玻璃选用策略。

1. 宾馆建筑

由于夏季白天室外温度高、太阳辐射强，透过玻璃进入室内的太阳辐射得热量占室内总得热的主要部分。外窗玻璃的热反应需求表现为夏季太阳辐射以及室内外温差传热的隔热需求。同时，透过外窗玻璃传递到室内的总得热量与太阳辐射得热系数 SHGC 和传热系数 K 呈线性关系，且随着太阳辐射得热系数 SHGC 和传热系数 K 降低，透过玻璃的室内总得热量随之减小。因此，对于宾馆建筑 24 小时空调运行模式，室内热环境需求为隔热需求时，外窗玻璃的性能需求为降低外窗的太阳辐射得热系数和传热系数。

2. 办公建筑

对于仅在白天运行的空调运行模式（简称“白天空调工况”），由于晚上室内温差传热小，所以该工况的室内热环境需求与 24 小时空调运行模式相同，室内热环境需求为隔热需求，表现为阻止太阳辐射透过玻璃向室内传热以及减小室内外温差传热得热。不同玻璃类型室内热环境的实验测试和理论计算结果显示，不同玻璃类型其内壁面温度对室外温度的温度波衰减量不同，Low–E 玻璃房间一天室内总得热量相比普通单层、普通中空玻璃降低幅度分别达到了 63.6%、51.6%。因此办公建筑在白天空调工况下，外窗玻璃的热性能需求主要表现为降低外窗的太阳辐射得热系数和传热系数。综上所述，夏季室外动态变化环境下、不同空调运行模式下，满足气候适宜性的外窗玻璃性能选择策略见表 10–1：

不同空调运行模式下满足气候适宜性的外窗玻璃热性能需求　　表 10–1

空调运行模式	建筑类型（参考）	室内热环境需求	室内环境需求时间段	玻璃热性能需求	玻璃类型
24 小时空调运行	宾馆建筑	隔热	24 小时	低太阳得热系数 SHGC、低传热系数 K	双银 Low–E 中空玻璃
白天空调运行	办公建筑	隔热	8：00—18：00	低太阳得热系数 SHGC、低传热系数 K	双银 Low–E 中空玻璃

注：表中策略所用数据依据来自夏热冬冷地区的重庆市，其他地区的外窗玻璃策略可将其作为参考。

10.2.3　应用案例

根据上述技术研究，在某办公楼进行了不同类型建筑外窗玻璃选用技术示范工作。改造前，其外窗玻璃均为普通单层玻璃，改造时，选用了传热系数 2.79W/（m^2·K）、遮阳系数 0.84 的普通双层中空玻璃，传热系数 1.99W/（m^2·K）、遮阳系数 0.62 的单银 Low–E 中空玻璃，传热系数 1.89W/（m^2·K）、遮阳系数 0.41 的双银 Low–E 中空玻璃。图 10–2 所示为项目建筑西向原有外窗玻璃情况（均为普通单层玻璃），图 10–3 所示为项目建筑西向外窗玻璃更换方案，详细的尺寸设计如表 10–2 所示。

图 10–2　项目原来西向外窗玻璃情况

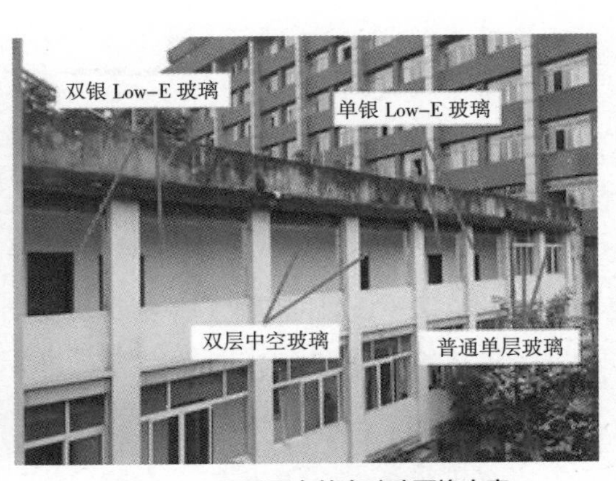

图 10–3　项目西向外窗玻璃更换方案

图片来源：唐浩 摄

办公楼外窗玻璃设计 表 10-2

序号	名称	规格	面积 /m^2	材料
一、滑窗面积：38m^2				
1	玻璃	5+12A+5 双钢中空玻璃	12.67	坚美型材、断桥、灰色
2	玻璃	5+12A+5 单银 Low—E 双钢中空玻璃	12.67	坚美型材、断桥、灰色
3	玻璃	5+12A+5 双银 Low—E 双钢中空玻璃	12.67	坚美型材、断桥、灰色
二、开窗面积：11m^2				
4	玻璃	5+12A+5 双钢中空玻璃	3.67	坚美型材、断桥、灰色
5	玻璃	5+12A+5 单银 Low—E 双钢中空玻璃	3.67	坚美型材、断桥、灰色
6	玻璃	5+12A+5 双银 Low—E 双钢中空玻璃	3.67	坚美型材、断桥、灰色

对不同种类玻璃内外表面温差、室内太阳辐射照度和室内照度等进行了测试，对该技术应用效果进行了分析：

（1）如图 10-4 所示，在室内太阳辐射强度方面，对于西向外窗，单银 Low-E 中空玻璃与双银 Low-E 中空玻璃均能降低一定幅度的室内平均太阳辐射量，且双银 Low-E 中空玻璃的效果更加明显。与普通中空玻璃相比，单银 Low-E 中空玻璃降低幅度平均达到 23.2%，双银 Low-E 中空玻璃降低幅度平均达到 47.5%。

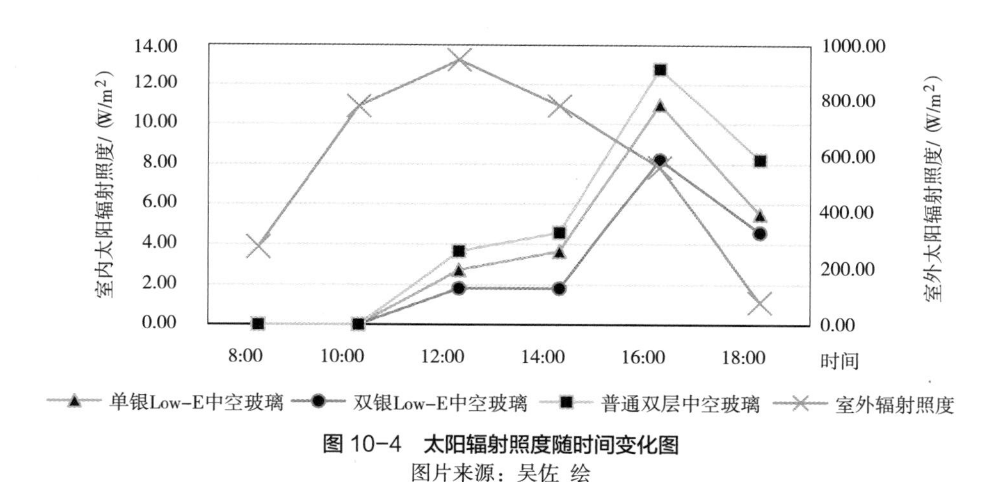

图 10-4 太阳辐射照度随时间变化图
图片来源：吴佐 绘

（2）如图 10-5 所示，在室内温度方面，由于过道与室内空间相连，室内外温度差别不大，故对不同种类玻璃内外表面温度进行了测试，并分析了内外表面温差。对于西向外窗，在上午时段，没有太阳直射时，各种类玻璃内外表面温差差别较小；而在下午时段，受太阳直射影响，玻璃外表面温度显著升高，单银 Low-E 中空玻璃、双银 Low-E 中空玻璃、普通双层中空玻璃内外表面温差分别达到了 7.8℃、8.6℃、5.3℃。由于单银、双银 Low-E 中空玻璃有较强的隔热性能，其内外表面温差均小于普通双层中空玻璃，对室内热环境均有

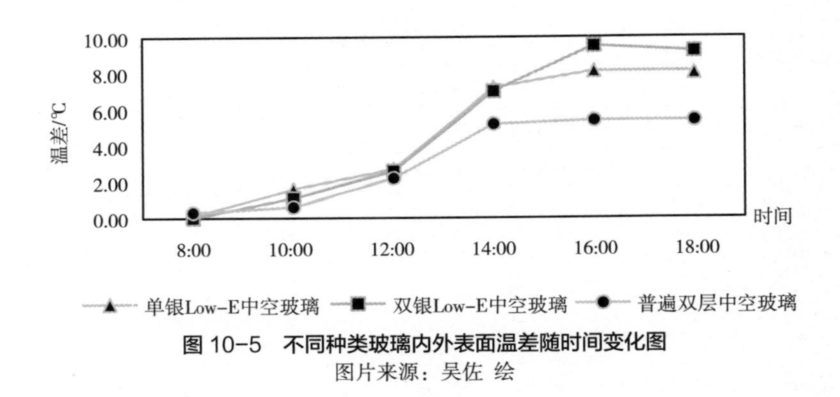

图 10-5 不同种类玻璃内外表面温差随时间变化图

图片来源：吴佐 绘

改善效果。因此，在白天，尤其是下午时段，Low-E 玻璃对西向太阳辐射的隔热效果明显好于普通单层玻璃和普通中空玻璃。

（3）如图 10-6 所示，在室内照度方面，对于西向外窗，单银 Low-E 中空玻璃与双银 Low-E 中空玻璃下的各时刻室内平均照度均能满足《建筑照明设计标准》GB 50034—2013 的照度要求。与普通双层中空玻璃相比，室内照度略微降低，但差别不大。

综上所述，对于西向外窗，单银 Low-E 中空玻璃、双银 Low-E 中空玻璃均对室内热环境起到了很好的改善作用，且相比于普通双层中空玻璃，对室内照度影响不大，因此可以有效满足夏季炎热地区对室内光热环境的综合需求。

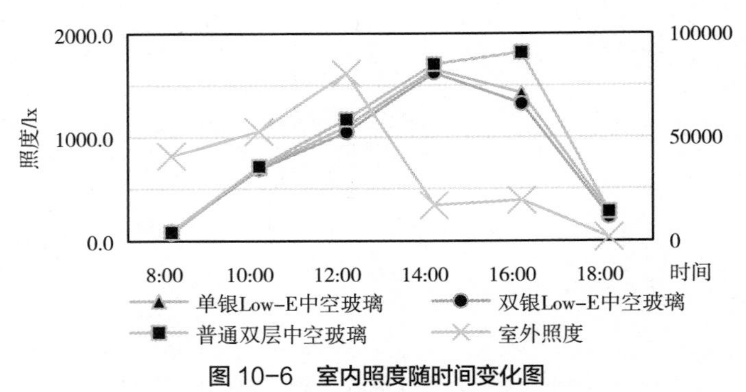

图 10-6 室内照度随时间变化图

图片来源：吴佐 绘

10.3 建筑外遮阳提升策略

10.3.1 技术概述

良好的建筑外遮阳设计既可以节能，又可以避免太阳直射造成的强烈眩光，使室内照度分布均匀，明显改善室内光环境，有助于视觉正常工作，还可以丰富建筑造型及立面效果，体现现代建筑艺术美学，符合未来发展的要求。国内外的研究表明，窗户外遮阳所获得的节能收益为 10%~24%，而用于窗户外遮阳的投资则不足 2%。可见外遮阳装置的投资在整个建筑中仅占很小的部分，但对改善室内热环境的作用却是显著的，是建筑节能的关键所在。

遮阳根据使用方式可分为两类，一类为固定式外遮阳，另一类为活动式外遮阳。其中固定式外遮阳的基本形式可分为水平遮阳、垂直遮阳、综合遮阳、挡板遮阳和百叶遮阳 5 种，如图 10–7 所示。

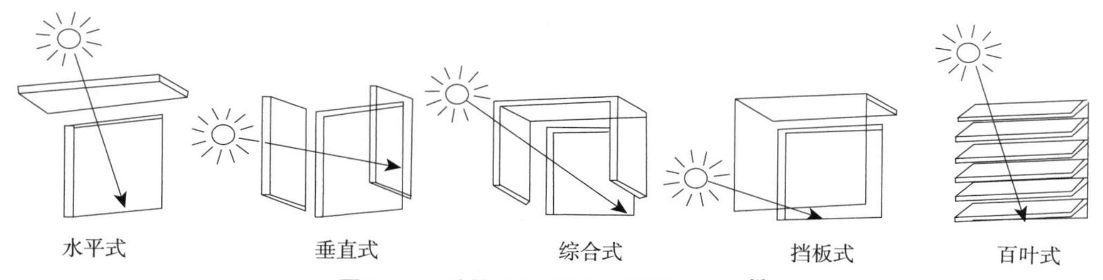

图 10–7　建筑固定式外遮阳的基本形式 [2]
图片来源：《建筑物理》（第四版）

10.3.2　技术要点

由于外遮阳尺寸的设计需要考虑建筑整体结构、位置高低、建筑朝向、太阳运行轨迹等诸多因素，所以其具体的设计方法可参见《建筑物理》[2] 中关于外遮阳尺寸计算的部分。

针对既有公共建筑外遮阳对室内物理环境的影响和对气候特点的分析，提出了建筑外遮阳设计策略，以便有效发挥建筑遮阳调节太阳辐射和室内光环境的作用，增强遮阳设施的气候适应性。

1. 固定外遮阳的设计策略

通过分析典型气象年全年室外和各朝向墙面月平均辐射强度与实测夏季室外和各朝向墙面逐时太阳辐射强度，可以得出不同朝向的围护结构接受的太阳辐射强度和太阳辐射时间存在很大差异。因此，建筑师在进行外遮阳设计时，需要针对不同位置的外窗设置外遮阳，针对太阳辐射强度大小设计外遮阳的尺寸。对于我国大部分地区，北向夏季太阳仅在日出和日落的短暂时间受到太阳照射，大部分时间北窗接受的为太阳散射辐射，辐射值较小，一般可不采取遮阳设施。表 10–3 为不同朝向固定外遮阳设计策略。

不同朝向固定外遮阳设计策略　　表 10–3

设置朝向	设置外遮阳的效果	持续时段	设置的必要性	遮阳形式	水平遮阳宜设计尺寸 /m
西向	主要防止夏季西晒，减弱直接眩光	傍晚	十分必要	挡板式、活动垂直式	/
东向	主要防止夏季东晒，减弱直接眩光	早上	十分必要	挡板式、活动垂直式	/

续表

设置朝向	设置外遮阳的效果	持续时段	设置的必要性	遮阳形式	水平遮阳宜设计尺寸 /m
西南向	兼顾防止西晒，调节建筑太阳辐射得热和自然采光	下午	必要	综合式、水平式	0.6
东南向	兼顾防止东晒，调节建筑太阳辐射得热和自然采光	上午	必要	综合式、水平式	0.6
南向	调节建筑太阳辐射得热和自然采光	中午	必要	水平式	0.3

注：表中策略所用数据依据来自夏热冬冷地区的重庆市，其他地区的外遮阳策略可将其作为参考。

2. 活动式水平外遮阳设计策略

由于一年中的不同季节，一日中的不同时间，建筑接收的太阳辐射强度和室内自然采光不同，因此，针对不同状况，利用遮阳技术调节建筑的太阳辐射得热和自然采光，成为制定活动外遮阳调控策略需主要解决的问题。

本部分从时间调控和天气调控两方面提出活动外遮阳相应的调控策略。

1）时间调控策略

设置活动水平外遮阳的调控最佳时间，可以控制透过外窗入射室内的太阳辐射量，以降低室内的太阳辐射得热；设置活动水平外遮阳的挑出尺寸，可以在不影响室内自然采光、改善室内光环境的前提下遮挡强烈的太阳辐射光线。因此，制定了表 10–4 中活动水平外遮阳的时间调控策略。

时间调控策略　　表 10–4

朝向	调控最佳时段	设计时段和挑出长度	
		时段	适宜挑出长度 /m
东南向	7：00–10：00	7：00–10：00	0.6
		10：00–18：00	0.0
南向	10：00–14：00	7：00–10：00，14：00–18：00	0.0
		10：00–14：00	0.3
西南向	14：00–18：00	7：00–14：00	0.0
		14：00–18：00	0.6

注：表中所用数据依据来自夏热冬冷地区的重庆市，其他地区的外遮阳时间调控策略可将其作为参考。

2）天气调控策略

对晴天、多云天和全阴天（包括雨天）三种天气条件下建筑水平外遮阳对室内的太阳辐射强度和照度的影响效果进行了实验分析。针对不同天气条件，制定了表 10–5 中活动式水平外遮阳的天气调控策略。

天气调控策略　　表 10-5

天气条件	室内对外遮阳的需求	遮阳调控方式	遮阳状态
晴天	降低室内太阳辐射得热，调节室内照度的均匀度，避免眩光，营造室内自然柔和的光舒适感	遮阳时段、遮阳尺寸	按规律动态调控
多云天	与多云天的实际天气情况有关，尽可能进行室内自然采光	遮阳尺寸	外遮阳收回
全阴天	需求不大，以保证室内自然采光	遮阳尺寸	外遮阳收回

注：表中所用数据依据来自夏热冬冷地区的重庆市，其他地区的外遮阳天气调控策略可将其作为参考。

10.3.3　应用案例

结合上述研究工作，研发了高效活动外遮阳装置，该装置应用于重庆市某办公楼。项目原来的南向与西向外窗遮阳情况如图 10–8、图 10–9 所示，只有屋顶挑檐部分，其余基本未进行外遮阳设置。因此，改造时对其南向外窗进行了高效活动式水平外遮阳设计，遮阳板由 42 块太阳能光伏板组成；对其西向外窗进行了高效活动垂直外遮阳设计，遮阳板由 126 块太阳能光伏板组成，如图 10–10、图 10–11 所示。

图 10–8　项目原来南向遮阳情况

图 10–9　项目原来西向遮阳情况

图 10–10　项目南向高效活动式水平外遮阳情况

图 10–11　项目西向高效活动式垂直外遮阳情况

图片来源：唐浩　摄

其中高效活动式水平外遮阳的设计如图 10–12 所示，日照时间按照重庆平均 3.5h 计算，为离网供电系统，220V 交流负载供电 1000W，工作 12h，供电约 12kW · h/d，遮阳性能好，节能率高，通风性能好，能改善室内热环境和光环境，结构简单，安装和维护方便，丰富了遮阳百叶的功能，还能美化房屋建筑的外立面，具有较好的推广应用前景。

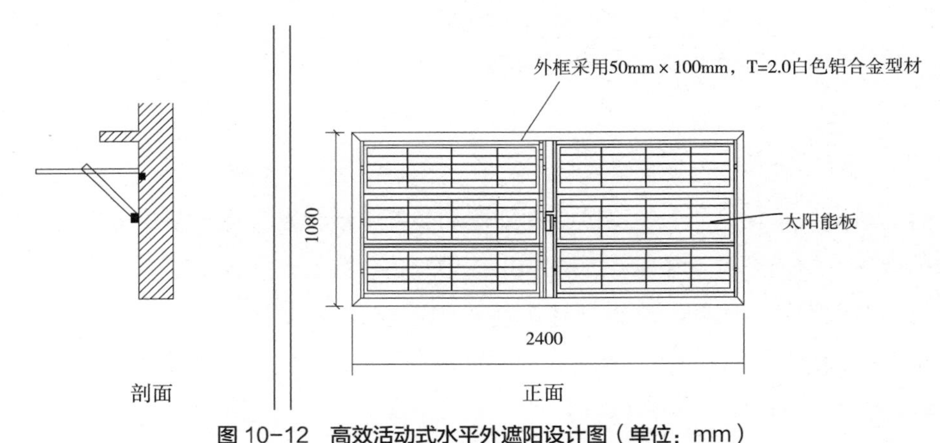

图 10–12　高效活动式水平外遮阳设计图（单位：mm）
图片来源：唐浩 绘

10.4　气流组织改善

10.4.1　技术概述

多数空调房间需要向内送入和（或）向外排出空气，房间尺寸、送风形式、送风参数等都会对室内空气温湿度分布、风速分布和污染物浓度分布产生影响，其中风速、温湿度是影响人体热舒适度的要素，而污染物浓度是衡量空气品质的一个重要指标。要营造一个温湿度适宜、空气品质优良的环境，需要有合理的气流分布。对气流分布的要求主要针对“工作区”，工作区一般距地面 2m 以下 [3]。

空调区的气流组织，应根据建筑用途对空调区温湿度参数、允许风速、噪声标准、空气质量及空气特性指标的要求，结合建筑物特点、内部装修、工艺或家具布置等进行设计、计算。由于装修施工难度、家具布置等原因，空调房间的气流组织往往与设计时相差较大。

不同的送风形式导致的室内热环境问题主要有以下几种：

①对于百叶顶送风、百叶侧送风和散流器顶送风这三种典型的气流组织形式，冬季工作区均出现上热下冷、垂直温度梯度过大的热环境问题，对问题按严重程度由大到小进行排序为散流器顶送风 > 百叶侧送风 > 百叶顶送风。

②对于百叶顶送风气流组织形式，夏季风口下方风速过大，极易引起吹风感。

③对于百叶侧送风和散流器顶送风形式，夏季送风射流贴附距离不足或贴附程度较差时易出现冷风下坠，处于受射流流型包络面影响的区域有明显的吹风冷感。

10.4.2　技术要点

不同的气流组织形式其影响室内气流组织及热环境的关键因素不同：

①对于百叶顶送风形式，送风射流的扩散形式、送风速度、送风口高度共同影响室内气流组织及热环境。

②对于百叶侧送风和散流器顶送风形式，按影响室内气流组织及热环境的重要程度进行排序：夏季工况下，送风角度 > 送风速度 > 送风口高度；冬季工况下，送风速度>送风口高度≈送风角度。

因此，针对既有公共建筑室内出现的典型热环境问题，提出如表 10–6 所示的基于优化气流组织的热环境改造策略。

基于优化气流组织的热环境改造策略　　表 10–6

气流组织形式	典型室内热环境问题	热环境改造策略
百叶侧送风	（1）夏季工作区顶部区域风速过大；冬季工作区上热下冷，竖直方向温差大； （2）夏季工作区近地面空气流速过大	（1）夏季送风角度调至斜向上 15°～30° 送风，冬季增大送风速度，同时建议送风口距顶棚距离不超过 0.2m； （2）重新调整室内家具等的摆放密度，避免在近地面形成狭窄断面
散流器顶送风	（1）散流器送风气流受灯具等阻挡时，灯具下方工作区的温度、风速分布不均； （2）冬季室内风速偏小，竖直方向温差过大，近地面温度过低	（1）阻挡物应布置在送风射流的射程之外；当阻挡物无法移动时，夏季宜减小送风量，冬季宜增大送风量，同时注意噪声问题； （2）冬季可提高送风速度，但送风风速不宜过大，以免产生噪声
百叶顶送风	对于层高低于 3m 的房间，夏季风口下方风速过大，冬季工作区垂直温差过大，引起人员不适	对于处于人员正常活动区域上方的风口，提出以下改造策略： （1）夏季风口调至 20°～40° 对开向下送风； （2）冬季调至 0° 向下送风，且适当提高冬季风口的送风速度，但风速不宜过大，以免带来噪声问题； （3）开发一种联动室内热环境自动调节送风角度的新型风口

10.4.3　应用案例

针对室内气流组织与设计时相差较大的问题，提出“一种适用于空调房间的气流组织诱导增强系统”，通过在房间安装该系统能很好地缓解室内混乱的气流流动形式。该系统是将温度传感器（6）均匀布置在房间中，实时采集房间内各点温度信息，并传送至设备控制模块（2），空调联动模块（5）采集空调末端运行工况，并传输至设备控制模块（2）；设备控制模块（2）通过信号线与风机（1）相连，控制风机（1）启停；同时设备控制模块（2）通过信号线与风管（3）中风阀相连，控制风阀开闭情况，该系统的示意图及控制逻辑如图 10–13、图 10–14 所示。

例如，在针对某酒店的室内环境测试中发现，部分房间存在明显的冷热分布不均、室内热舒适性较差问题。通过在房间内部安装该系统后发现，室内热舒适性得到了有效改善。

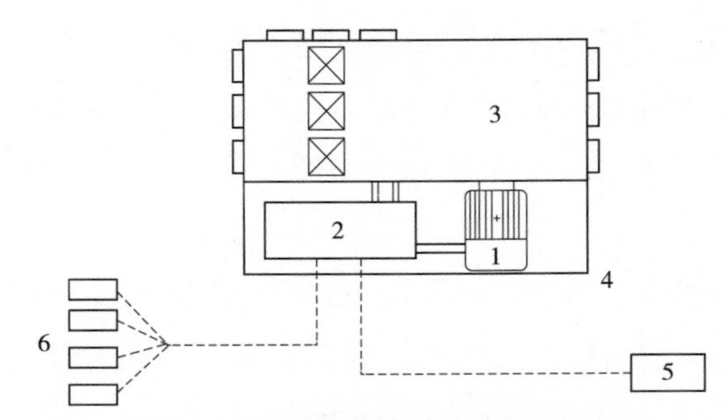

图 10-13　气流组织诱导增强系统示意图

图片来源：丁勇，唐浩，高亚锋，等．一种适用于空调房间的气流组织诱导增强系统：CN107449119A[P]. 2017-12-08.

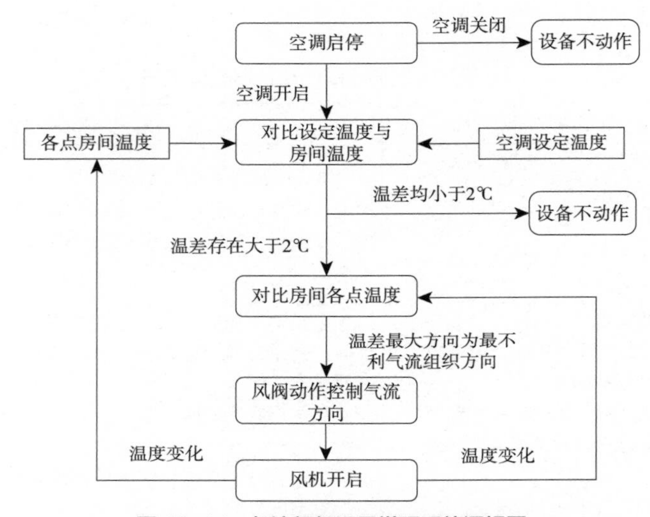

图 10-14　气流组织诱导增强系统逻辑图

图片来源：丁勇，唐浩，高亚锋，等．一种适用于空调房间的气流组织诱导增强系统：CN107449119A[P]. 2017-12-08.

依据房间结构和送回风特点建立房间送风模型，室外温度 12℃，设置送风温度 35℃，送风风速 2m/s，利用 PHOENICS 软件建立模型，如图 10-15 所示。

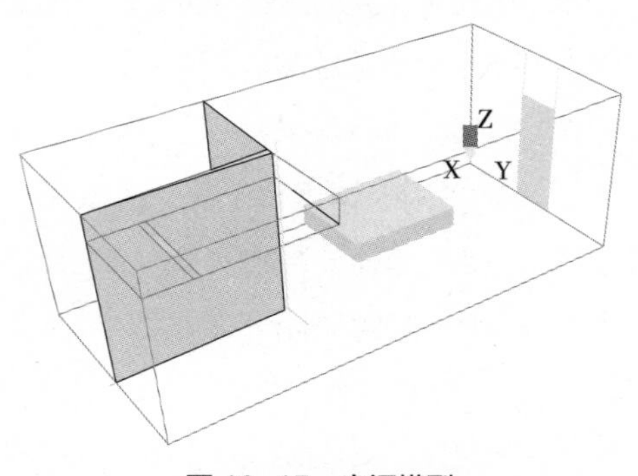

图 10-15　房间模型

图片来源：唐浩 绘

在原有的室内空调设施状态下，对室内温度场、速度场分布进行模拟，结果如图 10–16、图 10–17 所示。

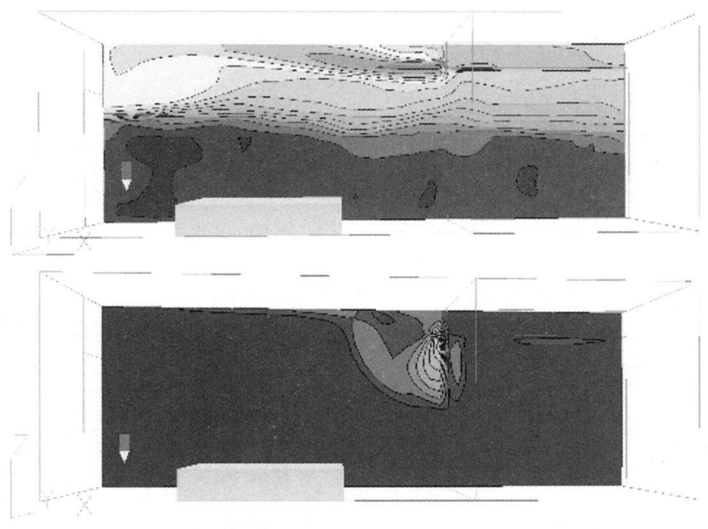

图 10−16　送风角度 0°，y=2.7m　温度场、速度场分布
图片来源：唐浩 绘

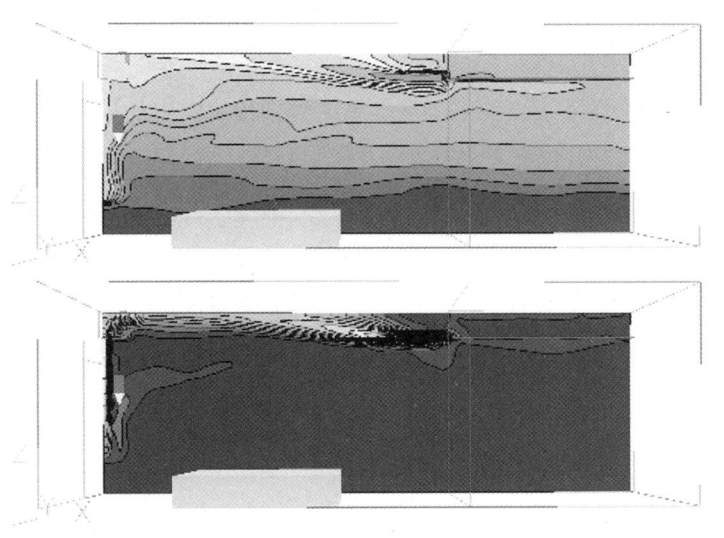

图 10−17　送风角度 0°，加诱导风机，y=2.7m　温度场、速度场分布
图片来源：唐浩 绘

通过应用该技术，对改造后的室内温度场与风速场进行模拟，可以看到，通过加装室内气流组织诱导装置的方式改善室内热环境，一方面可以满足室内热舒适的要求，另一方面使风速较大区域远离人员长期逗留区和频繁通过区，减少了吹风感，提高了室内热舒适度。此外，相对于改变送风格栅角度的方式而言，此种方法避免了改变送风格栅角度对夏季供冷的影响。

10.5 基于室内热湿环境状态的集中空调监测与调控策略

10.5.1 技术概述

由于室外气温、室内人员活动、设备运行情况等冷、热负荷相关因素的变化，建筑房间在一天内的冷、热负荷需求是一个复杂的动态过程。而通过调研，发现目前大部分公共建筑中所采用的集中空调系统缺乏有效的响应室内负荷变化的调节能力。

以一种现阶段普遍采用的集中空调调控系统为例，该系统对建筑能耗的历史数据进行计算分析并对能耗的变化趋势进行预测，采用模糊控制的算法调节系统的水流量以及主机制冷制热量；同时该系统监测供回水温度以及供回水压差作为反馈，以保证系统运行在一定的区间范围之内。这种集中空调策略可以在一定程度上满足实际调控需求，但是调控的精度、实时性较差，具体表现为室内环境调控的结果即室内热湿环境状态点的偏移。因此提出了一种基于室内热湿环境状态的集中空调调控策略，通过风量变化情况对冷冻水量进行调节，将控制过程中的滞后性大大降低，在供回水温差偏离之前调节冷冻水量，保证了冷量按需供应的同时，也优化了节能效果。为应对系统监测、处理中可能出现的偏差，本系统设置供回水温差实时监测装置，当供回水温差脱离正常范围时，转换为温差指导模式，将供回水温差重新稳定在设定范围之内，以弥补长时间运行可能积累的系统偏差。

此外，目前公共建筑风系统采用全空气系统时，传统室温的调控方式一般是在回风管道或在室内控制面板处安装温湿度传感器，以某一“点”的温湿度作为房间被调控区域的空气参数，但回风管道或控制面板处这一“点”的温湿度并不能准确反映室内的热环境状态。例如，很多情况下，基于美观等装饰性要求或受到建筑结构的限制，回风口的位置往往设置不合理，且回风温度也易受到室内热源或其他因素的影响而不能正确反映室内温度情况；而对于在控制面板处安装温湿度传感器，当房间面积较大时，其温湿度不能代表室内整体温度情况。

10.5.2 技术要点

1. 室内热环境状态多点监测

室内热环境状态多点监测，即在室内均匀设置多个温度测点，通过无线温度传感器采集主要人员聚集区的室内温度，实时监测区域内的温度情况，从而对空调系统进行调控，控制室内温度。同时，通过实时监测室内温度情况，可以获得室内温度均匀度、温度波动值等，评价室内热环境舒适性，为进一步改善室内热环境提供依据。多点监测和无线传输相比传统室内温度检测的方式更方便准确。

室内热环境状态监测具体过程如图 10–18 所示。

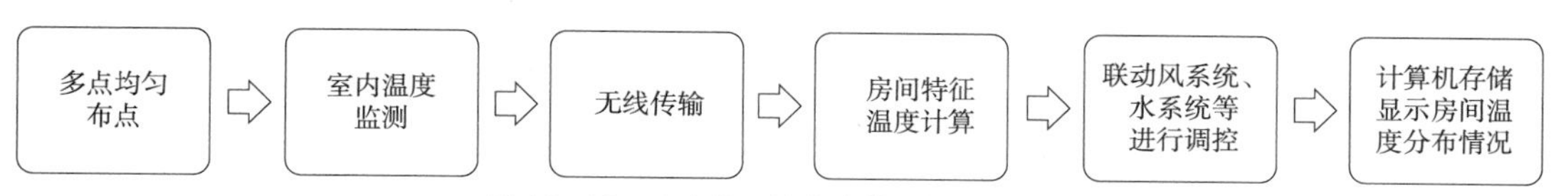

图 10–18　室内热环境状态监测方法流程图

图片来源：牟文瑶 绘

1）多点均匀布点：根据国家标准《民用建筑室内热湿环境评价标准》GB/T 50785，要求预先选定监测区域内检测点的位置和数量，检测点应选在室内人员已知或预期所处的位置。

2）室内温度监测：在选定的检测点处安放温湿度传感器，实时监测各点温度；对各监测点进行地址编码，预存于控制器中，可以查看出现最不利温度的地点。

3）无线传输：通过无线传输的方式对室内传感器测得的温度进行传输，在采集器内短暂存储和处理，并通过无线传输模块传输到控制器，在控制器进行综合处理和存储，在显示终端显示室内温度、温度不均匀度等。

4）房间特征温度计算：在监测装置控制器中对测得的房间温度进行处理，计算房间各测点瞬时平均温度，用房间平均温度作为房间特征温度。同时，根据各测点温度，可以计算得到房间温度不均匀度、温度波动值等。计算方法参照《室内人体热舒适环境要求与评价方法》GB/T 33658。

5）联动风系统、水系统调控：根据调控策略，通过对比设定温度与房间特征温度对空调风系统、水系统进行调控，控制室内温度。

6）计算机存储显示房间温度分布情况：将该检测装置与上位计算机通信，可存储、显示控制器中的相关数据，包括房间各监测点温度、特征温度、温度不均度、温度波动值等。

本方法通过监测室内多个监测点的温度，综合反映室内温度情况，并通过无线传输方式与采集器和控制器通信，解决了传统布线监测方式受室内装饰、布局及人员活动的限制问题。通过获得的室内多点温度，计算得到房间特征温度，以房间特征温度作为反馈值来调控空调风系统，达到调控室内热环境的目的，图 10–19 为其工作流程图。

2. 空调风系统、水系统调控策略

针对目前集中空调系统对室内热湿环境调控精度不高等问题，提出了基于室内热湿环境状态的集中空调风系统、水系统调控策略，该策略覆盖整个集中空调控制系统，基于实际房间热负荷计算系统的运行状态点，并引入供回水温差参数作为调节边界。该控制策略包括以下环节：

1）房间负荷响应

系统通过监测室内外温度，并根据建筑房间的围护结构传热系数 K、围护结构面积 S、围护结构延迟作用时间 ε 等参数，计算确定负荷温差 $\Delta t_{\tau-\varepsilon}$。

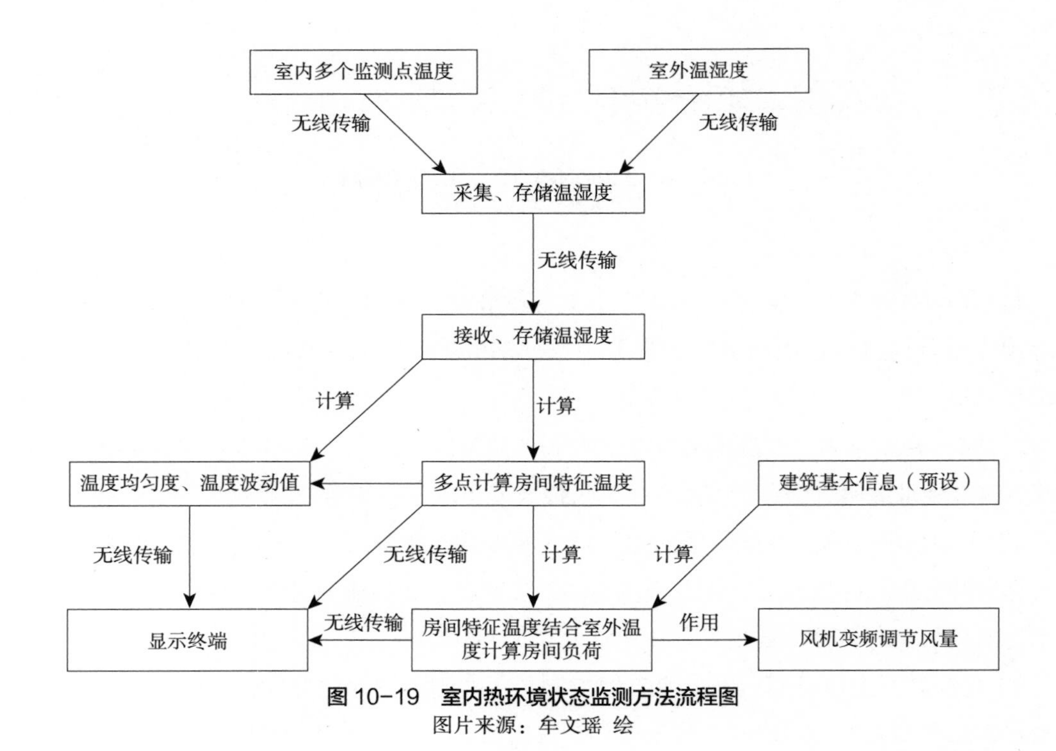

图 10-19　室内热环境状态监测方法流程图

图片来源：牟文瑶 绘

$$\Delta t_{\tau-\varepsilon}= t_{\tau-\varepsilon}- t_{\tau} \qquad \text{式（10-1）}$$

式中　Δt_{τ}——计算时刻 τ 的负荷温差，℃；

$\Delta t_{\tau-\varepsilon}$——$\tau-\varepsilon$ 时刻的室外空气温度，℃；

t_{τ}——计算时刻 τ 的室内温度，℃；

ε——延迟作用时间，h。

进一步地，系统通过计算分析得到计算时刻房间负荷冷量：

$$Q=\Delta t_{\tau-\varepsilon} * K * S \ \frac{1}{1000} \qquad \text{式（10-2）}$$

式中　Q——房间实时冷负荷，kW；

K——墙体传热系数，预设在系统数据中，W/m·℃；

S——房间外墙面积，预设在系统数据中，m^2。

2）风量调控

在计算得到室内实时负荷后，系统通过设置在风系统末端出风端、回风端的出回风温度传感器组监测实时出、回风温度，得到出、回风温差 Δt_1。并根据式（10-3）计算得到风量 G：

$$G=Q/（\Delta t_1 \times \rho_1 \times c_1） \qquad \text{式（10-3）}$$

式中 G——出风量，m^3/s；

Δt_1——出风与回风温差，℃；

c_1——出、回风温度平均值下的空气比热容，kJ/kg·℃；

ρ_1——出、回风温度平均值下空气的密度，kg/m^3。

此时，系统根据计算所得到的风量G，判断此时风机工况的调节情况，并转换为电信号传输至风系统末端，控制风机变频器调节风机运行工况。

3）冷冻水流量调控

在冷冻水流量调节中，该系统的冷冻水流量调控有两种模式，分别为房间负荷控制模式与温差控制模式，冷冻水流量控制模块根据不同工况切换控制模式。

（1）房间负荷控制模式

房间负荷控制模式为正常工况下优先调控模式。

系统控制模块根据式（10-4）计算得到冷冻水计算流量L：

$$L=Q/(\Delta t_2\times\rho_2\times c_2) \tag{10-4}$$

式中 Q——房间实时冷负荷，kW；

L——冷冻水计算流量，m^3/s；

Δt_2——冷冻水供、回水温差，℃；

ρ_2——供、回水温度平均值下冷冻水的密度，kg/m^3；

c_2——供、回水温度平均值下的冷冻水比热容，kJ/（kg·℃）。

系统根据冷冻水计算流量L，判断此时冷冻水水泵应做的调节，并转换为电信号传输至冷冻水泵控制装置，控制水泵变频器进行变频流量调节。冷却水实时流量由冷冻水系统末端设备监测，并转换为电信号传输至冷冻水流量控制模块。

（2）供回水温差控制模式

通过冷冻水供、回水管上设置的冷冻水温度传感器组，系统监测实时供、回水温度，得到冷冻水供、回水温差Δt_2。系统的控制模块中预设有冷冻水流量的上下节能限值，可根据供、回水温差Δt_2与设定限值的大小关系做出判断。

供回水温差控制模式在正常工况下仅作监测之用，当冷冻水供回水温差脱离设定值范围时，系统自动转换为供回水温差控制模式，待冷冻水供回水温差重新稳定在设定值范围内后，再转换回房间负荷控制模式。

4）冷却水水流量调控

在该系统中冷却水流量控制同样有两种模式，分别为房间负荷控制模式与冷却水供、回水温差控制模式，类似地，冷却水流量控制模块根据不同工况切换控制模式。

（1）房间负荷控制模式

房间负荷控制模式为正常工况下优先控制模式。

系统根据设置在冷却水供、回水管上的冷却水温度传感器组监测实时供、回水温度，得到冷却水供、回水温差 Δt_3，并根据式（10–5）计算得到冷却水计算流量 L_q：

$$L_q=Q/(\Delta t_3\times\rho_3\times c_3) \qquad \text{式（10–5）}$$

式中 Q——房间实时冷负荷，kW；

L_q——冷冻水计算流量，m³/s；

Δt_3——冷冻水供、回水温差，℃；

ρ_3——供、回水温度平均值下冷冻水的密度，kg/m³；

c_3——供、回水温度平均值下的冷冻水比热容，kJ/（kg·℃）。

系统根据冷却水计算流量 L_q，判断此时冷却水水泵应做的调节。

（2）冷却水供回水温差控制模式

系统通过设置在冷却水供、回水管上的冷却水温度传感器组监测实时供、回水温度，得到冷却水供、回水温差 Δt_3。系统预设有冷却水供、回水温差的上下节能限值，并根据冷却水供、回水温差 Δt_3 与节能限值的大小关系做出判断，调节冷却水水泵转速。

5）冷却塔调控

系统的室外温湿度传感器组采集室外空气参数，转换为电信号传输至冷却塔控制模块。冷却水温度传感器组采集冷却水供回水温度，转换为电信号传输至冷却塔控制模块。在冷却塔控制模块中预设有冷却水供、回水温度上下节能限值。

冷却塔控制模块根据冷却水供、回水温度与设定限值之间的关系，判断冷却塔调节方案。

综上所述，该风系统、水系统调控原理如图 10–20 所示，调控系统结构如图 10–21 所

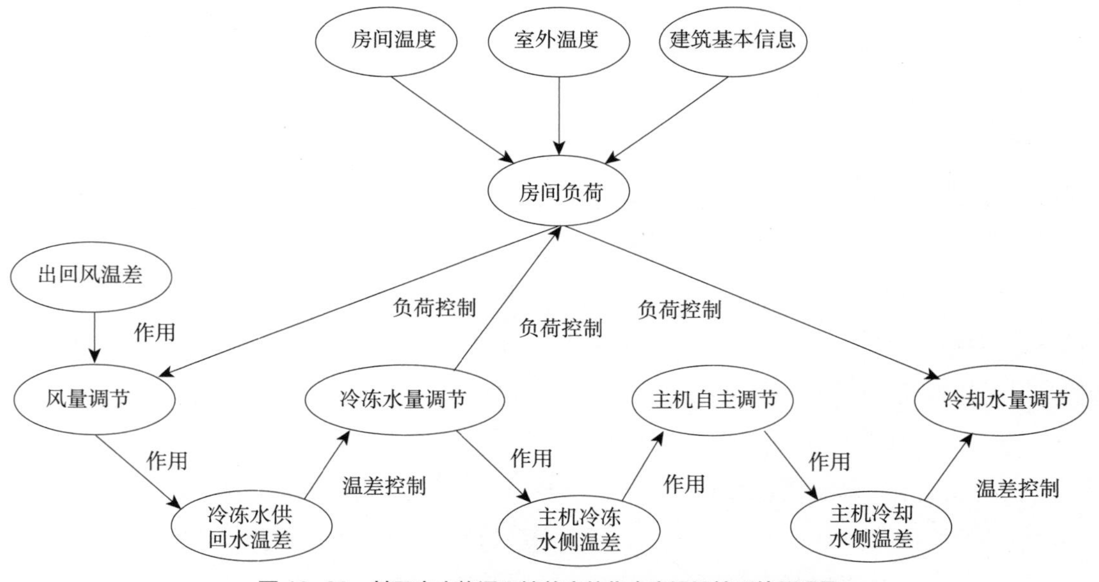

图 10–20　基于室内热湿环境状态的集中空调调控系统原理图

图片来源：唐浩 绘

示。该系统调控策略通过风量变化直接指导冷冻水量调节，将控制过程中的滞后性大大降低，在供回水温差偏离之前调节冷冻水量，保证了冷量按需供应的同时，也优化了节能效果。此外，为应对系统监测、处理中可能出现的偏差，本系统设置供回水温差实时监测装置，当供回水温差脱离正常范围时转换为温差指导模式，将供回水温差重新稳定在设定范围之内，以弥补长时间运行可能积累的系统偏差。

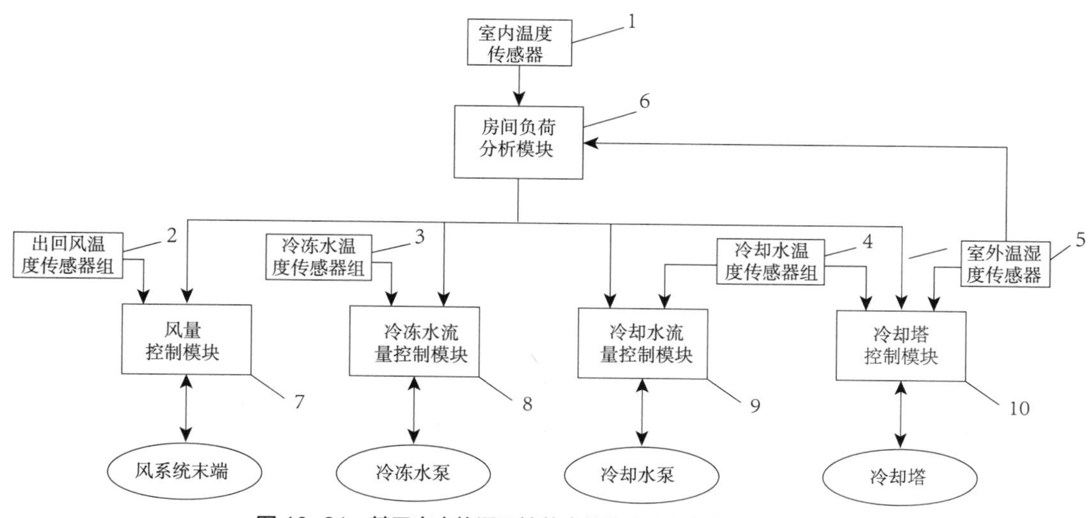

图 10-21　基于室内热湿环境状态的集中空调调控系统结构图

图片来源：唐浩 绘

参考文献

[1]　郁文红，建筑节能的理论分析与应用研究 [D]. 天津：天津大学，2004.

[2]　刘加平，建筑物理 [M]. 4 版．北京：中国建筑工业出版社，2009.

[3]　付祥钊．供暖通风与空气调节 [M]. 3 版．重庆：重庆大学出版社，2014.

第 11 章　空气品质

11.1　概述

因材料、系统设备老化引起性能下降或功能调整，既有公共建筑改造对全面装修更新提升有较大的需求。大量的新型建筑材料、装饰装修材料和新型办公家具等在既有建筑改造中得到广泛使用，这些材料将持续向建筑室内散发多种化学污染物，如甲醛、苯、总挥发性有机物（TVOC）和半挥发性有机物（SVOC）等，引发室内人员出现呼吸系统疾病、困倦乏力和过敏等各种病态建筑综合征。同时，由于现在公共建筑对节能的要求越来越高，既有公共建筑改造过程中对建筑的气密性和通风换气量都进行了严格的设计和控制，导致室内的污染物得不到有效稀释和排除。此外，既有公共建筑因原有通风系统功能对室外空气污染物的净化需求考虑不够，也未对室内空气质量进行实时监测，对室外空气污染（如颗粒物 $PM_{2.5}$）不能进行有效的防控。目前室内空气污染控制的措施主要包括：①源头控制：对建筑材料等的散发量进行控制或选择环保型建材和装饰装修材料，减少污染源；②通风：通过送入足够的新风以及合理的气流组织，进而稀释、排除室内污染物；③净化：利用空气净化产品，采用过滤、吸附、分解等手段对室内空气进行净化。因此，在既有公共建筑空气品质性能提升技术方面，主要从室内空气质量预评价技术、室内需求通风控制技术、被动式和主动式空气净化技术以及室内空气质量监测和控制技术四方面进行阐述。

11.2　室内空气质量预评价技术

11.2.1　技术概述

室内空气质量预评价是以室内空气质量控制目标为导向，综合装修设计方案、通风系统、进度计划、工程控制目标等相关因素，对室内装修污染进行定量的预评估和源头解析，制定各类建筑材料尤其是主要材料 / 家具的污染物释放率要求，并作为工程室内装修工程材料采购、施工的重要质量依据，实现污染的“事前预防”。

以“预评价技术”为核心，借助预评价仿真模拟和检测分析相结合的手段，对既有公共建筑室内装修工程中实施绿色装修全过程控制，对设计方案的预评估、材料和家具部品选择、施工等相关环节进行定量化污染预防管控，降低装修引起的室内空气污染风险，营造绿色、舒适、健康的室内环境。

11.2.2 技术要点

1. 工程实施流程[1，2]

住宅室内装饰装修污染控制流程可参考图 11-1：首先确定室内空气质量控制目标；在装修方案设计阶段，进行污染物控制设计，并应确定材料性能要求和工艺要求；在装修施工图设计阶段，在施工图中列出材料性能控制要求；依据材料性能控制要求采购主要材料；对工程所用材料进行抽检复验，检测结果符合材料性能控制要求方可进场使用；装修施工时，采用污染小的工艺。

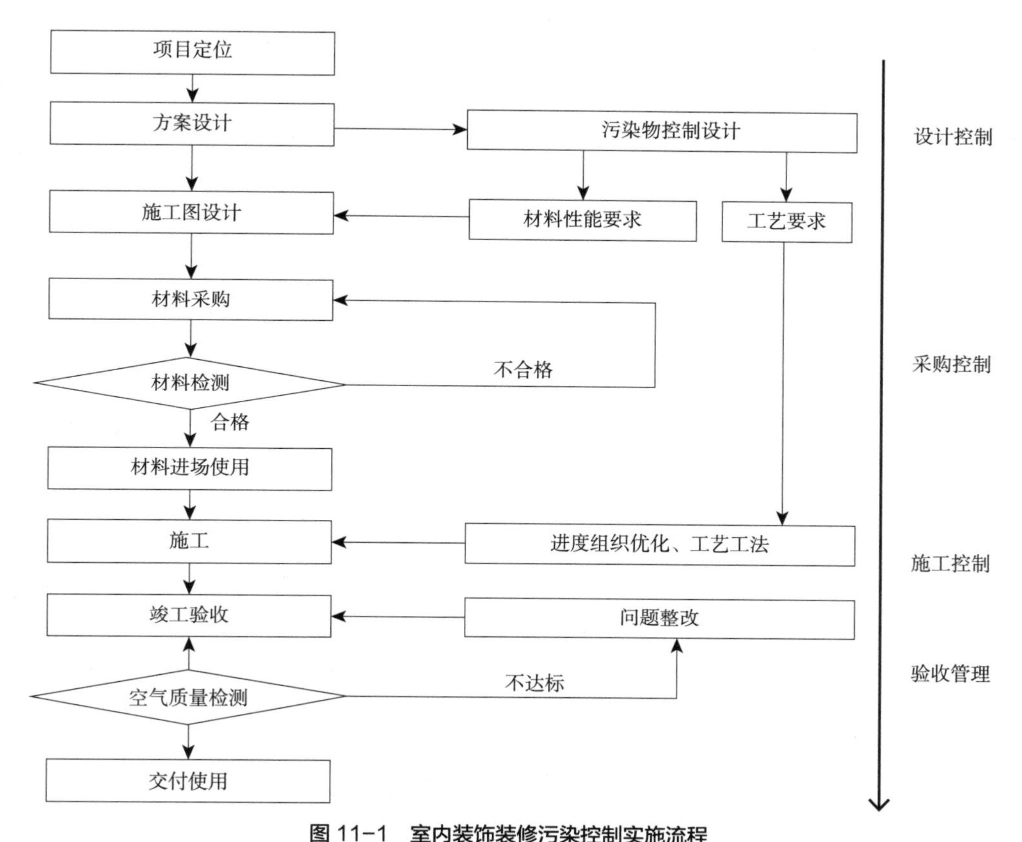

图 11-1 室内装饰装修污染控制实施流程

2. 污染物控制设计[2]

在装修设计阶段可采用规定指标法或性能指标法对装修方案室内污染物浓度进行污染物控制设计，判断装修方案的环保性能，得出各类材料尤其是主要材料或家具的污染物释放率要求。当室内空气质量要求为Ⅰ级时，采用性能指标法进行污染物控制设计；当室内空气质量要求为Ⅱ级和Ⅲ级时，可采用规定指标法或性能指标法进行污染物控制设计。

1）规定指标法

规定指标法是一种稳态的设计方法，它对室内装修所用材料的污染物释放率等级、材料用量等参数做了规定，在装修设计中按等级与承载率对应关系进行核算，若符合限量要求则能满足建筑室内的空气质量基本要求。房间拟采用的污染物释放率等级和各等级材料的面积承载率按式（11–1）~ 式（11–3）进行设计计算：

$$a \times N_{F2}+b \times N_{F3}+c \times N_{F4} \leqslant \frac{1}{\alpha} \quad 式（11–1）$$

$$N_{Fi}=\frac{S_{Fi}}{A} \quad 式（11–2）$$

$$\alpha = e^{-9799} \cdot (\frac{1}{t+273}-\frac{1}{296}) \quad 式（11–3）$$

式中 N_{F2}——污染物释放等级为 $F2$ 的材料面积承载率；

N_{F3}——污染物释放等级为 $F3$ 的材料面积承载率；

N_{F4}——污染物释放等级为 $F4$ 的材料面积承载率；

α——温度修正系数；

S_{Fi}——等级为 F_i 的材料面积，m^2；

A——房间面积，m^2；

t——设计温度，℃；

a、b、c——当室内空气质量控制目标为Ⅱ级时，分别取值为 1/4、3/5 和 6/5；当室内空气质量控制目标为Ⅲ级时，分别取值为 1/5、2/5 和 4/5。

2）性能指标法

性能指标法是一种对装修污染进行动态权衡分析，在装饰装修设计时采用污染物预评价手段对设计方案进行优化，使室内空气质量达到设计要求的设计方法。采用模拟计算方式，耦合建筑情况、装修材料类型、装修材料污染物释放特性、材料用量、通风情况、装修施工进度和施工工艺、装修交付时间、室内温湿度等因素，预测工程完成后室内环境的动态水平，权衡判断方案的合理性，解析污染源，并明确主要污染源控制要求。图 11–2 为通过模拟软件计算得到的室内污染物浓度和污染源影响趋势分析示意图。

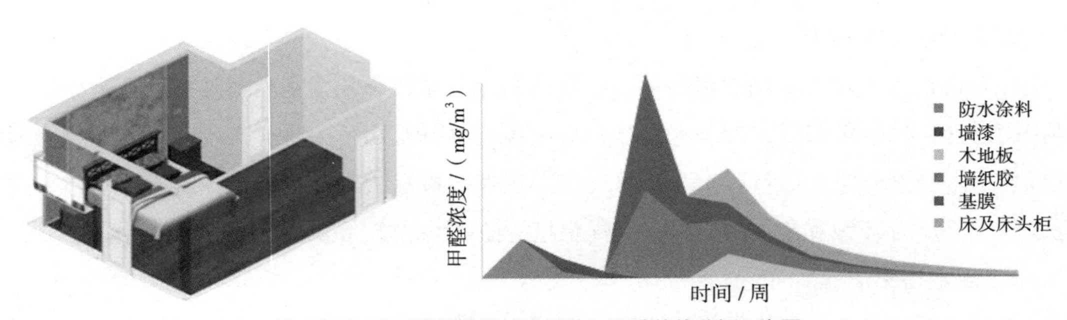

图 11–2 室内污染物浓度和污染源影响趋势分析示意图

11.2.3　应用案例

本案例是位于广东省深圳市南山区的某办公建筑，主要功能空间面积约 30000m²。基于性能指标法污染物控制设计，采用室内装饰装修污染预测与控制工具 Indoor–PACT 模拟计算软件（如图 11–3 所示）耦合室内通风状态、装修进度、材料用量、设定材料释放率等边界条件，模拟分析得出的建筑典型房间室内甲醛浓度动态变化趋势如图 11–4 所示。图 11–5 所示为项目典型房间相关污染源在装修后不同时段对室内甲醛污染的影响权重，可知不同的材料污染物释放衰减规律不同，装修工序进度对验收时的室内空气质量有重要的影响，例如胶合板因较早进场，在验收时胶合板对室内甲醛浓度已无影响。综合材料污染散发特性和材料用量，墙纸、涂料是主要的甲醛污染源。

图 11–3　Indoor–PACT 模拟计算软件

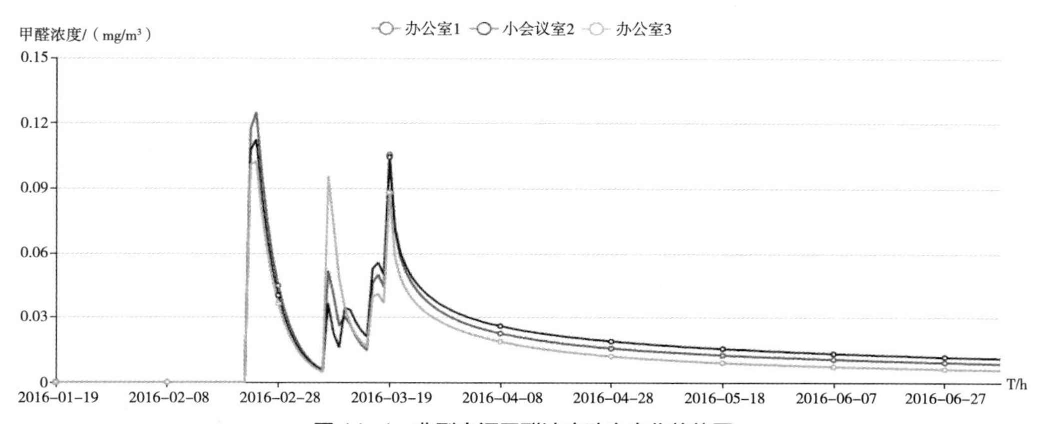

图 11–4　典型房间甲醛浓度动态变化趋势图

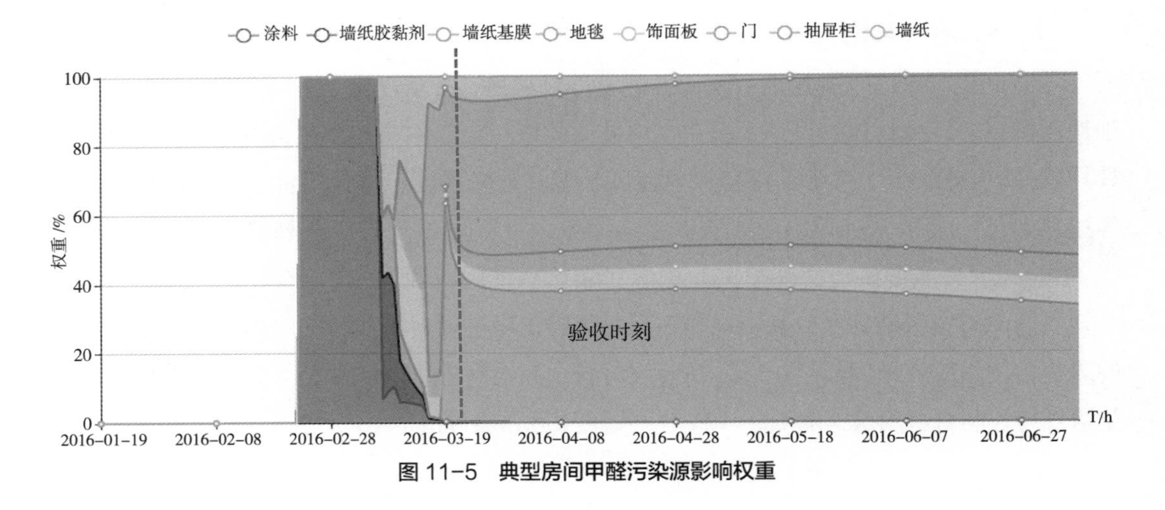

图 11-5 典型房间甲醛污染源影响权重

根据设计结果，项目各材料的甲醛释放率按表 11-1 限值进行控制，实施选材、采购和质量监控。

项目装修材料甲醛释放率控制建议 表 11-1

材料	地毯	底漆	墙纸	饰面板	墙纸胶黏剂	墙纸基膜	家具	门	布艺硬包
限值 /[mg/（m^2·h）]	≤ 0.01	≤ 0.03	≤ 0.01	≤ 0.03	≤ 0.05	≤ 0.02	≤ 0.02	≤ 0.03	≤ 0.01

11.3 室内需求通风控制技术

11.3.1 技术概述

建筑室内环境与建筑通风息息相关，合理引入新风是保证室内空气品质的重要条件，不仅可以稀释室内各种污染源所散发的污染物，还可以提供人员呼吸所需要的氧气。美国采暖、制冷及空调工程师协会（ASHRAE）关于“提高室内空气质量到可接受水平的通风设计”，为了实现新风节能和满足室内空气品质两方面的要求，建立并发展了需求控制通风技术（Demand Control Ventilation，简称 DCV）[3]。需求控制通风是根据建筑物内能代表室内空气品质的污染物浓度来调节新风量的新风控制策略，是解决新风能耗与室内空气品质之间矛盾的有效方法。

11.3.2 技术要点

1. 新风量的计算

在我国现行规范和工程实施中，新风量的确定主要考虑人员代谢污染部分，以人均新风量为设计标准，辅助换气次数的校订，未考虑建筑装饰材料、设备等建筑自身污染物。针对低密度人群建筑，借鉴国外经验，除了考虑降低建筑内人体污染物所需新风量外，还需考虑建筑物自身污染物所需新风量，并将两者进行合理的叠加。ASHRAE Standard 62.1–2013[4] 给出了相应的计算公式和各项指标取值建议，见式（11–4）：

$$V_{bz}=R_p \times P_z+ R_a \times A_z \qquad \text{式（11–4）}$$

式中　V_{bz}——呼吸区域新风量，L/s；

R_p——人均最小新风量，L/（P・s）；

P_z——室内人数，人；

R_a——单位面积最小新风量，L/（s・m^2）；

A_z——房间面积，m^2。

2. 多参数动态过程控制策略

传统的需求控制通风系统策略适用于以人为主要污染源的建筑物，以室内 CO_2 浓度为控制指标。但对于各类型的公共建筑来说，CO_2 浓度不能单独作为衡量室内空气质量的指标，尤其是实施了改造装修更新的公共建筑，主要污染物为甲醛、苯和 TVOC 等；而医院建筑微生物污染、气味等问题也会引起不适。根据建筑类型及建筑典型污染物的种类特征采用多参数需求控制通风，以 CO_2、TVOC、$PM_{2.5}$、甲醛和温湿度作为室内建筑相关污染的控制指标，从而允许在人员改变或建筑相关污染物浓度改变时调节新风量的通风控制方案。图 11–6 所示为典型多参数动态需求控制通风原理图。

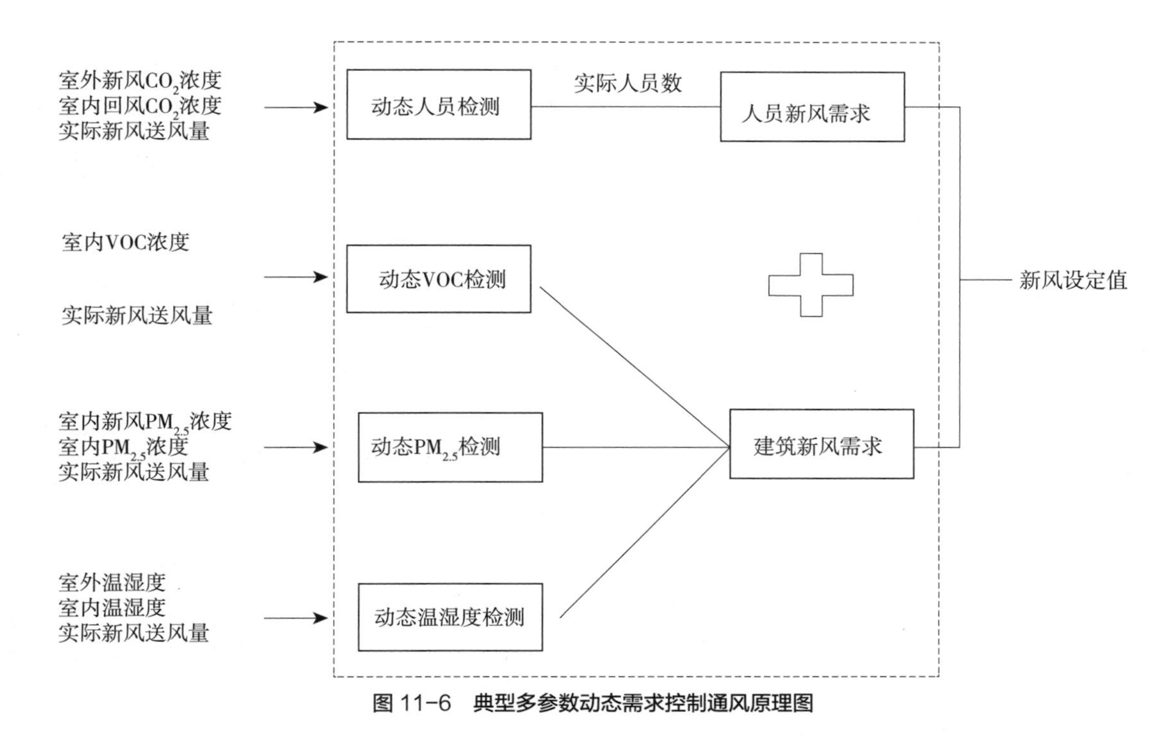

图 11–6　典型多参数动态需求控制通风原理图

11.4 被动式和主动式空气净化技术

11.4.1 技术概述

1. 被动式空气净化技术[5, 6]

被动式空气净化技术是将一种具有净化功能的材质与室内建筑材料、装饰材料等相结合制备净化产品的技术，当污染物分子扩散到这种产品表面，与之产生某种物理的、化学的或生物的作用而将空气中的污染物去除，不带有机械通风动力装置，从而没有额外的能源消耗。目前市场上被动式空气净化产品非常多，包括具有空气净化功能的室内装饰装修涂覆材料（如硅藻泥、二氧化钛催化涂料等）及喷涂材料（如空气净化喷雾剂、净化喷涂产品），具有空气净化功能的壁纸等装饰材料。基于被动式空气净化技术的室内空气净化材料，按照其净化原理主要分为物理性净化材料、化学性净化材料、生物性净化材料和复合性净化材料[7, 8]，如表 11–2 所示。被动式室内空气净化产品由于生产工艺简单、成本低、投资小，发展尤为迅速，并不断涌现出具有新型净化功能的产品。

被动式空气净化材料分类　　表 11–2

净化材料分类	净化原理
物理性	采用活性炭、硅胶、沸石、分子筛、氧化铝和硅藻泥等多孔介质进行吸附的净化材料
化学性	采用氧化、还原、中和、离子交换、光催化、络和等技术生产的净化材料
生物性	采用微生物、酶进行生物氧化、分解的净化材料
复合性	综合利用物理、化学、生物等净化机理，将具有两种或更多种净化机理的材料复合在一起的净化材料，具有净化效率高、彻底分解污染物和净化持久性好的特点

2. 主动式空气净化技术[5, 6]

主动式空气净化技术是通过电动风机使污染的空气通过机器内部的净化组件，从而达到净化空气的目的。广义的主动式空气净化产品分为两类：一类是公共建筑内集中式通风系统中的空气净化装置（如空气过滤器、静电式空气净化装置等），该类空气净化装置本身不带动力，而是依靠系统动力使空气流通经过净化装置；另一类是本身带动力的机器，如单体式空气净化器、新风净化机等。主动式空气净化技术主要包括高效过滤技术、静电增强过滤技术、静电除尘技术、吸附技术、催化技术和光触媒技术等。通风系统用空气净化装置、新风热回收净化机和大风量单体式空气净化器等主动式空气净化产品，在许多大型公共建筑如奥运场馆、航站楼、地铁站、大型医院和高档办公楼等得到广泛应用，也是目前提升既有公共建筑室内环境的主要技术。

11.4.2　技术要点

1. 被动式空气净化技术

关注被动式净化材料的产品性能。对于物理性净化材料，应提高污染物吸附量；对于化学性净化材料，应提高净化效果的持久性，避免化学反应过程中产生二次污染物。由于目前市场上净化材料产品种类繁多，质量良莠不齐，不同品牌相同功能的产品在性能上也会存在较大差异。表 11–3 为甲醛清除剂用于细木工板上 24h 后对甲醛的去除效果，表 11–4 为 TVOC 处理液用于清漆表面 24h 后对 TVOC 甲醛的去除效果。从测试结果看，不同品牌的甲醛清除剂和 TVOC 清除剂的产品性能存在较大差异。

甲醛清除剂 24h 去除率测试结果　　表 11–3

品牌序号	1 号	2 号	3 号	4 号	5 号	6 号
24h 甲醛去除率 /%	32.7	25	53.7	20.3	49.2	61.5

TVOC 清除剂 24h 去除率测试结果　　表 11–4

品牌序号	1 号	2 号	3 号	4 号	5 号	6 号
24h TVOC 去除率 /%	0	11.5	33.9	7.5	16.2	10.9

2. 主动式空气净化技术

既有公共建筑通风净化系统改造，提升系统对室外 $PM_{2.5}$ 颗粒物污染的净化效果，应采用高效、低阻的空气净化部件，在提高净化效率的同时不能增加系统的阻力，以避免造成系统能耗增加和总送风量减少；同时改造过程中应控制可能带来的二次污染（如高压静电型净化模块所产生的臭氧增加等）。

既有公共建筑（如办公楼建筑）改造加装新风净化机系统，围护结构打孔安装不应破坏外墙的承重性能，建筑室内送、回风管道的布置应尽量不影响建筑内饰的美观。应根据建筑所在地气候特点，选择合适的热回收技术，以达到节能的效果，比如夏热冬冷和夏热冬暖地区夏季室外空气相对湿度和焓差大，建议选用全热回收装置，与显热回收装置相比具有更好的节能效果；严寒和寒冷地区，全热回收装置同显热回收装置节能效果差别不明显，显热回收装置具有更好的经济性。此外，在严寒和寒冷地区，为了防止送风温度过低影响室内舒适度或者热回收芯体结冰，可以采取增加新风加热器等预热措施。应合理选择热回收芯体的热回收效率和新风预热器的加热功率以及控制逻辑，以控制系统能耗。同时应严格控制加装新风机所带来的噪声污染。

既有公共建筑（如办公楼、学校教室、医院等）改造增添可移动式单体式空气净化器，应在确保控制室内污染物净化效果的同时，考虑适当开窗通风，以使建筑内有足够的新鲜空气。另外，单体式空气净化器的噪声需要引起重视，特别是超过 $1000m^3/h$ 风量以上的大风量单体净化器。

11.4.3 应用案例

深圳某办公总部改建装修，建筑面积 5600m^2，装修后室内甲醛和 TVOC 浓度超标，采用净化材料进行空气污染的净化治理，使得室内空气中甲醛、苯、TVOC 的浓度满足《民用建筑工程室内环境污染控制规范》GB 50325—2010（2013 版）的要求。

针对工程污染程度及污染源头类型，采用了甲醛聚合反应清除产品、苯系物及 TVOC 氧化分解产品、光触媒分解产品喷涂建筑材料和家具（图 11-7）。

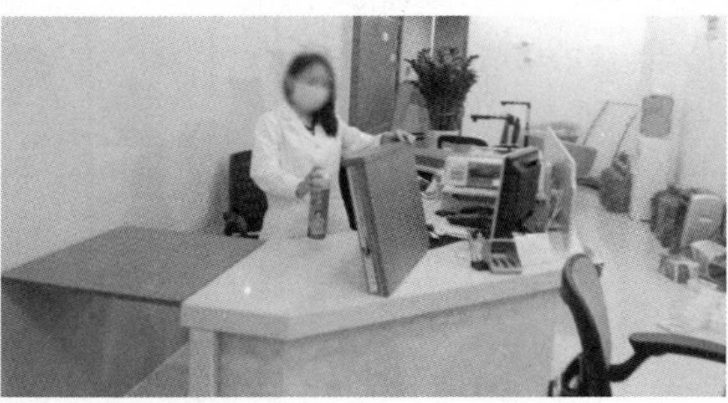

图 11-7 空气治理施工现场操作

为了进一步验证治理的效果，在治理前后对室内空气质量进行检测，典型房间检测结果如表 11-5 所示。施工前后室内甲醛、TVOC 浓度有明显的下降，说明所选用的空气净化喷涂产品在实际工程中对甲醛、TVOC 污染有一定的净化效果。

工程治理施工前后空气质量检测结果　　单位：mg/m^3　表 11-5

房间号	治理前		治理后	
	甲醛	TVOC	甲醛	TVOC
1 号	0.06	0.886	0.04	0.17
2 号	0.07	1.027	0.04	0.23
3 号	0.06	0.845	0.04	0.33
4 号	0.04	0.662	0.04	0.38
5 号	0.09	1.467	0.04	0.42
6 号	0.09	1.41	0.04	0.59

11.5 室内空气质量监测和控制技术

11.5.1 技术概述

由于建筑室内外污染源的多样性和动态变化性以及建筑使用运行过程各种条件的多变性，建筑室内空气质量状况也是一个动态变化的过程。通过建筑室内空气质量监测技术，动态监测室内空气质量参数（如空气温湿度、甲醛、TVOC、$PM_{2.5}$、CO_2 等），展示室内环境质量，当室内空气质量欠佳时，能自动控制新风机、净化器和空调等设备运行，以营造良好的室内环境。室内空气质量监测和控制技术也是建筑智能化的一部分，最终将形成室内环境和设备运行情况监测平台，分析诊断系统运行问题，制定室内环境监测及营造系统的使用指南，使物业和用户更加便利地进行使用和系统维护。

11.5.2　技术要点

1. 确定监测参数和方法

对于既有公共建筑工程室内空气质量监测：①应根据建筑室内环境特点，确定需要监测目标的污染物参数，监测参数并不是越多越好，参数越多监测系统的不稳定性也越大，造价也越高。②监测方法：动态运行监测属于适时性、长效性监测系统，各种参数优先选择传感器法进行测试。③选择适宜的监测设备和传感器，传感器的质量（包括量程、精度、分辨率、性能稳定性、抗干扰能力以及工作寿命等）很重要，会影响到监测数据的准确性以及系统控制的稳定性。传感器可以选择单参数仪表，也可以选择多参数（同时监测多个环境参数）仪表。④监测点的位置设置应能代表室内空间，并避开通风口、太阳辐射和电磁辐射等各种干扰。⑤运行维护，使用过程中应对监测仪器设备进行有效的维护和校准，以确保监测数据的质量。

表 11–6 所示为常用的室内空气质量监测参数及方法。

常用监测参数及方法汇总　　表 11–6

污染物类型	监测对象	监测目的	常用监测方法
颗粒污染物	$PM_{2.5}$	反映通风净化系统实际运行效果，并及时给出对通风系统的维护建议	滤膜称重法、TEOM 法、β 射线法、光散射法、压电天平法
物理污染物	CO_2	反映新风系统实际运行效果，并及时给出对新风系统的维护建议	红外吸收法
生物污染物	浮游菌	反映室内环境浮游微生物水平，及时提醒采用相应的感染控制措施	AGI 采样器、安德森采样器、离心式采样器、过滤采样器、微生物实时采样技术
化学气态污染物	TVOC、甲醛	反映室内对气态污染物实际控制水平，及时给出对通风系统的运行调节建议	PID 法、电化学法、气相色谱法

2. 监测系统构建及功能

出于收集数据的需求，对系统进行设计计算、设备选型和安装布局。结合物联网技术，将监测设备数据通过互联网传输到云服务器上，用户可通过网站和手机 APP 读取数据，并根据数据进行相关设备的运行控制。图 11–8 所示为室内环境监测和控制系统原理图。

为满足公共建筑室内空气品质的实时监控需求，监测平台的主要功能包括数据采集、数据存储、测试参数报警、趋势统计与预测、报警信号的专家支持模块。

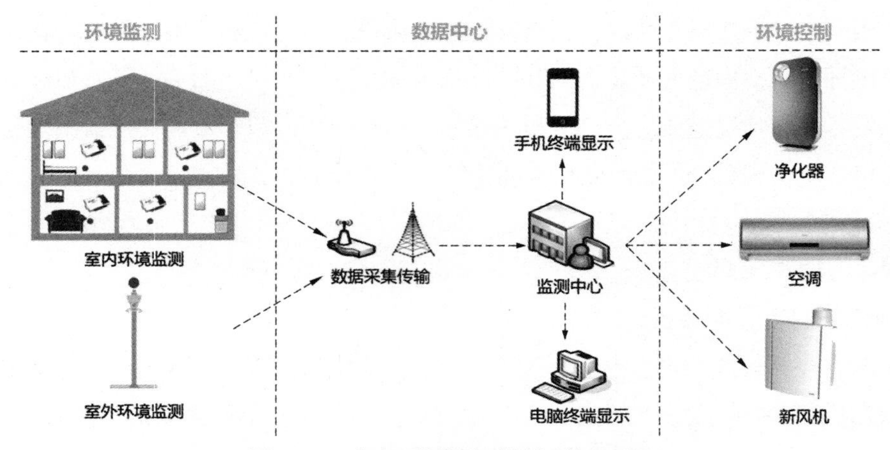

图 11-8 室内环境监测和控制系统原理图

11.5.3 应用案例工程

深圳市某办公楼改造装修完工后，采用室内环境监测仪对典型房间进行连续监测。设备包括空气温湿度、甲醛、TVOC、温湿度、CO_2、颗粒物、噪声监测等模块，连接后可通过手机 APP 或者网站实时监测室内环境（图 11-9、图 11-10）。

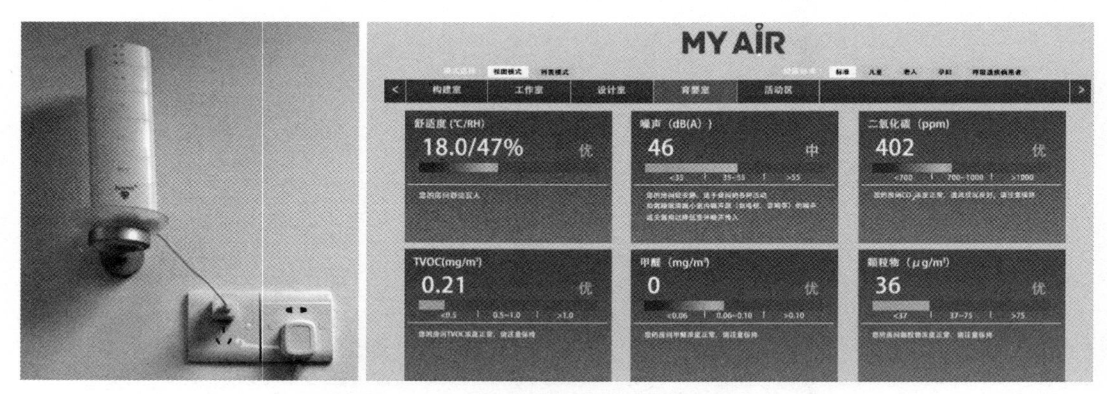

图 11-9 典型区域室内空气质量监测设备及平台

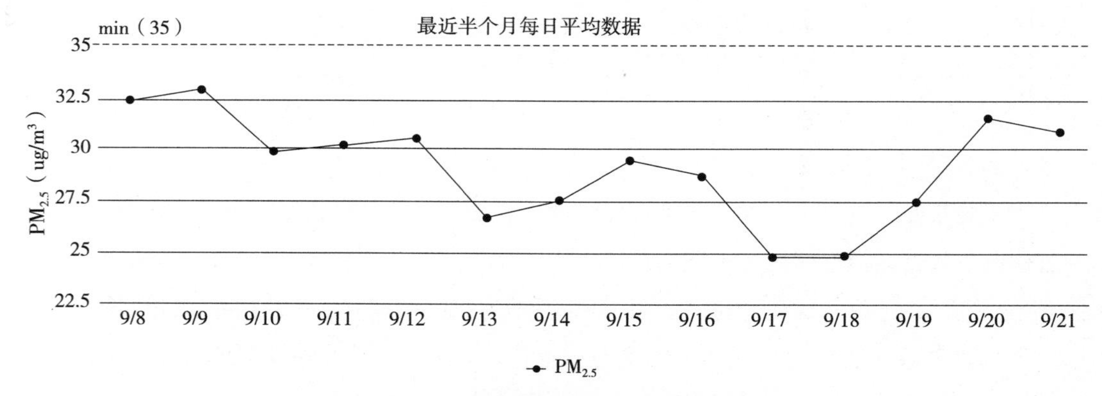

图 11-10 典型区域 $PM_{2.5}$ 监测数据

参考文献

[1] 梁卫辉，杨旭东，陈凤娜. 建筑 VOC 预评估模拟软件 [J]. 暖通空调，2013，43（12）：74-79.

[2] 深圳市建筑科学研究院股份有限公司，福建一建集团有限公司，等. 住宅建筑室内装修污染控制技术标准：JGJ/T 436—2018 [S]. 北京：中国建筑工业出版社，2018.

[3] 程浩. 基于人员适应性的需求控制通风措施研究 [D]. 重庆：重庆大学，2012.

[4] ASHRAE Standing Standard Project Committee. Ventilation for acceptable indoor air quality：ASHRAE62.1—2013[S]. Atlanta，2013.

[5] 宋瑞金，吴俊华，赵欣. 被动式室内空气净化产品功能的评价指标探讨 [J]. 环境与健康杂志，2008，25（3）：260-261.

[6] 杨华，刘清珺. 浅谈室内空气净化产品及其测评标准 [J]. 标准科学，2016（7）：43-47.

[7] 赵伟，狄彦强，等. 医院建筑绿色改造技术指南 [M]. 中国建筑工业出版社，2015.

[8] 王志霞，张芳，董志勇，等. 室内空气净化材料净化原理及分类概述 [J]. 工程质量，2018，36（4）：87-89.

第五篇
建筑能效提升

第 12 章　建筑围护结构

12.1　概述

12.1.1　基本概况

建筑的围护结构分外围护结构和内围护结构，本章主要讨论外围护结构的改造。外围护结承担着围护、遮风挡雨、保温隔热、隔声防噪、防水防潮、美化建筑等功能。外围护结构配件主要包括外墙、屋面、外窗、外门等，应满足安全、耐久及正常使用等要求，具有抗风、抗冲击、耐候、防水、保温、隔热、隔声等方面的性能。早期的既有公共建筑大部分是非节能建筑，其围护结构的保温隔热等性能相对较差，不满足现行节能相关标准的要求。除此之外，外墙可能存在开裂、渗漏、饰面脱落等问题，外窗、玻璃幕墙可能存在变形、材料老化、密封差、隔声差等问题，屋面则可能存在防水材料老化、渗漏等问题。这些问题影响了建筑的美观、正常使用及使用寿命，导致建筑室内热、声、光等环境差，并使供暖空调能耗增高。因此，需根据既有公共建筑围护结构的实际情况，选择合理的技术进行性能提升改造。

外围护结构性能提升主要是出于降低建筑能耗、改善室内环境等目的，对外墙、屋面、外窗及玻璃幕墙的保温、隔热等性能进行提升，同时需兼顾其安全、耐久、防水、隔声等方面性能的提升。

12.1.2　改造前诊断评价

既有公共建筑围护结构性能提升改造前应对其服役状况、功能、性能等进行评价[1]，用以指导性能提升改造的设计。评价应在对改造前既有围护结构进行竣工资料查勘、现场检查、性能测试等的基础上，对存在的问题进行诊断，依据相关的标准规范给出评价。

1. 外墙的诊断评价

对于无保温系统的外围护结构，热工性能一般达不到现行节能标准要求[2]，但其抗风荷载、抗冲击、抗冻融、耐候等性能主要取决于基层墙体的性能，一般可以满足要求。含外保温系统的外墙，虽然保温性能大大提高，隔声性能也有所提高，但抗风荷载、抗冲击、抗冻融、耐候等性能主要取决于外保温系统，相比基层墙体反而会有所削弱。针对目前既有公共建筑外墙常见的问题，宜进行有针对性的性能测试，测试方法如表 12-1 所示。

既有公共建筑外墙的性能测试指标及方法　　表 12-1

项目	指标	测试方法及标准
保温性	传热系数 K	热流计法，《公共建筑节能检测标准》JGJ/T 177
隔声性	计权隔声量 + 交通噪声频谱修正量（Rw+Ctr）	声压级差法，《建筑隔声测量规范》GB 50075
防水性	无渗入室内现象	观察法、现场淋水试验

2. 屋面的诊断评价

屋面能效提升的关键在于提升屋顶的防水和热工性能。针对目前既有公共建筑屋面常见的问题，宜进行有针对性的性能测试，测试方法如表 12–2 所示。

既有公共建筑屋顶的性能测试指标及方法　　表 12-2

项目	指标	测试方法及标准
保温性	传热系数 K	热流计法，《公共建筑节能检测标准》JGJ/T 177
防水性	无渗入室内现象	观察法、现场淋水试验

3. 外窗幕墙的诊断评价

外窗和幕墙往往是外围护结构中能量损失最严重的部分，改造前应对外窗和幕墙的性能进行有针对性的测试，测试指标及方法如表 12–3 所示。

既有公共建筑外窗幕墙的性能测试指标及方法　　表 12-3

项目	指标	测试方法及标准
保温性	传热系数 K	热流计法，《建筑外门窗保温性能分级及检测方法》GB/T 8484，《建筑幕墙保温性能分级及检测方法》GB/T 29073
隔热性	遮阳系数 Sc	分光光度计测试，《建筑玻璃可见光透射比、太阳光、直接透射比、太阳能总透射比、紫外线透射比及有关窗玻璃参数测定》GB/T 2680
气密性	气密性等级	《建筑外门窗气密、水密、抗风压性能分级及检测方法》GB/T 7106，《建筑外窗气密、水密、抗风压现场检测方法》JG/T 211，《建筑幕墙气密、水密、抗风压性能检测方法》GB/T 15227
水密性	无渗入室内现象	观察法，现场淋水试验，《塑料门窗工程技术规程》JGJ 3103，《铝合金门窗工程技术规范》JGJ 2014

12.2　外墙性能提升改造技术

12.2.1　技术概述

既有非节能建筑外墙构造相对简单，主要包括基层墙体、粉刷层、饰面层等，选择合适的墙材及构造，通过合理的设计、施工可保证其围护、防水、隔声等功能及抗风、抗冻融、抗冲击、耐候等方面的性能。但既有非节能建筑外墙保温、隔热性能相对较低，部分外墙存在饰面旧、脏、开裂、墙体开裂、渗漏等问题。因此，外墙性能提升改造主要技术手段是增加保温系统、饰面翻新等，改造时仍然保留一般基层墙体，不作拆除。在大幅提升保温、隔热性能的同时，保持其安全、耐久性能，适当提升防水、隔声等性能。增加保温系统分为增加外保温和内保温两种[3，4]，也可内外结合，南方地区也可仅增加隔热构造以提升隔热性能。

1. 增加外保温系统

外墙外保温是指在外墙的外侧涂抹、喷涂、粘贴或（和）锚固保温材料的墙体保温形式。外保温基本可消除热桥，整体保温性能好，墙体内表面不产生结露，保温系统不占室内使用面积，施工时不影响室内正常使用。除某些外立面必须维持原貌的公共建筑（如历史文物保护建筑）外，外墙节能性能提升改造应优先采用外保温，和外立面翻新结合在一起。按照饰面的不同，外墙外保温系统分为薄抹灰外保温系统、保温装饰一体化系统[5]和不透明幕墙外保温系统[6，7]。

1）薄抹灰外保温系统[3]

薄抹灰外保温系统是最常用的保温系统。对外饰面要求不高的既有建筑，通常采用薄抹灰外保温系统。薄抹灰外保温系统是将保温板用胶黏剂粘贴在基层上，或将保温浆料类材料涂抹在基层上，再在保温板或保温浆料外做抗裂薄抹面层，抹面层中铺玻纤网格布等增强网，辅以锚固件锚固，外做涂料、装饰砂浆、柔性面砖等饰面，构造如图 12-1 所示。为提升外墙的防水性能，原基层墙体或找平层外侧宜增加聚合物水泥砂浆防水层。

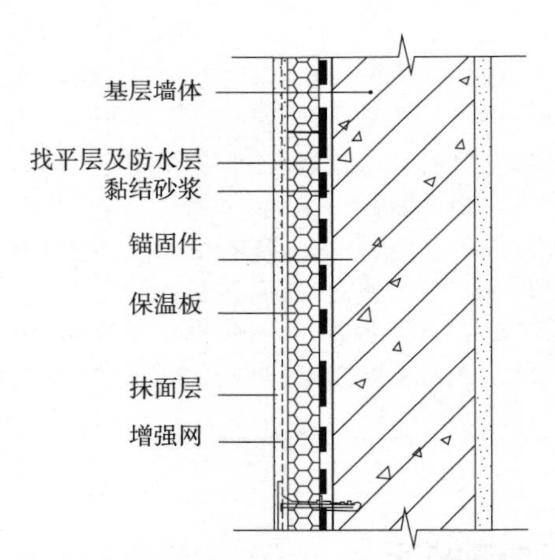

图 12-1 薄抹灰外墙外保温系统构造（粘贴保温板类）

2）保温装饰一体化系统[5]

为满足更高的装饰要求，外墙性能提升改造可采用保温装饰一体化板保温系统。一体化板是将保温板、增强板（一般采用硅钙板、水泥压力板等）、饰面材料、锚固件等以一定的方式在工厂生产的集保温、装饰于一体的成品复合板。保温材料采用燃烧性能 B1 级的 XPS 板、EPS 板、PU 板等或 A 级不燃的岩棉带等材料。饰面材料可采用氟碳色漆、氟碳金属漆、仿石漆等，或增强板直接采用铝塑板、铝板、薄石材板。一体化板现场安装工作量可大大减少，施工便捷，饰面可达到类似幕墙的观感效果，造价比干挂幕墙低。为了加强外墙的防水性能，原基层墙体或找平层外侧宜增加聚合物水泥砂浆防水层。

3）不透明幕墙外保温系统

对于有更高装饰要求的公共建筑，外墙改造常常采用不透明幕墙的做法，不透明幕墙与基层墙体间设置保温材料。为了加强外墙的防水性能，原基层墙体或找平层外侧宜采用聚合物水泥防水砂浆、普通防水砂浆或聚合物水泥防水涂料、聚合物乳液防水涂料、聚氨酯防水涂料做防水层。当保温材料为岩棉类材料时，保温层外侧宜采用防水透气膜做防水层。幕墙面板与保温材料间有空气层。但空气层对保温材料的防火不利，当保温材料起火时，空气层导致的烟囱效应将加速火焰蔓延，故保温材料应选择 A 级不燃材料。

2. 增加内保温系统 [4]

外墙内保温是在外墙的内侧涂抹、喷涂、粘贴或（和）锚固保温材料的墙体保温形式。可采用涂抹石膏基或水泥基保温砂浆、喷涂聚氨酯或粘贴石墨聚苯板、玻璃棉、真空绝热板等做法。内保温系统对饰面和保温材料的防水和耐候性等要求不高，施工简便，施工不受气候影响，造价相对较低。但系统较难以完全避免热桥，占去部分室内使用面积，施工可能影响室内正常使用，因此一般对外立面不翻新或需维持原貌的公共建筑（如历史文物保护建筑）才采用内保温做法。采用保温砂浆做法相对简单，防护层采用薄抹灰的做法，类似薄抹灰外保温系统。喷涂聚氨酯或粘贴保温板一般采用有龙骨内保温系统，面层宜采用石膏板、GRC 轻质板等。

3. 增加隔热构造

在夏热冬冷及夏热冬暖地区，隔热性能提升带来的节能效果明显。提升外墙隔热性能的手段有多种，结合外立面翻新，做法有外墙垂直绿化、涂刷热反射隔热涂料、通风墙等。

1）外墙垂直绿化 [8]

外墙垂直绿化在夏季通过植物叶片、冠层的遮阳作用和植物的蒸腾、蒸散作用，调节及减少建筑物吸收的太阳辐射量，降低外墙表面温度，从而降低空调负荷，实现节能的目的。

垂直绿化还是美化建筑的良好的手段。用于外墙改造的垂直绿化做法主要有自然攀爬型、模块式种植等。自然攀爬型一般选用爬山虎、常青藤、凌霄、薜荔、扶芳藤等植物，为使植物附着墙面，可用木架、金属丝辅助植物攀爬，经人工修剪，将枝条牵引到木架、金属丝上，其构造简单、成活率高、易维护、造价低，应用最普遍，如图 12–2 所示。模块式种植将绿色植物种植在建筑外墙外侧的模块箱中，其特点是易于装卸，但植物需定期

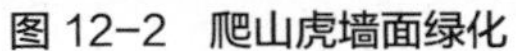

图 12–2　爬山虎墙面绿化

图 12–3　模块式墙面绿化

更换，可单个模块进行，施工便捷，模块寿命可长达十几年，系统一般含有种植部分（容器、基质、防水）和灌溉系统（包括监控、排水，可利用回收雨水进行灌溉），如图 12–3 所示。

2）涂刷热反射隔热涂料

热反射隔热涂料主要由合成树脂、功能性填充料（如红外颜料、空心微珠、金属微粒等）及助剂等配置而成，具有较高的太阳反射比和红外发射率。该产品已广泛用于石油、船舶、交通、航天等领域。对建筑，热反射隔热涂料具有装饰和隔热的双重作用，对夏热冬暖地区大部分既有建筑来说，仅增加热反射隔热涂料基本可满足节能要求，造价低，施工便捷。

3）背通风墙

既有公共建筑外立面改造常常采用外挂石材、陶板等不透明幕墙的做法，为提升外墙隔热性能，可将幕墙与基层墙体间的空气层做成开放式，形成背通风墙。空气层中的热空气受热后上升，向上通过排风口排出墙体，利用空气流动带走热量，可减弱太阳辐射对墙体的影响，大大降低墙体的内表面温度。同时使用带铝箔的空气间层，隔热效果更明显。

12.2.2　技术要点

1. 外墙外保温技术选择要点

外墙节能性能提升改造优先采用外保温技术。外保温系统主要分为保温浆料类、喷涂类、保温板类。保温浆料类材料包括胶粉聚苯颗粒保温浆料、无机轻集料保温砂浆等。喷涂类主要采用喷涂聚氨酯。保温板类包括有机材料和无机材料保温板，有机材料采用燃烧性能 B1 级的 EPS 板、PU 板等；无机材料保温板有岩棉板（带）、发泡水泥板、发泡陶瓷保温板等。根据各种材料及系统的特点，总结技术选择要点如下：

1）对保温性能要求不高的夏热冬暖及夏热冬冷地区既有建筑，可采用保温浆料类材料，以及发泡陶瓷保温板、发泡水泥板等不燃保温材料。

2）对寒冷、严寒地区或夏热冬冷地区保温性能提升要求较高的既有非人员密集场所建筑及非高层建筑，可采用燃烧性能B1级的有机保温板，优先选用阻燃性能较好、性能优良、质量可靠的石墨EPS板。采用有机保温板应严格设置防火隔离带等防火构造[9]。

3）对寒冷、严寒地区或夏热冬冷地区保温性能提升要求较高的既有高层及人员密集的公共建筑，应采用保温性能较好的A级不燃材料，如岩棉板、岩棉带。薄抹灰外保温系统应优先选用岩棉带，幕墙饰面系统可采用岩棉板。

4）喷涂硬泡聚氨酯外保温系统保温效果佳、整体性好，兼防水抗裂功能，但施工时有一定的污染，且容易引发火灾，不宜用于正在使用的既有建筑的改造工程。

2. 外墙内保温技术选择要点

对夏热冬冷及夏冷冬暖地区保温性能提升要求不高的既有建筑，可采用石膏基或水泥基保温砂浆系统，但有防水要求的卫浴等房间不宜采用。对寒冷、严寒地区或夏热冬冷地区保温性能提升要求较高的既有建筑，可喷涂聚氨酯或粘贴石墨聚苯板、玻璃棉、真空绝热板等。喷涂聚氨酯或内置玻璃棉、真空绝热板一般做成有龙骨的内保温系统，粘贴石墨EPS板可采用带饰面的复合板。

对保温性能提升要求较高的既有建筑，单纯的外保温或内保温所需的保温材料厚度较大，外保温可能增加施工难度（如超低能耗改造需要双层保温板），降低系统的安全性（保温材料过厚使受力更复杂，安全风险增加），这时宜采用内外结合的保温做法。

3. 外墙隔热技术选择要点

在夏热冬冷及夏热冬暖地区，外饰面为涂料饰面、翻新要求不高时的既有建筑可采用热反射隔热涂料，做法简单，造价低；外立面翻新要求高，拟用不透明幕墙的，可结合保温系统采用背通风墙；外立面不翻新的多层建筑，可直接采用垂直绿化的做法，达到既改善外观，又美化环境、隔热防暑的效果。

4. 增加外墙外保温技术应用要点

1）应根据原有墙体材料、构造、厚度、饰面做法及墙面开裂、剥蚀、材料劣化等情况，确定基层处理构造；按照节能性能提升要求，确定外墙保温构造做法和保温层厚度。

2）应按照现行国家标准《民用建筑热工设计规范》GB 50176的规定进行围护结构内部冷凝、受潮验算并采取防潮措施。外墙外露（出挑）构件及附墙部件应有防止和减少热桥的保温措施，防止内表面结露[9]。

3）外保温系统与原墙体基层应有可靠的结合，应采用黏锚结合（黏结为主、锚固为辅）的连接方式，黏结强度、黏结面积和锚栓数量等应符合行业标准《外墙外保温工程技术规程》JGJ 144等的要求。

4）薄抹灰系统饰面不宜采用瓷面砖饰面。

5）增加外保温系统的既有建筑外墙性能应满足表12-4的要求。

增加外保温系统的既有建筑外墙性能提升要求[4]　　表 12-4

项目	标准	性能要求	
抗风荷载性能	《外墙外保温工程技术规程》JGJ 144	项目风荷载设计值作用下无破坏	
抗冲击性	《外墙外保温工程技术规程》JGJ 144	首层及易受碰撞处 10J 级，二层以上及不易受碰撞处 3J 级	
防水性	《建筑外墙防水工程技术规程》JGJ/T 235、《外墙外保温工程技术规程》JGJ 144 等	增加的外保温系统在水中浸泡 1h 后的吸水量不大于 $0.5kg/m^2$，抹面层浸水 2h 不透水；外墙使用时无雨水、雪水侵入墙体、渗入室内现象	
耐候性	《外墙外保温工程技术规程》JGJ 144	增加的外保温系统耐候试验后无饰面层起泡或剥落，保护层或面板无空鼓或脱落等破坏，不得产生渗水裂缝，抹面层与保温层拉伸黏结强度不小于 0.1MPa	
耐冻融性能	《外墙外保温工程技术规程》JGJ 144	增加的外保温系统 30 次冻融循环后，保护层无空鼓、脱落，无渗水裂缝，保护层与保温层的拉伸黏结强度不小于 0.1MPa	
保温性	《公共建筑节能设计标准》GB 50189 等	外墙传热系数 K 不大于 GB 50189 规定的限值	
隔声性	《民用建筑隔声设计规范》GB 50118	计权隔声量+交通噪声频谱修正量（R_w+C_{tr}）	外墙不低于 45dB（学校、医院、办公建筑）
			外墙（含窗）不低于 40（特级）、35（一级）、30（二级）dB（宾馆客房）

5. 增加外墙内保温技术应用要点[4]

1）应对外墙内表面进行处理：对内表面涂层、积灰油污及杂物、粉刷空鼓应刮掉并清理干净；对内表面脱落、虫蛀、霉烂、受潮所产生的损坏进行修复；对裂缝、渗漏进行修复，墙面的缺损、孔洞应填补密实；对原不平整的外围护结构表面加以修复；各类主要管线安装完成应经试验检测合格后方可进行改造。

2）热桥处（楼板与外墙、交叉的横墙与外墙等处）应根据实际情况进行热桥保温处理，可采用保温系统翻边或结合室内装修构造进行处理。

3）为防止室内各种活动的碰撞对内保温系统造成破坏，要求其抗冲击性达到 10J 级。保温砂浆系统采用石膏砂浆或抹面砂浆做保护层，砂浆厚度不宜小于 10mm，不宜大于 15mm，内配双层耐碱玻纤网格布，阳角处应采用专用护角条。有龙骨内保温系统面层宜采用石膏板、GRC 板等面板，厚度不宜小于 10mm，喷涂聚氨酯系统应采用双层石膏面板，错开布置。

4）卫生间或厨房等有防水要求的房间基层墙体表面应增加防水层。

5）预留孔洞、线盒等处应采用专门的配板或其他保温性能较好的保温板。

6. 增加热反射隔热涂料应用技术要点[11]

1）反射隔热涂料对夏热冬暖地区建筑节能效果显著，对夏热冬冷地区效果视冬夏季日照量变化，如夏季日照强烈，则效果显著。要求太阳光反射比（白色）不小于 0.83，半球发射率不小于 0.85。

2）建筑反射隔热涂料构造主要由墙面腻子、底涂层、反射隔热涂料面漆层及辅助材料组成。热工计算时，节能效果可采用等效热阻计算值体现。墙面腻子内侧还可以采用保温型腻子替代，或增加其他适宜的保温材料。

3）反射隔热涂料构造应包覆门窗外侧洞口、女儿墙、凸窗以及封闭阳台等热桥部位，应做好密封和防水构造设计；水平或倾斜出挑部位以及延伸至地面以下部位应做防水处理。

4）反射隔热涂料抹面层中应设计分格缝，宜按建筑物立面分层设置，并做防水处理。

7. 增加外墙绿化技术应用要点[8]

1）自然攀爬型技术要点：①种植地、种植槽要有良好的排水性能，栽植地点有效土层下方应无不透气基层，上下应贯通；②种植土应为疏松、透气、渗水性好的壤土，应定期添加损耗土壤和有机肥；③藤蔓植物除应采用乡土植物和引种成功的植物外，还要根据墙面的环境来选择耐阴或喜阳植物。

2）模块装配型技术要点：①模块材质应坚固、耐用，安装安全、可靠、耐久，符合设计要求，尤其是安装在有一定高度的建筑物外墙模块；②栽培基质应根据拟用植物种类、立地环境条件、灌溉系统特点等综合分析后加以选择；③自动化水肥管理控制系统应注意绿墙高度对供水压力的影响和出水量的均衡以及本地区气候对管道的影响，设置冬季防冻、雨季防雷等措施。

8. 增加背通风墙应用技术要点

背通风墙中的空气层必须设置能自由开、关的通风口，冬天关上，夏天开启，起到隔热效果。空气层的做法有很多，欧洲大量采用预制板外挂法，这种做法可将水蒸气通过空气层排到室外，防止内部结露。实际应用中可采用 GRC 等轻质高强材料，借鉴幕墙板构造做法组成幕墙体系。

12.2.3　应用案例

1. 案例 1——薄抹灰外墙外保温系统

北京市怀柔区中医院迁建工程 2、3 号楼原建筑外墙为加气混凝土砌块墙及混凝土墙，原涂料外饰面年久失修，无保温系统。性能提升改造采用岩棉保温板外保温系统，保温层厚度为 100mm，表面涂料饰面出新。改造后的加气混凝土砌块墙及混凝土墙传热系数分别达到 0.29 W/（m^2·K）及 0.36W/（m^2·K），满足《公共建筑节能设计标准》GB 50189 要求，外立面焕然一新，如图 12–4 所示。

2. 案例 2——薄抹灰外墙外保温系统

北京市某养老照料中心项目原建筑外墙采用混凝土空心砌块，无保温系统。性能提升改造外立面保持了原有的风格，增加 110mm 厚的岩棉板外墙保温材料，改造后外墙平均传热系数达到 0.43 W/（m^2·K），满足北京市地方标准要求，如图 12–5 所示。

图 12-4　北京市怀柔区中医院迁建工程 2 号楼外墙改造后外观

图 12-5　北京市养老照料中心项目改造前（左）与改造后（右）外观

3. 案例 3——干挂石材幕墙外保温系统

中国中医科学院中药研究所实验楼外立面改造本着安全耐久、经济、实用、美观的原则，选用 100mm 厚憎水岩棉保温板结合干挂石材的方式。石材面板采用国产优质花岗石，厚度 25mm。石材表面涂刷防水涂料，防污染处理，弯曲强度不小于 80MPa，吸水率不大于 0.8%。石材幕墙采用背栓挂件系统与铝合金挂件系统。铝板采用 4mm 厚铝单板，表面氟碳喷涂。改造后外墙传热系数为 0.39W/（m^2 · K），如图 12-6 所示。

图 12-6　中国中医科学院中药研究所实验楼改造前（左）与改造后（右）外观

4. 案例 4——外墙内保温、外墙隔热涂料、外墙垂直绿化

深圳市建筑工程质量监督和检测实验业务楼项目原外墙为 240mm 厚黏土实心砖外墙，平均传热系数为 2.45W/（$m^2 \cdot K$）。该项目采用 50mm 厚的挤塑聚苯板，粘贴在外墙内侧，饰面为乳胶漆饰面。改造后外墙平均传热系数为 0.56W/（$m^2 \cdot K$）满足《公共建筑节能设计标准》GB 50189 节能标准的要求，隔热性能满足《民用建筑热工设计规范》GB 50176 的内表面温度要求。

为提升建筑效果，外立面在原有瓷砖面做防水层，批刮专用瓷砖底腻子，并喷涂专用弹性底漆，最后喷涂纯丙遮热反射涂料，该涂料具有弹性功能的同时具备优良的遮热反射节能效果，太阳光反射比为 0.85，半球发射率为 0.90。在建筑西侧设置模块式垂直绿墙，种植绿色植物并挂在外墙的龙骨架子上，垂直绿化的骨架是利用现场拆除下来的铝合金窗套重新组装搭建而成的，如图 12–7 所示。

图 12–7　深圳市建筑工程质量监督和检测实验业务楼改造后效果

5. 案例 5——外墙模块化内保温墙板应用

泰州住建局办公楼外墙为 240mm、490mm 等多个厚度的黏土多孔砖外墙，未采用保温层，改造前外墙平均传热系数为 1.5W/（$m^2 \cdot K$）。为保持原有建筑风格，保障建筑正常办公，项目改造采用外墙模块化内保温墙板，采用干法快速施工技术，模块化内保温墙板由竹木纤维集成墙板、石墨 EPS 保温板等组成。改造后外墙平均传热系数达到 0.79W/（$m^2 \cdot K$），满足《公共建筑节能设计标准》GB 50189—2015 要求，如图 12–8 所示。

图 12–8　泰州住建局办公楼外墙模块化内保温墙板效果

12.3 屋面性能提升改造技术

12.3.1 技术概述

既有屋面性能提升主要是围绕节能性能进行，同时提升其防水等性能。

既有公共建筑屋面一般已设有找坡层、找平层、柔性防水层，上人屋面还设有防护层等。改造时尽量不破坏原有的构造层，如原防水状况不佳可进行局部修复或增加防水层，再在其上做找平层、保温层、防护层等，形成倒置式屋面保温构造[12]（图 12–9）。也可在保温层上再增加防水层，提高防水等级。倒置式屋面增加的保温层在原防水层之上，对原防水层起到屏蔽和防护作用，使原防水层不受阳光和气候变化的影响，避免原防水层变形、开裂、过早老化等，从而延长原防水层的使用年限。保温层上的防护层一般采用细石混凝土刚性防水层，可上人，甚至在上面再做屋面绿化。

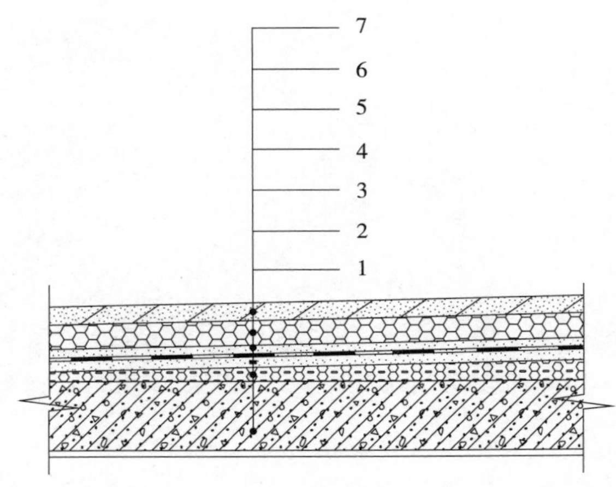

1– 细石混凝土（双向配筋）；2– 保温材料；3– 水泥砂浆找平及防护层；4– 原防水层；5– 水泥砂浆找平层；6– 原保温或找坡层；7– 现浇钢筋混凝土屋面板

图 12–9 典型平屋面倒置式保温构造

12.3.2 技术要点

根据《公共建筑节能改造技术规范》JGJ 176 标准的要求，屋面节能改造时，应根据工程的实际情况选择适当的改造措施，并应符合现行国家标准《屋面工程技术规范》GB 50345 和《屋面工程质量验收规范》GB 50207 的规定。

（1）屋面节能改造前宜对屋顶结构承载力进行验算，根据结果选择材料与构造。

（2）屋面改造前可视情况决定是否保留原屋面防水层。如为柔性防水层且工作年限长可拆除，如为刚性防水层可尽量保留。改造前应对基层进行处理，进行修补，旧基层松动、风化部分应剔凿清除干净，突起物应铲平，清理干净无浮尘、油污、空鼓。

（3）需增加柔性防水层的，应采用水泥砂浆找平后，再在其上做柔性防水层。倒置式保温屋面柔性防水层上宜采用砂浆找平，再将保温材料设在找平层上，上做保护层或刚性防水层。

（4）屋面的保温层应选择轻质、导热系数小、吸水率低、压缩强度较高的保温材料，如挤塑聚苯板、聚氨酯板等，也可采取具有保温和防水双重功效的现场喷涂硬泡聚氨酯。

12.3.3　应用案例

1. 案例 1——双鸭山市恒大国际酒店屋面

双鸭山市恒大国际酒店屋面结合新型保温和防水材料，改造为可上人保温防水屋面。以现浇钢筋混凝土板作为结构层，结构层上用 20mm 厚 1：2.5 水泥砂浆进行找平，找平后涂 1.5mm 厚高分子防水涂料作为隔气层，隔气层上保温层采用 100mm 厚 XPS 挤塑聚苯板，保温层上采用 CL7.5 轻集料混凝土（炉渣）进行找坡，坡度为 2%，最薄处不小于 20mm，再用 20mm 厚 1：2.5 水泥砂浆找平，找平后开始铺贴防水层，防水层选用双层 3mm SBS 聚合物改性沥青防水卷材，最外层保护层与防水层之间用一层无纺布进行隔离，保护层为 40mm 厚 C20 细石混凝土（内配钢筋 ϕ6@200mm × 200mm）刚性保护层，如图 12-10 所示。改造后屋面传热系数为 0.28W/（m^2·K）。

2. 案例 2——深圳市建筑工程质量监督和检测实验业务楼屋面

深圳市建筑工程质量监督和检测实验业务楼项目原屋面已多处出现渗漏现象，无保温层，不满足公共建筑节能标准。为兼顾节能和防水要求，改造采用硬泡聚氨酯体保温

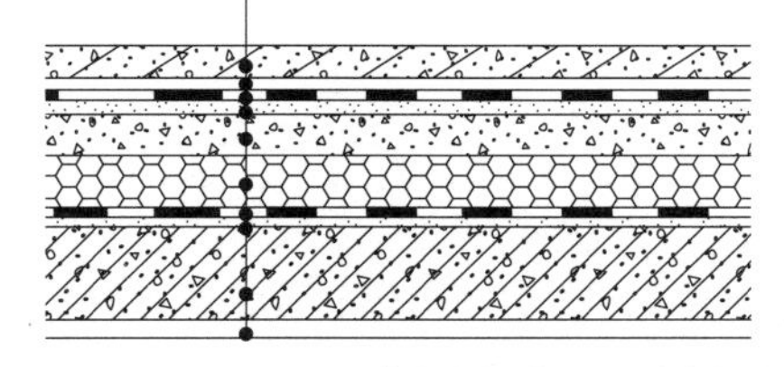

图 12-10　双鸭山市恒大国际酒店屋面保温防水构造

层，各构造层分别为：①原屋面面层找平层清理，破损处修补，砂浆找平；② 1.5 厚 911 聚氨酯防水涂料 +3mm 厚自粘改性沥青防水卷材；③ 50mm 厚挤塑聚苯板；④无纺布；⑤刚性防水保护层（内置钢筋网）。改造后屋面传热系数达到 0.58W/（m^2 · K），满足《公共建筑节能设计标准》GB 50189—2015 的要求。911 聚氨酯防水涂层如图 12–11 所示。

图 12–11 采用 911 聚氨酯防水涂料的屋面节能改造

12.4 外窗、玻璃幕墙性能提升改造技术

建筑外窗与玻璃幕墙具有采光、通风、防噪、保温、夏季隔热、冬季得热、美化建筑等功能，是建筑中重要的围护构件。玻璃幕墙一直因其轻盈剔透广受建筑师青睐，在公共建筑中大量应用。但外窗与玻璃幕墙是建筑中热交换最活跃、最敏感的构件，通过外窗的热损失一般占围护结构总量的 40%~50%，玻璃幕墙则更多。既有公共建筑外窗大部分为单层玻璃窗，型材有木、PVC、钢、铝合金等型材，既有玻璃幕墙大部分为铝合金框单玻幕墙。单玻外窗传热系数为 4.7W/（m^2·K）、6.4W/（m^2·K），单玻幕墙传热系数为 6.4W/（m^2·K），远不能满足现行节能标准要求。除此之外，既有外窗与玻璃幕墙普遍存在型材变形、密封胶条老化、外观陈旧等缺点，隔热、隔声、气密性等性能低，导致建筑物供暖空调能耗大，室内热舒适性差、声环境差、光环境差等问题，难以满足正常使用的要求，应进行性能提升改造。

12.4.1 技术概述

1. 外窗性能提升

改善建筑物外窗的保温、隔热性能和气密性是节能改造的关键措施[13]。外窗性能提升主要手段有外窗更换、原窗改造、增加遮阳系统等[14]。

1）外窗更换

使用年代长久、维护较差的外窗，老化变形严重、性能低下，其利用价值已经很小，一般采用高性能的节能窗对其进行彻底更换。可替代的节能窗有双层中空玻璃、三层中空玻璃窗或真空玻璃窗、带 Low-E 玻璃或填充惰性气体的中空玻璃窗等；型材采用塑料、断热铝合金、铝包木、木包铝等热导率小的型材；开启方式由推拉改为平开，气密性可提高 1~2 个等级，水密性能提高 1 个等级。

近年来内置百叶中空玻璃窗得到大量应用。内置百叶中空玻璃窗用内置百叶的中空玻璃代替中窗玻璃装于各种窗框上，通过磁力控制百叶翻转和升降动作，达到遮阳、保温、调节采光的效果。内置百叶中空玻璃窗集保温、遮阳于一体，无需再增加外遮阳，采光、通风、隔声、隐私性、装饰性效果、抗风性能均能得到保证，如图 12-12 所示。内置百叶中空玻璃窗还可增加通风器，设计成保温遮阳新风一体化外窗，化解了保温、隔声、通风之间的矛盾，如图 12-13 所示。

图 12-12　内置百叶中空玻璃窗

图 12-13　保温遮阳新风一体化外窗

2）原窗改造

对使用时间短、维护保养较好的单层玻璃窗，虽然热工性能满足不了节能的要求，但仍有很好的利用价值，可采用原窗改造的方法，具体有加装成双层窗、将单层玻璃改造为中空玻璃窗等方法。

加装成双层窗：增加一道窗，传热系数可降低一半以上，隔声及气密性也大大提高。这种做法便捷，但能否加装取决于墙的厚度及原窗的位置，墙的厚度过小、原窗位置居中，后加窗就难以实施。

单层玻璃改造为中空玻璃：将原窗的单层玻璃置换成中空玻璃，可使传热系数降低、气密性提高。如一般单玻塑料窗改造成中空玻璃塑料窗，传热系数可由 4.7W/（m^2・K）降至 2.6~3.2W/（m^2・K）。这种做法保留了原窗的利用价值，节约改造资金，不用敲墙打洞，无建筑垃圾，施工便捷，基本不影响建筑物正常使用。可以采用 Low–E 玻璃，同时提高遮阳性能，还可使传热系数再降低 0.5W/（m^2·K）左右。

3）增加遮阳系统

夏热冬冷及夏热冬暖地区，采用遮阳可大大降低建筑的空调负荷，提升室内热舒适度。对既有公共建筑，宜采用增加活动遮阳的改造方式。既有公共建筑增加外遮阳可采用遮阳百叶帘、遮阳卷帘、顶棚帘、机翼式遮阳百叶板等。

遮阳百叶帘：以铝合金外遮阳百叶帘使用最为广泛。该产品具有良好的耐候性、防潮、耐腐蚀、抗紫外线、抗高温等特性，可塑性强，安装在窗外侧，通过电动或手动装置控制叶片的升降、翻转叶片，实现对太阳光线和热量的调节和控制，满足遮阳需求的同时，减少眩光，使得室内光线更为柔和，满足视觉舒适的要求。外遮阳百叶帘在工厂直接制作好，施工现场快速安装，改造不影响建筑的正常使用。

遮阳卷帘：外遮阳卷帘主要由固定装置、遮阳装置和驱动系统组成，控制方式有电动式和手动式。电动的卷帘在上端设置驱动马达，根据卷帘材质的不同可以分为金属卷帘和织物卷帘，铝合金卷帘空腔内注入规定密度的聚氨酯复合材料，具有良好的机械强度和隔热隔声性能，遮阳系数可达 0.2，还具有安全防盗、隔声降噪、防尘防风沙、防窥视等功能。

顶棚卷帘：采用户外专用遮阳布，能有效阻止阳光穿透，降低室内热量，帘布有足够的抗拉和抗撕裂强度，阳光照射下不会伸长，不易褪色，耐高温，耐潮。顶棚卷帘一般在两端设置驱动马达。

机翼百叶板：机翼百叶板遮阳系统可将建筑艺术与技术、建筑功能与形式有机结合，通过控制翼帘角度，遮挡太阳辐射热，改善室内热环境，调节进入透明围护结构光线的强弱，减少眩光，缓解视觉疲劳。机翼形遮阳板有固定式及可调式、水平式及垂直式可供选择，可用于外窗、玻璃幕墙和天窗遮阳。系统主要由固定装置、翼帘、调节装置三大部分组成。翼帘采用长条的、截面为梭形的高强度的挤压铝合金遮阳叶片，可抵抗高空中的风压，叶片宽度范围内 100mm 到 500mm，叶片跨度依据使用环境和叶片形式确定。叶片表面做阳极氧化处理，采用聚酯粉末喷涂为各种颜色。固定装置中支撑边框由铝合金或不锈钢制成，可以安装成水平、垂直或其他任何角度。调节操作装置一般为电动。

2. 幕墙性能提升

1）玻璃幕墙更换

对于老旧玻璃幕墙，一般采用直接更换的方式。幕墙玻璃由单层玻璃改为双层中空玻璃或三层中空玻璃，铝合金型材更换为断热铝合金型材，五金件、密封材料等也要进行更换。改造后幕墙保温、隔声等物理性能及力学性能都得到显著的提升。

2）玻璃更换

对于使用时间不长的既有单玻幕墙，如铝合金型材状况较好，经检测可保留继续使用，可采用只更换玻璃的方式。将单层玻璃更换为双层中空玻璃，五金件、密封材料等也视情况进行更换。型材有条件可进行包塑、包木等保温处理，改造后幕墙保温、隔声等物理性能可得到显著的提升。

3）玻璃贴膜

既有幕墙玻璃大量存在着遮阳性能差的问题。夏热冬冷及夏热冬暖地区可进行玻璃贴膜改造，采用 Low–E 膜或双银 Low–E 膜。双银 Low–E 玻璃突出了玻璃对红外辐射的遮蔽效果，保持了玻璃的高透光性，与普通 Low–E 玻璃相比，在可见光透射比相同的情况下有更低的太阳能透过率。

4）增加玻璃窗

对于服役时间不长、力学等性能较好的既有单玻幕墙，为提升保温、隔热等性能，可采用在玻璃幕墙内侧增加玻璃窗的做法，玻璃窗可采用断桥铝合金或 PVC 推拉或内开窗，采用 5mm+12A+5mm 及以上的中空钢化玻璃，改造后原单玻幕墙与玻璃窗共同工作。

12.4.2 外窗性能提升技术要点

1. 外窗更换技术要点

1）用于替代的外窗的主要物理性能应满足表 12–5 的要求。

2）选择适宜的窗型：平开窗和固定窗的密封性明显要比推拉窗好，宜采用二者组合的方式，但应保证外窗可开启面积不小于外窗总面积的 30%。外平开窗的安装高度不大于

公共建筑外窗的主要物理性能要求　　表 12–5

项目	标准	性能要求
抗风压	《建筑外门窗气密、水密、抗风压性能分级及检测方法》GB/T 7106	多层不低于 3 级，高层不低于 5 级
气密性	《建筑外门窗气密、水密、抗风压性能分级及检测方法》GB/T 7106	不低于 6 级
水密性	《建筑外门窗气密、水密、抗风压性能分级及检测方法》GB/T 7106	不低于 3 级
保温性	《公共建筑节能设计标准》GB 50189 等	满足《公共建筑节能设计标准》GB 50189 要求
隔声性	《民用建筑隔声设计规范》GBJ 118 《建筑门窗空气声隔 声性能分级及检测方法》GB/T 8485	隔声性能等级不应低于 3 级 隔声量不低于 30dB
采光性	《建筑采光设计标准》GB/T 50033	照度不小于 100lx
遮阳性能	《公共建筑节能设计标准》GB 50189 等	满足《公共建筑节能设计标准》GB 50189 要求
通风	《公共建筑节能设计标准》GB 50189	可开启面积不小于窗面积的 30%
耐候性	—	满足设计要求

20m。对高层建筑，考虑到安全因素，宜选择下悬窗。

3）窗的型材宜选择具有合理断面结构的未增塑聚氯乙烯 PVC-U 塑料型材、隔热断桥铝合金型材、铝木复合型材等节能环保、导热系数低、可回收再利用的型材。

4）应选择相应传热系数和遮阳系数的玻璃，降低导热性、提高遮阳性，如镀膜玻璃、着色玻璃、中空玻璃及内置百叶中空玻璃等。

5）应选用耐候耐久、性能优良的密封材料及五金材料，选用断面准确、质地柔软、压缩比较大、耐火性好的密封条。

6）窗框与墙之间应有合理的保温密封构造，以减少该部位的开裂、结露和空气渗透。

7）宜采用附框法安装门窗，保证门窗安装工程质量。

8）严寒、寒冷地区的外门应采用保温门，必要时应加设门斗或热空气幕；位于非采暖走道内的门应采用保温门；外门、楼梯间门应在缝隙部位设置耐久性好、弹性好的密封条；外门应设置闭门器或设置旋转门、电子感应式自动门等。

9）为改善通风措施，在空调或采暖条件下提高室内空气质量，同时减少能耗，可增加通风器。通风器可安装在外窗的顶部或下面、窗框上或窗扇上，可视情况选用自然通风器或动力通风器。

2. 原窗改造技术要点

1）后加窗的选择应根据工程实际情况选择性能良好、适宜的窗，要点同外窗更换技术；加窗时，应避免层间结露。严寒、寒冷地区可在原单玻窗外（或内）加装一层窗，间距在100mm 左右，并能满足热工性能要求；原窗如位于内侧时，应改善其密封性能。

2）单层玻璃改造为中空玻璃应选用隔热良好的隔条，耐候耐久、性能优良的密封材料及五金材料，宜选用高透光低辐射玻璃。

3）型材改造应进行合理的构造设计，兼顾保温、防水与可操作性。

3. 遮阳改造技术要点

1）遮阳工程应满足《建筑遮阳工程技术规范》JGJ 237 的要求，遮阳产品应符合《建筑用遮阳金属百叶帘》JGJ/T 251、《建筑用遮阳软卷帘》JG/T 254 等的要求。

2）应综合考虑遮阳、采光、通风效果，兼顾安全性、可靠性、美观、安装维护便捷性等，合理选择遮阳产品。

3）活动遮阳装置与主体结构的连接应安全可靠，连接件应进行防腐处理；遮阳产品结构应安全、耐久美观，安装使用与建筑一体化，不破坏原有的结构构件，不影响原有的功能。

4）活动遮阳产品应便于维修、清洗、更换。

5）采用电动操控系统，应预先进行电气设计，安装于室外的装置应进行防雷设计。

4. 幕墙改造技术要点

1）既有建筑幕墙改造前应进行安全性检测评估，以确定改造措施。

2）更换节能幕墙时，应注重与主体结构的连接，若新幕墙与原有幕墙形式和规格不同，原结构预埋件不一定能有效利用，需要设置新的连接件。

3）应选择隔热效果好的直接参与传热过程的型材，选用耐候、耐久、物理力学性能优良的密封材料及五金材料。

4）在保证安全的前提下，宜增加透明幕墙的可开启扇。除超高层及特别设计的透明幕墙外，透明幕墙的可开启面积不宜低于外墙总面积的 12%。

5）幕墙节能改造效果主要取决于改造后的热工性能，包括保温性能和气密性能，可采用同条件法进行实验室测试。依据《建筑幕墙气密、水密、抗风压性能检测方法》GB/T 15227—2007 和《建筑幕墙平面内变形性能检测方法》GB/T 18250—2000 测试幕墙的气密性、水密性、抗风压性能和平面内变形情况，并对玻璃的遮阳系数和可见光透射比进行检测。透明幕墙的气密性不应低于《建筑幕墙物理性能分级》GB/T 15225 规定的 3 级。

12.4.3　应用案例

1. 案例 1——外窗更换

江苏省建筑科学研究院科研楼为一幢四层砖混结构办公楼，采用分体式空调，无新风系统。原外窗为单玻塑料推拉窗，保温、隔声、气密性相对较差。选择 3 个房间采用 3 种保温、隔热、新风一体化窗进行改造：除雾霾动力通风窗、动力通风窗、无动力通风窗（图 12-14）。窗的性能：抗风压性能 9 级，气密性 6 级，水密性 4 级，传热系数 1.8W/（m^2·K），隔声量 37dB；动力通风窗新风量达到 $75m^3/h$。

试用表明：在维持保温、隔声性能的同时，三种保温、隔热、新风一体化窗均有通风效果，动力通风窗能快速稀释室内 CO_2、颗粒物等的浓度，改善室内环境；除雾霾动力通风窗对室外进入空气中的 $PM_{2.5}$、PM_{10} 以及 TSP 均有一定的过滤功效，可显著改善室内空气质量。

（a）除雾霾动力通风窗

（b）动力通风窗

（c）无动力通风窗

图 12-14　三种保温、隔热、新风一体化窗试用

2. 案例 2——玻璃幕墙遮阳改造

上海某办公楼设置了大面积的玻璃幕墙，原幕墙采用普通铝合金 + 镀膜中空玻璃幕墙，镀膜中空玻璃的传热系数为 2.8W/（m^2 · K），遮阳系数为 0.69。采用电动百叶卷帘的活动外遮阳形式，可减少太阳辐射热进入室内，以降低空调负荷（图 12–15）。

图 12–15　玻璃幕墙电动百叶外遮阳（左）、透明屋顶电动遮阳百叶（右）

3. 案例 3——玻璃幕墙节能改造

泰州市住房城乡建设局办公楼改造前玻璃幕墙采用普通铝合金 +6mm 镀膜单层非钢化玻璃，单层 6mm 镀膜玻璃的 K 值不符合《公共建筑节能设计标准》GB 50189—2015。经检测评估，改造前玻璃幕墙金属框架支承结构符合现行标准和规范的要求；部分开启窗执手损坏；硅酮结构密封胶黏结良好；密封胶表面整体比较光滑，局部位置开裂。需对办公楼的玻璃幕墙进行节能改造。改造方案为玻璃幕墙内侧增加内套窗户，选用 80 系列断桥铝合金推拉窗，玻璃采用 5mm+12A+5mm 中空钢化透明玻璃，窗户安装时，四周螺丝与原始结构连接，框体铝合金与原始幕墙铝合金采用结构胶黏接。经模拟计算，改造后的双层窗传热系数为 2.0W/（m^2 · K），太阳得热系数为 0.39，满足《公共建筑节能设计标准》GB 50189—2015 的要求（图 12–16）。

（a）改造前办公楼外立面　　（b）室内玻璃

图 12–16　泰州市住房城乡建设局办公楼玻璃幕墙节能改造

（c）面板分格

（d）开启扇

图 12-16　泰州市住房城乡建设局办公楼玻璃幕墙节能改造（续）

参考文献

[1] 中国建筑科学研究院，等．公共建筑节能改造技术规范：JGJ 176—2009 [S]. 北京：中国建筑工业出版社，2009.

[2] 中国建筑科学研究院，等．公共建筑节能设计标准：GB 50189—2015 [S]. 北京：中国建筑工业出版社，2005.

[3] 建设部科技发展促进中心，等．外墙外保温工程技术规程：JGJ 144—2004 [S]. 北京：中国建筑工业出版社，2005.

[4] 中国建筑标准设计研究院，武汉建工股份有限公司．外墙内保温工程技术规程：JGJ/T 261—2011 [S]. 北京：中国建筑工业出版社，2011.

[5] 江苏丰彩保温装饰板有限公司，江苏省建筑科学研究院有限公司．保温装饰板外墙外保温系统应用技术规程：DGJ32/TJ 86—2013 [S]. 南京：江苏科学技术出版社，2014.

[6] 江苏省建设厅科技发展中心．江苏省建筑节能技术指南 [M]. 北京：冶金工业出版社，2007.

[7] 周岚，江里程．江苏省建筑节能适宜技术专业指南 [M]. 南京：江苏人民出版社，2009.

[8] 江苏省住房和城乡建设厅科技发展中心．江苏省绿色建筑应用技术指南 [M]. 南京：江苏科学技术出版社，2013.

[9] 中国建筑科学研究院，江苏省建筑科学研究院有限公司，等．建筑外墙外保温防火隔离带技术规程：JGJ 289—2012 [S]. 北京：中国建筑工业出版社，2012.

[10] 中华人民共和国住房和城乡建设部．民用建筑热工设计规范：GB 50176—2016 [S]. 北京：中国计划出版社，2016.

[11] 江苏省建筑科学研究院有限公司，等．建筑反射隔热涂料应用技术规程：苏 JG/T 026—2009 [S]. 南京：江苏科学技术出版社，2009.

[12] 中达建设集团股份有限公司，广东金辉华集团有限公司，等．倒置式屋面工程技术规程：JGJ 230—2010 [S]. 北京：中国建筑工业出版社，2010.
[13] 徐占发．建筑节能技术实用手册 [M]. 北京：机械工业出版社，2005.
[14] 吴志敏，刘永刚，张海遐，等．既有办公建筑绿色改造技术研究与应用实践 [C]// 中国建筑科学研究院．既有建筑综合改造关键技术研究与示范项目交流会论文集．北京：中国建筑科学研究院，2009：434-444.

第 13 章　供暖通风与空调

13.1　概述

暖通空调系统是公共建筑中营造室内环境的主要系统，是公共建筑的主要耗能系统之一，是建筑节能工作的主要对象。暖通空调系统的能耗包括建筑物用于营造室内环境的冷热负荷所产生的能耗，以及在营造室内环境过程中用于空气、水和其他流体输送的能耗。这些能耗均属于正常应该支出的能耗。但是，在这些能耗之外，还有着数量较大的不应该支出的能耗和能源浪费。这些浪费有暖通空调系统自身原因所造成的，包括由于不合理的室内热工参数设定而产生的过量能耗；流体输配过程中由于管网水力失调而产生的过量的流体输送能耗；设备管网系统保温材料破损导致散热的增加；由于暖通空调系统不合理的控制调节，导致建筑室内能源供给过量而产生的过量能耗。还有暖通空调系统以外的因素造成能源浪费，包括建筑物围护结构保温隔热性能不佳或性能恶化所导致的室内环境营造的负荷增加，建筑室内产生负荷的“源头”没有得到较好的控制而产生的负荷增加，以及建筑物整体管理水平低下等。上述各种因素不仅造成能耗增加、能源浪费，同时也会带来建筑室内环境质量下降的问题。本章主要根据我国公共建筑暖通空调系统现状，结合现有技术，系统地提出公共建筑暖通空调系统性能提升的技术要点、评价方法。

13.2　冷热源能效提升技术

13.2.1　技术概述

1. 冷热源更换改造

目前既有公共建筑暖通空调系统冷热源普遍存在选型过大、制冷 / 热量与实际负荷不匹配、冷热源运行能效低下以及设备老化、损坏的问题，问题严重时可考虑对冷热源设备进行更换改造。冷热源的选择与建筑特点、能耗指标、使用寿命、初投资和运行费用、安全和可靠性、维护管理难易程度、当地能源结构、政策导向以及对环境的影响等因素有关。通过对多种冷热源方案的技术经济性进行综合比较，包括部分负荷条件下设备全年运行能耗、能源利用率、余热废热利用、噪声和振动控制、设备自控措施、安装及维修的方便性等，选择最优方案；从能源利用角度考虑，还应遵循《公共建筑节能设计标准》GB 50189—2015

中的有关规定，尽量选用能量利用效率高的冷热源设备与系统，并优先考虑采用天然冷热源。

2. 机组变频

既有公共建筑中冷水机组或热泵机组的设计是按照最不利工况选择的，装机容量偏大，使得部分负荷下冷机效率降低；同时在夜间、过渡季及冬季时，机组冷却水温度往往低于设计值，当通过降低负荷或热力旁通的方法调整压缩机工作点时，也会降低机组效率。可在原有冷水机组或热泵机组上增设变频调速装置，通过控制冷水出水温度实际值与设定值的温差和压缩机压头来优化电机转速和导流叶片的开度，使机组运行效率最高，无论在满负荷、部分负荷还是低冷却水温度下都能达到较好的节能效果。

3. 冷却塔供冷技术

冷却塔供冷是利用外界环境空气对冷却水进行蒸发冷却，即在常规空调水系统的基础上增设部分管路和设备，当室外干、湿球温度低到某个值以下时，充分利用天然冷源，关闭制冷机组，只开启冷却水泵和空调机组，以流经冷却塔的循环冷却水直接或间接向空调系统供冷，提供建筑空调所需的冷负荷。在对冬季或过渡季存在供冷需求的公共建筑进行改造时，在保证安全运行的条件下，可采用冷却塔供冷的方式。

4. 蓄冷空调技术

目前常用的蓄冷蓄热技术主要有冰蓄冷、水蓄冷、（电、太阳能、余热）水蓄热等。蓄冷空调利用夜间电力富余时制冰和低温水蓄冷，在用电高峰期融冰和取用低温水制冷，不但避开了用电高峰期可能引起的运行事故，还可以提高电能的利用率，提高城市或区域电网的供电效率，平衡电网负荷，还可避免重复建设，节省运行费用（表 13–1）。

水蓄冷与冰蓄冷的对比　　表 13–1

对比项	水蓄冷空调	冰蓄冷空调
蓄冷系统出投资	较低	较高
冷水温度 /℃	4~6	1~3
制冷性能系数（COP）	高	低
实用性比较	既适合新建项目，又适合改造项目	需要双工况主机，只能用于新建项目
蓄能槽共用性	水蓄冷和水蓄热可共用一个槽	冰蓄冷只能蓄冷，不能蓄热，不能同槽
设计与运行	技术要求低，运行费用低	技术要求高，运行费用高
可靠性与寿命	高	低
体积及位置	水蓄冷槽是满溢式，其有效体积可以得到充分利用。在部分蓄冷设计的情况下，由于可以减少制冷剂的配置容量，机房的面积要小于常规空调。水蓄冷槽可灵活置于绿化带下、停车场下或其他闲置的空地上，也可以利用消防水池等，不占用有效面积	冰蓄冷设备一般要安装在机房内，占用正常的机房面积。由于冰蓄冷是 55%~80% 的蓄冰率，再加上“千年冰”和相变换热问题，比实际过程中，同样的蓄冷量下冰蓄冷设备仅比水蓄冷略小一些

蓄热供暖系统一般采用以水为介质的水蓄热。由于蓄能的作用主要是利用低谷电的优势，因此一般蓄热技术改造以电锅炉供暖或者热泵供暖改造项目为主。

5. 太阳能光伏发电系统

光伏发电是利用半导体界面的光生伏特效应而将光能直接转变为电能的一种技术。这种技术的关键元件是太阳能电池。太阳能电池经过串联后进行封装保护可形成大面积的太阳电池组件，再配合功率控制器等部件就形成了光伏发电装置。光伏发电的优点是较少受地域限制、安全可靠、无噪声、低污染、无须消耗燃料和架设输电线路即可就地发电供电及建设周期短。

6. 热泵技术与电加热供暖技术

随着社会的发展和科技的进步，南方冬冷夏热地区集中供暖供冷势在必行。现今南方的供暖供冷方式主要存在四个方面的问题：

1）基于南方冬冷夏热地区经济较北方地区发达，经济基础好，采暖形式大多为分户空调采暖，冬季空调制热和夏季空调制冷导致耗电量增加巨大，加剧了电网的不安全性。

2）用能方式极不合理，高品位的电能直接用来制热或供冷来满足人们热冷方面的需求，而这部分需求原本用较低品位的热水或者冷水就可以满足；同时天然气壁挂炉中天然气直接燃烧产生上千度的高温烟气，而供暖供冷需求仅在 100℃以内，两者存在巨大的温差可以利用。

3）传统供热技术巨大的能耗是限制南方地区集中供暖的关键因素，能耗的大幅增长必然会使日益紧张的能源不堪重负。

4）南方冬冷夏热地区冬季温度低、湿度大、时长较短，但是夏季温度高、湿度大、时长较长。

在对南方供暖的建筑进行改造时，在保证安全运行的条件下，宜采用热泵技术、电加热供暖技术等。

13.2.2　技术要点

1. 冷热源更换改造

既有公共建筑中央空调的冷热源系统实施节能改造可获得很好的经济效益，但与新建建筑相比，更换冷热源设备的难度和成本相对较高。因此，在进行冷热源改造时应遵循《公共建筑节能改造技术规范》JGJ 176—2009、《公共建筑节能设计标准》GB 50189—2015 等标准的有关规定。

1）应充分挖掘现有设备的节能潜力，并应在现有设备不能满足需求时，再予以更换。设备更换前，还应充分考虑技术可行性、改造可实施性和经济可行性，当三者同时具备时才考虑更换设备。

2）根据系统原有的冷热源运行记录及改造后建筑热负荷和逐项逐时冷负荷的计算结果，并结合当地能源结构、价格政策以及环保规定等，合理选择冷热源形式及配置机组容量和台数。

3）更换后的设备性能还应符合《公共建筑节能设计标准》GB 50189—2015 和《公共建筑节能改造技术规范》JGJ 176—2009 的规定，家用燃气热水炉满足《家用燃气快速热水器和燃气采暖热水炉能效限定值及能效等级》GB 20665—2015 的要求。

4）在对冷热源进行更新改造时，应在原有系统的基础上，充分考虑改造后建筑的规模和使用特征。

5）冷热源更新改造后，系统供回水温度应保证原有输配系统和空调末端系统的设计要求。

2. 机组变频技术

并非所有的冷水（热泵）机组都适宜通过增设变频装置实现机组的变频运行。因此，在原有冷水（热泵）机组上增设变频装置时，需要充分考虑改造后机组的运行安全问题，并咨询原有设备厂家的意见，在满足安全性、经济性和匹配性的情况下进行改造，且改造后的建筑符合《既有建筑绿色改造评价标准》GB/T 51141—2015 的要求。

3. 冷却塔供冷技术

在既有公共建筑改造过程中，冷却塔供冷系统设计应注意以下几个问题，使得改造后的既有公共建筑符合《既有建筑绿色改造评价标准》GB/T 51141—2015 的要求。

1）根据项目所在地过渡季或夏季气候条件下，计算空调末端需要的供水温度和冷却水能够提供的水温，选择合适的室外转换温度点，得到理想的冷却塔供冷时数（一年中利用冷却塔供冷方式运行的小时数），并对其技术经济性进行综合分析。

2）冷却塔供冷主要在冬季和过渡季运行，一般情况下，设计时需要对外管路辅助电加热保护，冷却塔集水箱内置电加热器及温度自动控制装置，避免室外温度低于 0℃时，暴露在室外的冷却水管道与冷却塔集水箱发生结冰现象。

3）直接供冷系统改造设计时，应充分考虑转换供冷模式后，冷却水泵的流量和压头与管路系统的匹配问题。

4）采用开式冷却塔的直接供冷系统时，为避免水流与大气接触被污染，导致表冷器盘管被污物阻塞而很少使用的现象，可在冷却塔和管路之间设置旁通过滤装置，使大约相当于总流量 5%~10% 的水量不断被过滤，环路压力没有较大的波动，保证水系统的清洁，其效果要优于全流量过滤方式。

4. 蓄冷空调技术

在对既有公共建筑进行蓄冷空调系统改造时，应满足《蓄冷空调工程技术规程》JGJ 158—2008 的要求。

1）蓄冷空调系统设计前，应对建筑物的冷负荷、空调系统的运行时间和特点，以及当地电力供应相关政策和分时电价情况进行调查。

2）根据蓄冷—释冷周期内冷负荷曲线、电网峰谷时段及电价、建筑物能够提供的设置蓄冷设备的空间等因素，综合比较后再确定采用全负荷蓄冷还是部分负荷蓄冷。

3）蓄冷空调系统设计宜进行全年动态负荷计算和能耗分析。

4）对蓄冷空调系统一个蓄冷—释冷周期的冷负荷进行逐时计算，蓄冷—释冷周期应根据空调系统冷负荷的特点、电网峰谷时段等因素经技术经济比较确定。

5）负荷计算方法符合现行国家标准《民用建筑供暖通风与空气调节设计规范》GB 50736 的有关规定，并提供蓄冷—释冷周期内逐时负荷和总负荷。

6）蓄冷—释冷周期内逐时负荷中，应计入水泵的发热量及蓄冷槽和冷水管路的热量。当采用低温送风空调系统时，应根据室内外参数计算是否产生附加的潜热冷负荷。

7）全部负荷蓄冷时的总需冷量，应按在设计工况下平、峰段的逐时空调冷负荷的叠加值确定；部分负荷蓄冷时的总冷量，应根据工程的冷负荷曲线、电力峰谷时段划分、用电初装费、设备初投资费及其回收周期和设备占地面积等因素，通过经济技术分析确定。

5. 太阳能光伏发电系统

太阳能光伏发电系统的注意事项如下。

1）不要把太阳能电池组件安装在树木、建筑物等的遮光处，不要靠近明火或者易燃物。装配结构应能适应环境要求，选择合适的材料并进行防腐蚀处理，要用牢固可靠的方法来安装组件，避免组件从高空落下而导致财物损毁。组件不可拆解、弯曲，不可用硬物撞击组件，避免踩踏组件等危险动作。

2）要用弹簧垫片和平垫垫片将电池板组件固定锁定在支架上，太阳能发电板的安装最好向阳 30° 左右，根据现场环境和装配支架结构的状态以适当的方式给电池板组件接线。

3）电池板组件应正确连接接线盒中的正负极，输出电路要正确连接到设备上，不可以短接正负极，确保接头与绝缘接头之间没有缝隙，若有缝隙会产生火花或电冲击。

6. 热泵技术与电加热供暖技术

除符合下列条件之一外，不得采用电加热供暖。

1）供电政策支持。

2）无集中供暖和燃气源，且煤或油等燃料的使用受到环保或消防严格限制的建筑。

3）以供冷为主，供暖负荷较小且无法利用热泵提供热源的建筑。

4）采用蓄热式电散热器、发热电缆在夜间低谷时段进行蓄热，且不在用电高峰和平段时间启用的建筑。

5）由可再生能源发电设备供电，且其发电量能够满足自身电加热量需求的建筑。

13.2.3 应用案例

深圳市建设工程质量监督和检测实验业务楼安全整治工程总建筑面积 8346m²，由两栋多层建筑和两层副楼组成。北楼和副楼为砖混结构，南楼为框架结构，北楼和副楼是深圳市建设工程质量检测中心，北楼 6 层，副楼 2 层，建筑面积 3114m²。南楼是建设工程质量监督总站办公楼，共 7 层，建筑面积 4354m²，框架结构，改造后作为政府办公楼使用。

本工程充分利用太阳能资源，设置太阳能光伏板进行供电。屋面铺设 84.1kW 光伏系统，年发电量预计 89100kW · h。南楼顶面积 464.3m²，放 125 块 255Wp 光伏组件；北楼顶面积 686.4m²，放 186 块 255Wp 光伏组件。20 个组件串联一个支路，设置 2 台逆变器、一台配电箱，如图 13–1 所示。

图 13–1 屋面光伏系统实景

13.3 流体输配系统性能提升技术

13.3.1 技术概述

1. 水力计算与水力平衡

在采暖空调系统中，当设计工况下并联环路之间的压力损失相对差额超过 15% 时，要采取水力平衡措施。安装平衡阀是实现水力平衡最基本且有效的平衡元件。对于采用定流量输配系统的建筑，通过计算选型，在系统的相应位置安装相应规格的静态平衡阀；对于采用变流量输配系统的建筑，为解决运行过程中由于负荷变化，各用户出于控制的要求主动进行流量调节，进而产生系统各用户流量持续变化的问题，还需要在系统中安装压差控制阀，解决动态水力失调问题。

2. 水泵调速技术

1）变频调速技术

所谓变频指的改变输配设备的频率，使输送环路的总水、风量发生变化，而不仅仅通过负荷末端的流量变化进行调节。变频水泵是通过变频器改变电机的输入频率，进而改变水泵转速，使冷冻水所载的冷量与不断变化的末端负荷所需的冷量相匹配，从而节约冷冻水输送环路的能耗及运行费用。

2）变极调速技术

变极技术是指通过改变三相异步电动机定子绕组的极数来进行调速的方法。通常使用变极调速控制的异步电动机为鼠笼型转子电动机。由于转子和定子必须同时调整极对数，在鼠笼型转子电动机中，极对数随着电机定子极数的变化而变化，因此只需调整定子的极对数就可以对电机的转速进行调节。变极调速方法成本低、操作方便，无需增加调速设备，只需简单地对电机定子绕组进行改造，且运行可靠，所以只要设备不需要线性平滑的调速，就可以采用此种调速方式。通过变极调速可有效降低水泵耗功，达到节能效果。

3）永磁调速技术

永磁调速器是以永磁材料产生的磁力作用来实现转矩的无接触传递的新技术。它由导体转子、永磁转子和控制器 3 个部分组成，导体转子固定在电动机轴上，永磁转子固定在负载转轴上，铜转子与永磁转子之间有间隙（称为气隙）。当铜转子旋转时，铜转子与永磁转子产生相对运动，交变磁场通过气隙在铜转子上产生涡流，同时涡流产生感应磁场与永磁场相互作用，从而带动磁转子沿着与铜转子相同的方向旋转，结果是在负载侧输出轴上产生扭矩，从而带动负载做旋转运动。通过调整导体转子和磁转子之间的间隙（气隙）来调整输出转矩，从而实现调速，达到节能目的。其结构如图 13-2 所示。

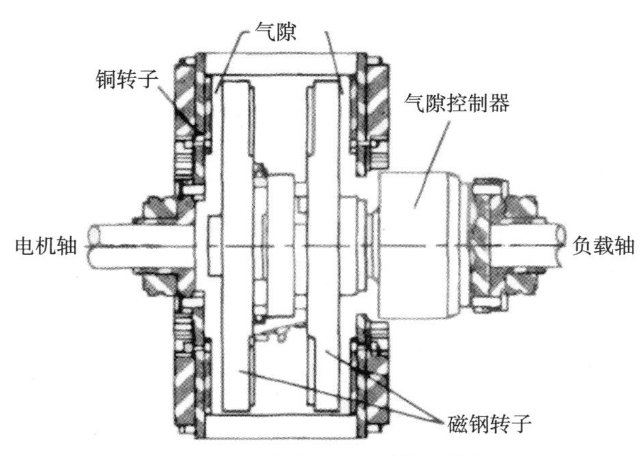

图 13-2　永磁调速器结构示意图

永磁调速器取代了原来的刚性联轴器，使电机和负载没有机械连接，这样负载侧的振动就不会传递到电机侧，电机侧的振动也不会传到负载侧，大大降低由轴弯曲、热膨胀等原因引起的系统振动。可减少电机启动负载，电机启动容易，启动时间缩短。

3. 叶轮改造技术

1）高效泵改造

利用三元流技术设计高效叶轮对循环水泵进行节能技术改造，可以改变水泵运行参数曲线，使运行参数满足生产需求，而且水泵运行平稳可靠。

“叶轮机械三元流动理论”是将叶轮内部的三元立体空间无限地分割，通过对叶轮流道内各工作点的分析，建立起完整、真实的叶轮内流体流动的数学模型。依据三元流动理论设计的叶片形状为不规则曲面形状，叶轮叶片的结构可适应流体的真实状态，能够控制叶轮内部全部流体质点的速度分布，可以显著提高水泵的运行效率。

根据用户的实际情况，先对现役离心泵的流量、扬程、功耗等数据进行测试，并提出常年运行的工艺参数要求，作为泵的设计参数；再根据射流—尾迹三元流动理论设计出过流元件叶轮，保证可以和原型叶轮进行互换，然后在同样的测试条件下，对更换新型叶轮的水泵进行测试分析。在不改动循环水系统管路、电路和泵体等条件下实现节能的目标。

2）水泵喷涂技术

水泵喷涂即利用表面光滑、抗磨、粗糙度小的涂层材料在流体设备内部形成光滑的表面，减少涡流产生的可能性，提高流体设备的工作效率。

13.3.2 技术要点

既有大型公共建筑进行流体输配系统水力平衡改造后应符合现行国家标准《既有建筑绿色改造评价标准》GB/T 51141 的要求，不同的平衡阀应遵循各自的安装原则。

（1）静态平衡阀：应分级设置，即在总管、干管、立管、支管上均应设置，各个分支管路上应分别安装；平衡阀的口径应在对管网进行综合水力计算的基础上通过计算确定。

（2）动态流量平衡阀：一般安装在水泵出口处，稳定泵的出口水流量在额定流量之下，避免流量过大导致水泵电机过载烧毁；并联泵的冷却水、冷冻水系统，如果主机型号不同，改造时需要安装自动流量平衡阀，避免过流或欠流；末端装置回水侧，但是在支路和立管处不需要再次安装自动流量平衡阀。

（3）压差控制阀改造时，应设置在立管或支管上；系统控制要求较高时，压差控制阀也可直接设置在每一个电动调节阀两端。压差控制阀应安装于系统回水管路，并与静态平衡阀配合使用；其口径应在对管网进行综合水力计算的基础上确定。

（4）水泵变速改造时，尤其是对多台水泵并联运行进行变速改造时，应根据管路特性曲线和水泵特性曲线，对不同状态下的水泵实际运行参数进行分析，确定合理的变速控制方案。

（5）变速技术的实质是通过改变电机转速改变管网流量。因此，在进行水泵改造时，还应采取必要的措施保证末端空调系统的水力平衡。

（6）变极调速为有级调整，因此，适用于不要求平滑调速的场合。

（7）采用高效泵技术对原有水泵进行改造，本质上是对设备进行改型。这就需要对原有系统进行全面的诊断，保证改型后的水泵仍满足用户的需求。

（8）采用叶轮改造技术时，应根据管路的特性曲线和水泵特性曲线，对水泵的实际运行参数进行分析，制定合理的叶轮改造方案。

（9）更换设备与增设变速装置相比，若通过后者难以解决或经过经济分析确定改造成本过高时，可直接考虑选择高效率的水泵进行更换。

（10）对采暖通风空调系统的水泵进行更新时，更换后的水泵的节能评价值不应低于现行国家标准《清水离心泵能效限定值及节能评价值》GB 19762 的规定。

（11）空调热水系统的水泵改造后，空调冷热水系统耗电输冷（热）比 EC（H）R 应满足国家标准《公共建筑节能设计标准》GB 50189—2015 和《民用建筑供暖通风与空气调节设计规范》GB 50736—2012 的有关规定，具体计算公式见式（13-1）：

$$EC(H)R=0.003096\Sigma(G\cdot H/\eta_b)\Sigma Q\leqslant A(B+\alpha\Sigma L)/\Delta T \quad 式(13\text{-}1)$$

式中　EC（H）R——循环水泵的耗电输冷（热）比；

G——每台运行水泵的设计流量，m^3/h；

H——每台运行水泵对应的设计扬程，m；

η_b——每台运行水泵对应的设计工作点效率；

Q——设计冷（热）负荷，kW；

ΔT——设计供回水温差，℃；

A——与水泵流量有关的计算系数，按《公共建筑节能设计标准》GB 50189—2015 表 8.5.12-2 选取；

B——与机房及用户的水阻力有关的计算系数，按《公共建筑节能设计标准》GB 50189—2015 表 8.5.12-3 选取；

ΣL——从冷热机房至该系统最远用户的供回水管道的总长度（m）；当管道设于单层或多层建筑时，可按机房出口至最远端空调末端的管道长度减去 100m 确定；

α——与 ΣL 有关的计算系数；

当 $\Sigma L\leqslant 400m$ 时，$\alpha=0.0115$；

当 $400m<\Sigma L<1000m$ 时，$\alpha=0.003833+3.067/\Sigma L$；

当 $\Sigma L\geqslant 1000m$ 时，$\alpha=0.0069$。

13.4 末端性能提升技术

13.4.1 技术概述

1. 合理布置末端风口

合理选用风口形式，布置送、排风口位置，避免盲目地采用只增加风量的方式来达到提高通风效率的目的。在进行气流组织计算时，优先选择已有的经典气流组织计算公式。不能满足要求时，可采用计算机数值模拟方法，在进行模拟误差分析的基础上，优化气流组织形式。

2. 低温送风

低温送风空调系统相对于常规空调系统，送风温度由 15~18℃降至 4~13℃，因而送风温差增大，带来了技术上极大的优越性：第一，送风量减少，从而显著减少了水泵、风机等流体机械设备的费用与能耗。第二，由于送风温度与湿度相对较低，室内空气能够保持低湿度，提高了人体体感舒适性。

3. 主动式辐射空调末端

主动式辐射空调末端装置能够降低房间辐射表面的整体温度，同时也能够通过对流方式消除室内空气负荷，如图 13–3 所示。主动式辐射空调末端夏季工作过程为：经过热湿处理的一次干冷空气进入冷梁顶部的静压箱并以较高的速度经喷嘴喷出，高速气流在混合腔内产生负压，从而诱导室内低速的二次空气经过盘管进行冷却。冷却后的二次空气与一次空气混合形成速度足够大的混合空气，通过两个封闭的导流槽形成贴附射流，沿着吊顶向室内贴附送风，达到调节室内温度、满足空调负荷的目的。

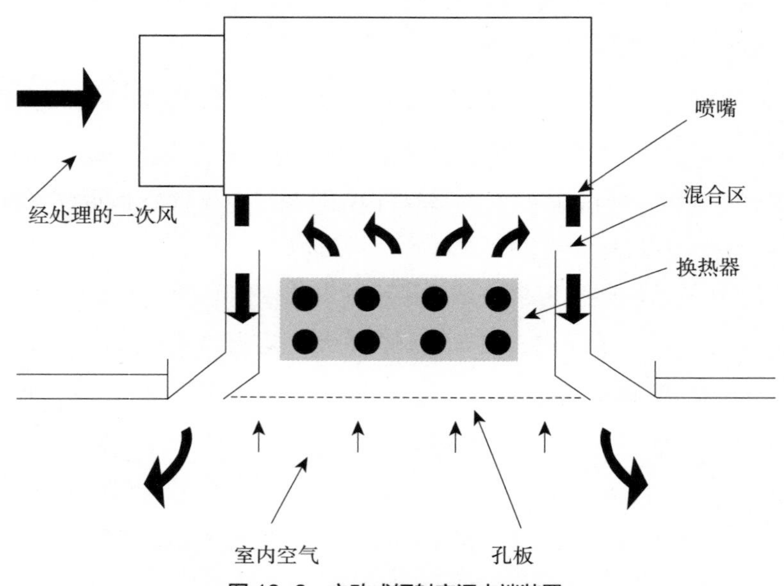

图 13–3 主动式辐射空调末端装置

4. 新型智能空调末端

相对传统空调末端装置，新型智能空调末端能够实时获得空调运行状态信息并远程设置空调运行参数。通过当前成熟的电子通信技术进行无线传输，进而实现远程数据传输、监控和调节等功能。在传统空调的基础上，运用互联网，利用智能手机无线通信模块，房间使用人员通过智能手机检测相关功能和控制空调运行状态。智能手机控制末端原理图如图 13–4 所示。

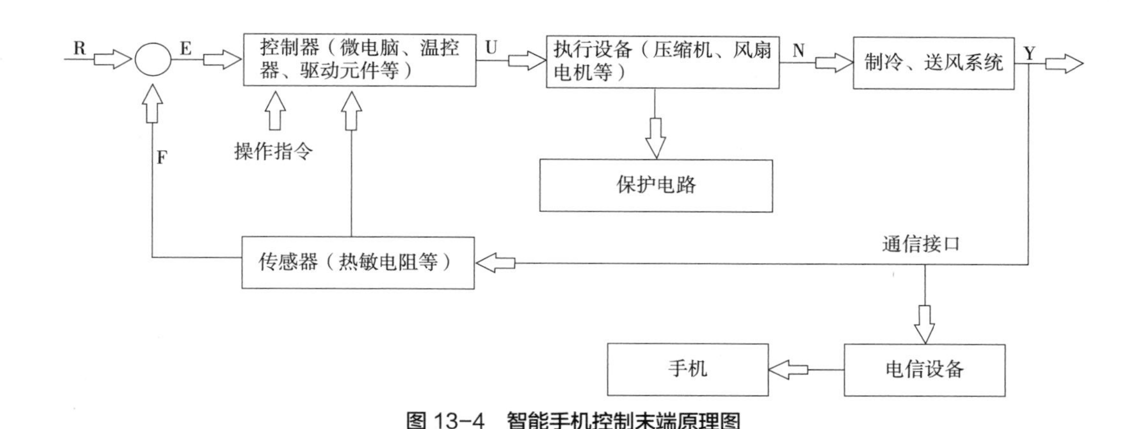

图 13–4　智能手机控制末端原理图

在图 13–4 中，R 表示设定的温度值，E 表示设定的温度和实际温度的差值，U 表示驱动信号，F 表示反馈值。该控制系统由 GSM 系统模块、智能手机和智能空调组成，并采用 TTL 接口进行主控板与 GSM 系统模块的通信。

13.4.2　技术要点

1. 合理布置末端风口

空调区的气流组织设计，应根据空调区的温湿度参数、允许风速、噪声标准、空气质量、温度梯度以及空气分布特性指标等要求，结合内部装修、工艺或家具布置等确定。空调区的送风方式及送风口选型，应符合下列规定：

（1）宜采用百叶、条缝型等风口贴附侧送；当侧送气流有阻碍或单位面积送风量较大，且人员活动区的风速要求严格时，不应采用侧送。

（2）设有吊顶时，应根据空调区的高度及对气流的要求，采用散流器或孔板送风。当单位面积送风量较大，且人员活动区内的风速或区域温差要求较小时，应采用孔板送风。

（3）高大空间宜采用喷口送风、旋流风口送风或下部送风。

（4）变风量末端装置，应保证在风量改变时，气流组织满足空调区环境的基本要求。

（5）送风口表面温度应高于室内露点温度；低于室内露点温度时，应采用低温风口。

2. 低温送风

低温送风系统虽然有很多优点 ，但在采用此项技术之前，应全面了解它能否在特定的项目中发挥优势。可以从以下几个方面考虑：

（1）有无条件制取低温冷冻介质。

（2）房间的相对湿度有无特定要求（如必须高于 40%）。

（3）房间通风换气是否要求很高。

（4）经济上是否投入资金相对较少。

（5）从节约能量来说，全年中能否有大量时间可利用 7 ~13℃的室外空气降温。

从低温送风具有的优点及局限性中可以看到，低温送风系统可广泛用于民用建筑中，并可以在下列场所优先考虑：

（1）建筑空间有限，需要尽量小的送风尺寸的场所。

（2）改造项目，如冷负荷已增加或超过现在供冷能力的场所。

（3）采用冰蓄冷的项目。

（4）希望降低房间湿度的场合。

（5）希望通过降低建筑层高以达到降低建筑造价的场合。

具体来讲，像剧院等项目，其功能要求噪声很低，一般空调系统需采用很多措施来满足这一要求，而采用低温送风系统后，送风量可明显减小，其空调噪声也可大大降低，如果同时考虑冰蓄冷结合使用，一则可充分发挥冰蓄冷的优势，二则增大了供冷能力，三则可大大缩短预冷时间，经济效益显著。

3. 主动式辐射空调末端

1）系统设计特点

由于主动式辐射空调末端通常在干工况条件下运行，不产生凝水，潜热负荷由一次风系统承担，故该系统也可作为温度湿度独立控制空调系统进行设计，在设计过程中具有以下特点：第一是选用高温冷水机组为系统提供 4℃ / 20℃的高温冷水。第二是需要新风系统具有处理湿负荷的能力。第三是为避免发生结露现象，应严格保证室内的正压条件，减少冷风渗透等不利因素。第四是采用高效灵敏的露点温度监控措施，严格控制冷水供给情况以避免结露现象产生。

2）适用性

主动式辐射空调末端的常用高度为 250mm，可以应用于大多数层高受限制的建筑物吊顶内。根据该产品的特点，它适用于舒适度和噪声要求高、维修空间小且换气次数要求较少的办公区域。但其盘管为干盘管，在我国的气候条件下不适用于餐厅、健身房、游泳池等室内潜热负荷比较大且有冷凝风险的场所；对于各等级工业洁净室、生物洁净室以及化学实验室等对室内换气次数要求较高的场所也不适用。

13.5　供暖通风及空调系统调适技术

13.5.1　技术概述

1. 供暖通风及空调系统节能诊断

1）冷热源

冷热源是暖通空调系统中装机容量最大的设备，业主对其维护保养也较为重视，基本能够做到连续记录运行状况，但是记录数据往往没有用于指导设备高效运行。冷热源的节能诊断应根据系统设置情况，对下列项目进行选择性节能诊断：

（1）冷热源运行时间（是否接近或超过正常使用年限）。

（2）冷热源设备所使用燃料或工质是否满足环保要求。

（3）空调系统实际供回水温差。

（4）典型工况下冷水（热泵）机组的性能参数。

（5）冷源系统能效比。

（6）锅炉运行情况及运行效率。

（7）冷却塔性能（冷却塔效率、飘滴损失水率、风机耗电比）。

2）冷热水输配系统

对输配系统的节能诊断应根据系统设置情况，选择性地对下列项目进行节能诊断：

（1）管道保温性能。

（2）冷冻水流量分配及水系统回水温度一致性。

（3）水系统供回水温差。

（4）水系统压力分布。

（5）水泵效率。

3）空调及通风系统

对空调及通风系统的节能诊断应根据系统设置情况，选择性地对下列项目进行节能诊断：

（1）室内空气质量。

（2）风机单位风量电耗。

（3）系统新风量。

（4）风系统平衡度。

2. 供暖通风与空调系统调适

1）单机调适

单机调适又称设备调适，其目的就是为了检测暖通空调设备的各项技术参数是否满足要求，保证每一个功能组件的安装和基本功能满足系统的运行要求。单机调适内容主要包括功能组件的安装检查、试运行检查以及静态性能指标的验证，范围涵盖冷热源机组、冷却塔、循环水泵、组合空调柜、空调末端、管网及配件等。

单机调适内容包括资料收集、现场检查和试运转。以冷水机组为例，现场检查和试运转操作内容见表 13–2，需要收集的资料有：

冷水机组现场调适内容　　表 13–2

检查项目	检查内容
设备安装	安装后设备表面无损坏
	减振系统安装正确，工作正常
	隔离阀与平衡阀安装正确
	管路配件齐全，安装正确
	冷冻水与冷却水管路全面清洗，无污垢，过滤器干净
	蒸发器与冷凝器排气阀安装正确
	制冷剂排放管路通向室外
	温度表与压力计正确安装
	管路上预留足够的温度与压力测试孔，用于水力平衡和传感器校正
	流量传感器正确安装
	制冷剂适量且无泄漏
	润滑剂类型正确、适量
	设备标注清晰明确，包括管路流体流向
	油滤器干净
电路控制	电源线连接正确，各电路系统接地正确
	控制线路和控制系统连接完全
	所有传感器已经校准
	控制系统连锁设置正确，运行正常
	厂家提供了所有运行参数的上下限
	水利输配管路与水泵单机调适完毕
	冷水机组负荷加、减载自动调节正常
	冷水机组报警动作正常
试运转	冷机按厂家制定的试运转程序开机，所有厂家要求记录的试运转过程与参数一切正常，冷机通过厂家要求的试运转测试
	测量压缩机的相电压，确保不平衡率在 2% 以内
	运行过程中无噪声，振动在正常范围内
	压缩机与油压连锁正常
	压缩机运转过程中，油压保持在正常范围内
	冷冻水出水温度达到设计要求，与设计值相差 1℃以内
	管路上人工读值仪表、楼宇自控系统传感器与冷机自控系统显示屏上相对应的测试参数读数一致

（1）厂家的产品手册、安装指南以及试运行程序。

（2）厂家出厂前测试数据与结果。

（3）运行维护手册。

（4）控制策略。

（5）保修凭证和条例。

2）联合调适

现代公共建筑的系统集成度较高，联合调适需确保复杂程度不断提升的建筑系统之间的集成是可靠的、优化的。因此，联合调适的前提是楼宇自控系统的安装以及测试已经完成。

联合调适包括三部分内容：独立系统集成、多系统集成和季节性多系统集成。联合调适常用两种方法：被动测试法和主动测试法。被动测试法是指通过楼宇自控系统的数据自动记录功能，依据系统在实际运行中的表现发现系统中存在的问题。这种方法利用的是系统日常运行状态下的数据，因此不会影响系统的正常使用。但是也造成了某些测试内容的触发条件需要较长的等待周期。被动测试法的流程可能会持续数个月甚至一整年。因此，被动测试法通常用于测试多系统集成的季节性运行。独立系统集成与多系统集成通常采用主动测试法。主动测试法是指人为创造某些测试内容的触发条件来测试系统的集成控制，但是受到客观条件的限制（比如气候、建筑内部无负荷），所有测试需要的触发条件并不一定都可以通过人为创造。

3. 供暖通风及空调系统低成本调适

1）重设机组出水温度

每栋建筑需确定室外空气温度与满足室内空气温度设定点的冷冻水出水温度之间的关系。为此，应收集室外空气温度、冷机出水温度和由此得出的室内空气温度设定点的数据。楼宇自控系统可以记录这些数据，而后可以根据测得的数据关系，对应于室外空气温度相应地升高或降低冷机出水温度。如楼宇自动控制系统不能自动控制，则可以手动调节冷机出水温度，根据技术人员的能动情况选择每天、每周、每月或每季度调节 1 次。调节频率越高，节能效果就越好。图 13–5 为冷水机组运行控制策略优化示意图。

2）保持建筑微正压运行

负压状态下运行会导致未经处理的室外空气通过门窗和缝隙渗入楼内，这些渗入的空气需要机组额外地供热或制冷，增加机组负荷，并容易出现烟囱效应。保持建筑微正压运行有助于将调节后的空气保留在室内，并阻止未经调节的室外空气通过门窗和缝隙渗入。如果建筑保持在微正压状态下运行，暖通空调系统就可以对空气进行适当的控制：过滤、调节温湿度和分送，从而提高室内空气质量。同时，由于不必对负压引起的室外渗入空气进行调节，节约了能源。

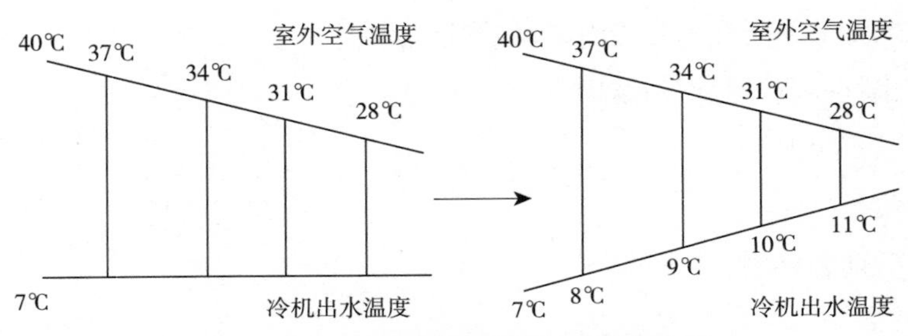

图 13-5 冷水机组运行控制策略优化示意图

3）优化车库排风系统

许多建筑的车库排风系统都是每天 24h 不间断全速运行，即使是在车库里车辆很少或根本没有车辆的情况下也是如此（比如夜间或周末），浪费了大量能源。如果车库排风系统的运行能与空气质量的实际需求相匹配，则既能将 CO 浓度维持在对所有人员都安全的水平，又能达到节省能源、节约费用的目的。

4）清洗盘管和过滤网

盘管和过滤网是建筑物机械系统与其所影响的环境最直接的交互点，定期清除加热 / 制冷盘管和过滤网上的灰尘和污渍，对于最大程度地提高加热 / 制冷效率来说至关重要。清洗后空气过滤网的流通阻力降低，输送同样风量所需的风机功耗因此降低。清洗后盘管的热交换效率也得到了提升，输送同样冷量所需的水泵功耗因此降低，达到了节能的目的。

13.5.2 技术要点

1. 供暖通风及空调系统节能诊断技术要点

1）在对公共建筑冷热源进行节能诊断时，发现冷热源诊断项目 a、b 中任何一项不符合要求时，宜对其进行改造或更换。空调系统实际供回水温差小于设计值 40% 的时间超过总运行时间的 10% 时，也应该对水系统的流量控制进行相应的改造。

2）通过对冷冻水流量分配及水系统回水温度一致性进行节能诊断可以判断各分支冷量的提供情况。检测持续时间内（一般不小于 24h），集中采暖空调与集水器相连的水系统各主分支路回水温度最大差值不应大于 1℃。

3）水系统压力分布的节能诊断可以判断冷冻水和冷却水各部分的压降是否合理。正常情况下，冷冻水系统冷机蒸发器侧阻力 8~12mH_2O，末端空调箱或盘管阻力 5~10mH_2O，管路阻力 5~10mH_2O，因此冷冻泵扬程应在 20~30mH_2O。冷却水系统冷凝器侧阻力 8~12mH_2O、冷却塔 3~5mH_2O、管路阻力 5~10mH_2O，因此冷却泵扬程应在 15~25mH_2O。

4）风机的风量为吸入端风量和压出端风量的平均值，且风机前后的风量之差不应大于 5%。根据空调通风系统的布置和机组额定风量的不同，抽取组合式空调机组进行测试，抽检数量按照 20%，不同风量的组合式空调机组检测数量不能少于 1 台。

2. 供暖通风与空调系统调适技术要点

1）供暖、通风与空调系统单机调适是进行联合调适的必备条件，进行联合调适之前完成单机调适才可保证获得最大的节能收益。

2）单机调适内容不仅限于系统设备，阀门、制冷剂、管道保温等功能组件为发挥着特定功能的装置，也应进行调适。

3）在联合调适中，多系统集成不仅仅包括暖通空调系统，建筑机电设备的调控也包含在内，比如可控遮阳设备、太阳能光热 / 光电系统、自动照明系统等。例如，照明系统和可控遮阳设备之间的配合：当建筑使用自动照明系统时，我们希望可控遮阳设备可以让室内进入足够的自然光来降低照明能耗；然而，在空调系统运行时，室外自然光的增加又会增加室内的冷负荷。这时这两个系统的集成就需要一定的方法来实现。

3. 供暖通风及空调系统低成本调适技术要点

1）重设冷机出水温度需要使用设定温度点的室外空气温度和冷冻水出水温度关系图，用这些资料对建筑自控系统进行编程，使之能够根据室外空气温度、时间、季节和（或）建筑负荷来自动设定出水温度。如果建筑自控系统不能调整出水温度，可以考虑进行人工控制。

2）如果在暖通空调系统工作的同时打开窗户，可能会改变建筑内的压力，导致需要更多额外的加热 / 制冷功率来维持建筑内空气的设定温度。因此，此时活动窗户应尽可能地关闭，从而避免出现压力问题，产生能源浪费。

3）优化车库排风系统运行的方法有：通过人工测量 CO 浓度来控制排风系统的运行；采用 CO 传感器，由专人手动控制排风系统运行；将 CO 传感器与楼宇自动控制系统相连，自动控制排风系统运行。

4）对于酒店建筑，可以考虑在客房停止使用时对房间内空调系统的加热 / 制冷盘管进行清洗。如果要拆卸格栅才能完成清洗工作，则可能需要在完成后修补漆面。建议格栅和墙面分别补漆和干燥，以方便日后的清洗工作。

13.6　供暖、通风及空调系统运行能效提升

13.6.1　技术概述

1. 制冷机组群控技术

多台制冷机组联合运行时，利用自动控制系统，制定合理的冷水机组启停策略，可以使制冷系统更好地适应实际运行中的负荷变化，降低能耗。冷水机组的智能群控技术关键在于确定部分负荷工况下冷水机组的最优启停台数。如此卸载部分机组以达到节能目的，同时使剩余工作机组能够在高效区运行。通过检测冷水流量、供回水温度计算冷

水机组的实际冷负荷，进而确定冷水机组的需求台数，通过自动控制系统控制冷水机组的加减。

2. 建筑负荷预测

对建筑的负荷进行预测能够提前预知建筑负荷的变化趋势，将负荷预测与自动控制策略相结合，能够根据建筑负荷的变化趋势提前调整空调系统产生的冷量，避免空调系统产生过多的能耗，缩短适应建筑负荷变化的响应时间。建筑负荷预测是建筑空调系统节能运行有效实现的前提。

空调负荷预测有如下几种典型算法。

1）回归分析法

由于空调系统的负荷常常受多种因素的影响，在实际预测时常选用多元线性回归模型，回归方程的表达式如式（13–2）：

$$y = a + bx_1 + cx_2 + dx_3 \quad \text{式（13–2）}$$

其中，y 是因变量，如空调负荷；x_1、x_2、x_3 等是自变量，如室外干球温度、室外湿球温度、风速、风向、室内电气耗电量等。对于训练好的回归方程，把未来 x_1、x_2、x_3 等数值代入回归方程就可以预测出空调负荷的值。

2）时间序列法（Time Series Analysis Method）

将已有的空调负荷数据所包含的变化规律，根据数据产生时间的先后顺序进行排序，把空调负荷随时间变化的发展规律展现在时间轴上，利用空调负荷变化趋势与时间轴的对应关系，就可以依据在过去时间里产生的负荷变化规律预测出未来时刻里负荷变化的规律。

3）人工神经网络法（Artificial Neural Network，简称 ANN）

建筑空调运行过程中存在很多非线性关系，人工神经网络对于潜在的、模糊性的规律有很好的学习能力和自适应能力，还能够考虑并反映出气候、突发事件、假期等不确定因素对负荷造成的影响，不用考虑实际系统的结构信息，用户不需要复杂的数学知识。人工神经网络在“训练”阶段直接获取有关给定问题的信息和知识，忽略无关紧要的信息，能够专注于重要的输入信息，这使得神经网络具有很强的鲁棒性、免疫噪声干扰的能力，适合应用于大型的复杂系统。

4）支持向量机法（Support Vector Machine，简称 SVM）

SVM 算法的基本思想就是最小化结构风险（Structural Risk Minimization，简称 SRM）归纳原则，旨在通过减少经验风险总和及 VC（Vapnik Cherronenkis）维来使泛化误差最小。它在模型复杂度（最小化 VC 维）和拟合训练数据（最小化风险之项）之间折中了模型性能。因此，SVM 在解决非线性问题方面拥有较好的泛化能力。

5）大数据与负荷预测相结合

近年来，公共机构建筑能源监测平台、大型公共建筑监测系统积累了大量的运行数据，为大数据技术的应用提供了先决条件。同时，大数据技术的发展为建筑能源监测管理提供了优良的数据处理手段。建筑能源大数据的预处理需要从缺失数据的填充、异常数据的识别清洗以及数据的降维三个方面着手，有助于提高预测结果的准确性，为后续基于数据的建筑空调负荷预测奠定基础。

3. 能效偏离识别及纠偏控制技术

暖通空调系统存在各耗能环节对能效水平的敏感性、贡献率各异，不同负荷工况、不同业态特征下能效偏离高效区等问题，需要对系统冷热源机组、输配系统、末端系统能效进行识别和纠偏控制，使建筑暖通空调系统能效保持在高效区运行。

采用前馈预测控制的方法，以“能效设定—阈值偏离—实时纠控—自动寻优”为基本控制逻辑，以系统最大能效为控制目标，将公共建筑中的既有空调系统及各种传感器作为执行器，在不影响空调系统使用的情况下，采用各种传感器进行数据采集，进入预定算法进行负荷预测，最后通过前馈控制的方法将预测结果加入控制流程中，及时控制系统的工作状态，实现对能效最大的控制。其流程如图 13–6 所示。

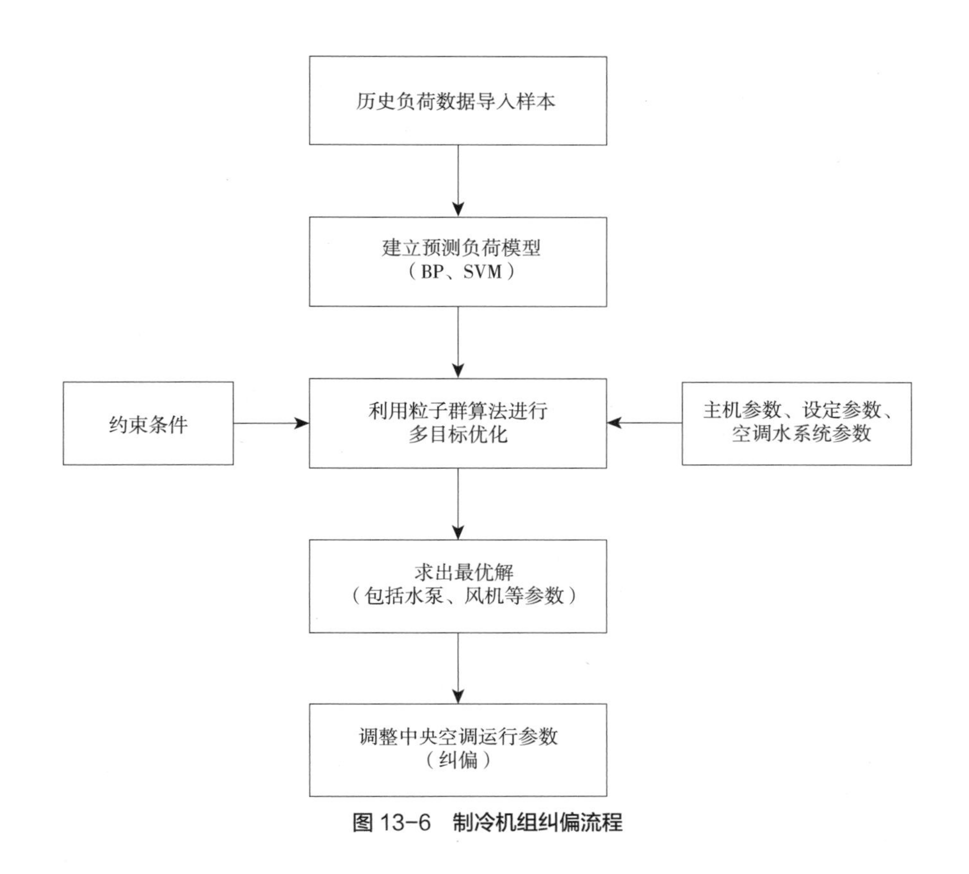

图 13–6　制冷机组纠偏流程

4. 供暖系统分时分温调控

建筑因白天和夜间的用热规律不同，在夜间可以低温运行维持不冻管即可。公共建筑，尤其是办公建筑运行时间有明显的规律，因此可以在夜间实行间歇运行，以节省供暖系统能耗。实现供暖系统分时分温调控需要考虑两个重要因素：一是间歇运行时段内室内温度和管道最不利点温度，以保证不出现冻管现象；二是确定间歇运行结束后的预热时间，即寻优最佳的降温和升温时刻。结合负荷预测和气象条件变化规律，根据不同地区不同热工性能公共建筑能耗及室温的模拟结果，分析不同供暖阶段公共建筑合理的间歇运行调控策略，同时在该策略下，分析公共建筑的节能率。对不同地区、不同热特性参数公共建筑在不同供暖阶段进行间歇供暖运行策略研究，同时分析气象参数与建筑能耗之间的关系及影响程度，从而分析公共建筑供暖运行策略的差异性。

13.6.2　技术要点

1. 冷水机组群控的策略

1）回水温度控制法。通过测量空调系统中冷冻水系统回水的温度，根据其值的大小，决定开启冷水机组的台数，达到控制冷水机组台数的目的。回水温度适应性较差，尤其温差小时误差大，对节能不利。但装置简单，价格便宜。

2）流量控制法。通过测量冷冻水流量获得流量信号，然后再比较此流量值与冷水机组的额定流量，从而实现对冷水机组的台数控制。实验和研究表明，冷冻水流量和建筑物热负荷之间呈对数关系。

3）热量控制法。通过测量冷冻水供回水温度和供（回）水流量获得温差和流量信号，然后对两个信号依据热力学公式计算实际的需冷量，再比较此冷量值与冷水机组的产冷量，从而实现对冷水机组的台数控制。

4）压差控制法。集水器和分水器之间旁通管路上设有压差电动调节阀。供回水总管之间压差增大，说明用户负荷及负荷侧水流量减少，调节旁通阀使其开度变大。每个项目的压差情况是不一样的，因为每个项目的水系统也是不一样的。

5）冷水机组恒流量与空调末端设备变流量运行的差压旁路调节控制。冷水机组设有自动保护装置，在冷冻水供水、回水总管之间设置旁路，在末端流量发生变化时，通过调节旁通流量来抵消末端流量改变对冷水机组侧冷冻水流量的影响。差压旁路调节是二管制空调水系统必须设置的环节。

6）通过冗余的精细化设计以及对精度的控制来实现节能目的。对于冷水机组供给的冷量与建筑空间的冷负荷进行精确的测算。大型的冷水机组在设计以及规划阶段，首先应做精细化设计并且提高对精度的控制程度。在精细化设计以及精度的控制过程中需要充分考虑的是大型建筑物所在的地理位置、光照情况等，依据数据的测算以及大型建筑物的实际情况来选择冷水机组的容量与冷水机组的台数，这样可以较好地避免冷水机组容量的冗余程度过大，减少耗能量，达到节能的目的。

2. 供暖系统分时分温调控技术要点

1）分时分温调控。按需供热结合太阳辐射、室外温度等气象条件，以及公共建筑的作息规律，对各建筑实现分时分温控制。

2）最佳的降温和升温时刻。运用仿真研究和专家系统智能算法，处理运行历史记录、气象条件、作息规律、建筑物热惰性等众多因素影响，不断寻优得到最早的降温时刻，最晚的升温时刻。

3）最佳的阀门开度。在确保管网运行安全的前提下，通过专家系统算法，不断寻优得到最佳低温时间段的阀门开度。

4）可靠的防冻策略。于楼内二次管网最不利环路安装室温采集器，当室内温度达到下限值时，节能控制装置自动开大阀门开度，保证管网不被冻坏。

13.6.3　工程案例

新疆电子研究所科研楼位于新疆维吾尔自治区团结路，建于 2011 年 4 月，是一个主要从事信息技术研究开发、推广应用和系统集成的高新技术机构，隶属于新建电子研究所有限公司。建筑面积约 12000m^2，建筑本体地上 8 层，建筑结构为钢筋混凝土构造。建筑内部用能系统为散热器供暖异程式系统，热水来自于新疆和融热力下辖的北郊热力站，通过建筑热力入口向建筑内部散热器供暖。建筑为集办公及科研于一体的综合办公楼，具体有物联网研究室、云计算实验室、应用软件开发室、社会安全与管理实验室、系统集成实验室以及计算机房。该建筑建成于 2011 年 12 月 15 日，供暖系统运行时间为每年的 10 月 15 日至第二年的 4 月 15 日，具体供暖时间会根据每年的天气情况微调。

新疆电子科研楼在供暖系统未进行节能改造前，热力入口没有任何计量仪表。该科研楼只是北郊医院下辖的建筑之一，还有医院门诊、病房等建筑，所以科研楼供暖系统夜间不能实现低温节能运行。对科研楼进行公共建筑节能改造后，在热力入口安装热量表、温度传感器和分时分温调控装置，能够检测建筑的能耗（图 13–7、图 13–8）。同时，将数据远程实时传输到上位机平台。

在科研楼建筑内部典型供暖房间安装无线室温采集装置，以便反馈供暖系统在白天正常供暖时段的供热效果，指导热力站按照舒适室温进行调控；在卫生间、楼梯间等不利位置安装室温采集装置，以便在夜间低温运行时触发系统防冻运行模式，确保科研楼供暖系统在夜间节能的同时也能安全防冻运行。未实施节能运行策略时供暖初期 7 天的室内环境温度见表 13–3。实施节能策略后的室温情况见表 13–4。

根据未实施改造前的实测数据，以整个供暖期室外空气温度为基准进行计算，则整

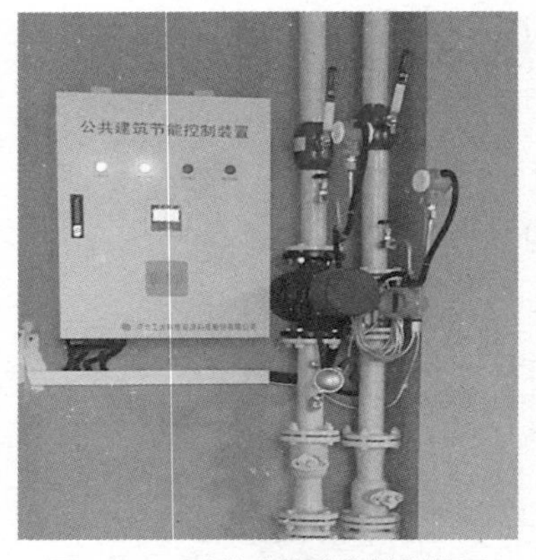

图 13-7 公共建筑节能控制装置

图 13-8 室温采集器

未实施节能策略建筑室内环境温度 表 13-3

正常供暖时段室温 /℃		夜间节能时段室温 /℃	
最高室温	24.5	最高室温	23.2
最低室温	18.3	最低室温	17.6
平均室温	21.4	平均室温	20.4

实施节能策略建筑室内环境温度 表 13-4

正常供暖时段室温 /℃		夜间节能时段室温 /℃	
最高室温	21.8	最高室温	19.6
最低室温	20.8	最低室温	16.4
平均室温	21.3	平均室温	18.0

个供暖期能耗约为 0.343GJ/（m^2 · a），根据实施公共建筑低成本调适技术实现夜间低温运行后的实际监测数据，仍以整个供暖期室外温度为基准进行计算，则节能运行能耗约为 0.305GJ/（m^2 · a），节能潜力约为 11.08%。因热力公司担心夜间低温运行出现不利位置冻管事故，所以在上位机平台设置触发防冻运行的室温限制均不低于 16℃，夜间节能运行时段室温只降低到 18℃左右。若选定合理的不利点，将其温度作为公建系统防冻运行的触发温度，则建筑内部夜间进一步低温运行，节能量将更大。

参考文献

[1] 中国建筑科学研究院，等. 公共建筑节能设计标准：GB 50189—2015[S]. 北京：中国建筑工业出版社，2015.

[2] 王清勤，唐曹明．既有建筑改造技术指南 [M]. 北京：中国建筑工业出版社，2012.

[3] 赵荣义，范存养，等．空气调节 [M]. 3 版．北京：中国建筑工业出版社，1994.

[4] 王朋．建筑空调动态负荷计算分析 [D]. 上海：上海交通大学，2007.

[5] 裴芳．负荷计算方法浅析 [J]. 低温与特气，2008（05）：7-10.

[6] 苏长满．变频控制冷水机组的性能研究 [D]. 西安：西安建筑科技大学，2005.

[7] 李杰．东北地区天然冰蓄冷空调节能技术应用 [J]. 黑龙江工程学院学报（自然科学版），2010，24（02）：62-65.

[8] 孙浩洋，郑佳，石婷婷，等．天然冰节能在空调系统中的应用 [J]. 新经济，2015（05）：115-116.

[9] 吕鹏飞．我国地热能利用方式及发展建议 [J]. 科技创新导报，2015，12（06）：223.

[10] 谢晓云，江亿．对蒸发冷却式空调的设计与热工计算方法的一些看法 [J]. 暖通空调，2010，40（11）：1-12.

[11] 安文卓，刘泽勤，裴凤．对温湿度独立控制空调系统的探析 [J]. 发电与空调，2013，34（01）：67-70.

[12] 张涛，刘晓华，赵康，等．温湿度独立控制空调系统应用性能分析 [J]. 建筑科学，2010，26（10）：146-150.

[13] 高佳佳，徐新华，黄公胜．变风量空调系统室内温度控制 [J]. 华中科技大学学报（自然科学版），2015，43（12）：86-89，105.

[14] 卞维锋，龚延风，王琰，等．空调水系统变流量节能控制及实验研究 [J]. 节能技术，2009，27（02）：145-148.

[15] 介鹏飞，李德英．VRV 空调系统的节能性研究与应用 [J]. 节能，2008，27（12）：19-21，2.

[16] 彭鹏．辐射供冷系统的节能性分析 [J]. 资源节约与环保，2012（04）：77-80.

[17] 缪爱国，霍海娥．辐射供冷系统简介和设计初探 [J]. 制冷与空调（四川），2008（06）：96-101，92.

[18] 于治森．供热环网水力计算系统的设计与实现 [D]. 大连：大连理工大学，2016.

[19] 吉淑敏．变频变流量集中空调系统节能性分析 [D]. 西安：西安科技大学，2012.

[20] 蔡芬．气流组织对室内空气品质影响的数值模拟 [D]. 武汉：华中科技大学，2005.

[21] 张瑞，柳建华，张良．低温送风室内气流组织的实验研究 [J]. 制冷技术，2015，35（05）：25-30，35.

[22] 王麟康．温湿度独立控制系统末端装置的研究及系统适用性分析 [D]. 南昌：南昌大学，2016.

[23] 卢琼华．水环热泵空调系统的适用性和经济性研究 [D]. 武汉：华中科技大学，2007.

[24] 袁旭东，柯莹，王鑫．空调系统排风热回收的节能性分析 [J]. 制冷与空调，2007（01）：76-81.

[25] 史德福．三种不同冷凝热回收方式下空调系统性能研究 [D]. 天津：天津商业大学，2013.

[26] 黄烜．楼宇中央空调自控系统的研究 [D]. 武汉：湖北工业大学，2009.

[27] 张美堂．浅谈中央空调的主要组成部分及其维护保养 [J]. 科技风，2013（09）：44.

[28] 林永进．空调系统运行管理人员培训模式探讨 [J]. 价值工程，2012，31（04）：261-262.

第 14 章　电气与照明

14.1　概述

电气和照明系统是公共建筑的重要组成部分，不仅是现代建筑的重要体现，也是公共建筑主要能耗产生之处和建筑节能工作的重点之一。由于公共建筑电气与照明系统存在各种设计和运行问题，所以既有公共建筑迫切需要及时地进行改造，在满足功能要求的前提下，以降低公共建筑电气与照明系统的能耗，提高运行效益。

在电力输配电系统中，减少变压器损耗、减少输配电线损等方面是建筑节能改造工作内容之一。公共建筑电梯的群控、智能控制、能量回馈等，不仅能够保障电梯正常运行、提升性能，同时还能大幅度减少电梯能耗；公共建筑内部的插座用电，在满足不同类型的办公设备、个人电器、饮水机等不同的使用需求时，通过适当的管理措施，也能大幅度节能。

公共建筑电气系统通常由供电系统、输配电系统及电力用户组成。除此之外，建筑电力系统还可按照表 14–1 进行分类[1]。

建筑电力系统分类　　表 14–1

分类标准	类型
电能特性	强电系统和弱电系统
电力来源	供配电线路、控制和保护装置
电力用途	照明、插座、空调、动力系统及其他系统

随着技术经济的快速发展，建筑行业取得了很大程度的进步和发展。此外，随着人们生活水平的提高，人们对环境舒适性的要求也不断提高，建筑电气的合理设计、安装、运行以及调适成为工程建设的重要组成部分。根据以往工程经验总结的电气设备出现的问题应引起业内人士的高度重视，从而优化建筑电气设备的设计与运行。

目前，公共建筑电气设备性能虽然有了很大提升，但仍然存在很多问题，如表 14–2 所示。

建筑供配电系统作为建筑的基础设施，对建筑的正常使用有着巨大的影响，城镇人口的增加使得高层建筑越来越多，对于电气设计人员来说，做好高层建筑供配电系统的设计工作十分重要，不仅要有科学的使用功能，同时要保障系统能够高效安全地正常运行，这

电气设备存在的主要问题　表 14-2

问题来源	问题分类
电梯	运行和待机能耗较高；能量回收与利用较低；候梯时间较长；部分电梯错按楼层不能取消；自动扶梯空载运行
通风机房	风机能效低；智能化水平低；室内无人或者人员较少时，通风系统仍然维持额定工况（或者最大工况）运行；安装热回收装置；机房内部照明灯具常年开启也会增加通风机房电力消耗

样才能确保整个建筑的供配电系统高效运行。随着人们生活水平的提高，公共建筑在照明的设计和使用上需要不断创新。公共建筑照明的设计和性能提升，能够有效减少城市中的能源消耗，对现代社会经济的持续增长有重要影响。

为了概览既有公共建筑的电气性能提升技术分布的情况，本章提炼出表 14-3、表 14-4、表 14-5 供参考，便于结合改造项目自身系统开展策划和设计工作。

电气性能提升技术分布表（一）　表 14-3

序号	细分专业	细分项目	系统状态				运行时点			提升技术领域举例
			正常	备用	应急	战时	四季	周作息	日作息	
1	照明	室内照明	●	○	●		●	○	○	LPD 目标值
		道路照明	●	○	○		●	○	○	LED 路灯
		景观照明	●				●	●	○	模式控制
		自然光照明	○				○	○	○	导光照明
		照明控制	●	○	●		●	●	●	场景控制
2	供配电	接地	●	●	●	▲				联合接地
		外网接入	●	○	○	▲				负载均衡
		变配电	●	●	○	▲	●			运行方式季节转换
		柴油发电		○	○	▲				维护能耗监控
		燃气发电	○	○			○	○	○	运行模式控制
		光伏发电	●	○	○		○	○	○	建筑一体化
		蓄电储能	○	○	○	▲	○	○	○	UPS 蓄能调峰
		智能微网	○	○	○		○	○	○	多能互补控制
		交流配电	●	●	●	▲				电能质量治理
		直流配电	○	●	●	▲				直流直供
		计量监控	●	●	●		●	●	●	分项计量
		能效监管	●	●	●		●	●	●	运行能效调控
3	电气总图	强电管沟	●	○	○	▲				综合管廊
		弱电管沟	●	○	○	▲				多孔格栅管
		室外配电	●	○	○					
4	管线综合		●	●	●	▲				BIM

注：●表示通常应考虑到的状态，○表示结合实际选择，▲表示应注意特殊要求，△表示结合平常应用。

电气性能提升技术分布表（二）　　表 14-4

序号	细分专业	细分项目	系统状态				运行时点			提升技术领域举例
			正常	备用	应急	战时	四季	周作息	日作息	
5	5.1 通信	固定电话	●	○	○					快接跳线
		有线网络	●	○	○					机架管理
		无线网络	●	○	○					室内信号覆盖
	5.2 广播电视	有线电视	●	○	○					数字高清
		卫星电视	●	○	●					全疆域覆盖
		公共广播	●	○	●		●	●	○	数字分址播放
		信息发布	●	○	●		●	●	○	大数据可视化
6	控制	冷热源	●	○	●		●	●	●	能效调控
		空调通风	●	○	●		●	●	●	空气质量监控
		给排水	●	○	●		●	●	●	变频控制
		电梯	●	○	●		●	●	●	电梯群控
		特殊工艺	○	○	○		○	○	○	会展、医疗、交通等
		机动车停车	●	○	●		●	●	●	车位探测
		充电	●	○	●		●	●	●	能效监控
7	安防	视频监控	●	●	●		●	●	●	数据存储管理
		出入口监控	●	●	●		●	●	●	身份识别
		门禁考勤	●	●	●		●	●	●	生物识别
		电子巡查	●	●	●		●	●	●	巡查线路优化
		入侵报警	●	●	●		●	●	●	异常行为识别

注：●表示通常应考虑到的状态，○表示结合实际选择，▲表示应注意特殊要求，△表示结合平常应用。

电气性能提升技术分布表（三）　　表 14-5

序号	细分专业	细分项目	系统状态				运行时点			提升技术领域举例
			正常	备用	应急	战时	四季	周作息	日作息	
8	消防	手动报警	●	○	●					逻辑核查检验
		自动报警	●	○	●					复合式判断
		早期预测	●	○	○		○	○	○	漏电、燃气等
		消防电源	●	●	●					集中式电源
		消防照明	●	●	●					LED 应急照明
		消防配电	●	●	●					消防线路防护
		消防控制	●	●	●					变频巡检
		消防广播	●	●	●					数字网络广播
		消防电话	●	●	●					
		疏散指示	●	●	●					LED 疏散灯

续表

序号	细分专业	细分项目	系统状态				运行时点			提升技术领域举例
			正常	备用	应急	战时	四季	周作息	日作息	
9	人防	人防照明	△	△	△	▲	○	○	○	车库照明节能控制
		人防配电	△	△	△	▲				电气安全防护
		人防弱电	△	△	△	▲				电磁兼容防护
10	涉密	涉密管井	●	●	●	▲				
		涉密机房	●	●	●	▲				
		涉密配线	●	●	●	▲				

注：●表示通常应考虑到的状态，○表示结合实际选择，▲表示应注意特殊要求，△表示结合平常应用。

14.2 电气设备

14.2.1 技术概况

既有公共建筑性能提升关注的电气设备概况见表 14-6。

性能提升关注的电气设备概况　　表 14-6

序号	电气设备名称		能耗	能效	电能质量	安装位置
1	高压柜				□	分界室、变电室
2	变压器		■	■	■	变电室
3	发电设备	柴油发电机	■	□	■	发电机房
		燃气发电机	■	■	■	
		光伏组件		■	■	屋面、南向立面
		风力发电机		■	■	楼顶、建筑一体化
4	电气储能相关设备	常规电池		□	■	电池室、机柜、应急灯具、控制器
		液流电池		□	■	电池室
		飞轮		□	■	机柜
		应急发电油箱	■		■	储油间
		应急发电油泵	■		■	
5	电能质量治理设备	电容电抗器		□	■	变配电室、机房、敏感设备
		滤波器		□	■	
		电压补偿器		□	■	
		UPS	■	□	■	
6	低压柜				■	变配电室、机房
7	母线、插接箱、电缆				□	变配电室、机房、竖井等多种场所
8	直流汇流箱				□	屋顶、幕墙等

续表

序号	电气设备名称	能耗	能效	电能质量	安装位置
9	等电位箱、接地箱				变配电室、机房、泳池、卫生间等多种场所
10	动力柜、ATS 柜、照明箱			■	机房、控制室、配电间、厨房、室内外多种场所
11	VVVF 变频器		■	■	机房、控制室、厨房等多种场所
12	AC/DC、DC/DC 电源转换器		■	■	安防、消防、照明、计算机、办公设备等
13	旋转电机	■	■	■	各种机房、泵房等大量动力设备
14	电动执行机构				多种控制设备
15	插座、开关			□	多种场所
16	灯具		■	■	各种人工照明场所

注：■表示需要更多注意相关性，□表示需要多注意相关性。

14.2.2　技术要点

建筑电气设备性能提升关键技术主要包括以下几个方面，如表 14–7 所示。

建筑电气设备性能提升方法　　表 14–7

拖动系统节能技术	采用高效的永磁同步电机[29]	永磁电机具有低速大扭矩、调节精度高和动态响应特性好的优点。永磁同步电机的转子采用永磁材料，不需要励磁电流，因而转子上没有铜耗和铁耗，提高了电机的运行效率
	采用无齿轮传动装置	无齿轮曳引机由于没有齿轮减速器，因而在运行中没有传动部件造成的机械振动和动力消耗，既保证了电梯在运行过程中振动减小，也便于电梯的维护保养，同时还提高了电机的有效功率[30]
	采用变频变压调速控制（技术）[31~32]	变频变压调速可以保持三相异步电机转矩和磁通为常数的情况下获得良好的转速调节性能，具有高速高性能、运行效率高、节约电能、舒适感好、平层精度高、运行噪声小、安全可靠、维修方便等特点
基于超级电容的能量回馈（技术）[33]	能量回馈装置能够将变频器返回到直流母线中的再生电量通过外加逆变装置的方式回收利用，避免该回馈电量在直流侧通过泄放电阻直接消耗，达到电梯节能的目的。超级电容具有功率密度大、能量密度高和充放电快速的优点，在电梯能量回馈技术中有着广泛的应用价值，可以实现电梯总能耗节能 20% 以上	
电梯群控技术	电梯群控技术是指将多台电梯进行分组，根据楼宇内交通量的变化，利用计算机控制平台，达到电梯输送最优化的目的。合理地安排与调度电梯群对呼梯信号的响应，尽量减少启停次数，可以减少电梯的运行能耗	
轿厢内照明与通风自动启停技术	对轿厢内照明和通风设备加装红外控制装置，或者与层站呼叫系统联机运行，当长时间无人呼叫电梯时，自动关闭轿厢内照明和通风设备，以减小轿厢不必要的电力消耗	
内置取消错按楼层的编程	在选层器中内建取消错按楼层的编程，当乘员错按楼层时可以通过多次按键及时取消错按的楼层，避免轿厢不必要地停站，达到电梯节能的目的	
自动扶梯节能技术	（1）只在客流高峰期开启自动扶梯，在低客流或者无客流时间段采取停机运行的方式。（2）采取节能变频控制技术。当扶梯两端传感器检测到有乘客进入时，扶梯自动平稳地将速度提到正常运行速度；当扶梯闲置一段时间后，变频器自动降压降频减小扶梯运行速度，扶梯自动进入待机状态	

续表

电梯能耗预测方法	通过科学的方法对其使用规律进行归纳总结，并提前预测电梯能耗，合理调配电梯启停位置，及时响应呼梯信号、提高电梯负载率、减少待机时间、减少不必要的停站。常见的电梯能耗预测方法有自回归滑动平均预测方法、基于径向基函数神经网络预测方法、仿真预测方法和典型日预测方法[35~37]

14.2.3 应用案例

北京市在连续多年的节能改造中，结合实际情况诊断后，采取更换电气设备的方式提升性能的既有公共建筑有很多,例如：北京市政府等30多个办公建筑项目；大量商业项目，其中有商场、宾馆、剧场等；大量文化教育建筑，其中有图书馆、各种学校等；还有很多其他各种类型的公共建筑。电气设备性能提升通常采用的方式包括：

（1）更换更高效节能的灯具。

（2）部分动力设备根据具体运行工况增加了变频器。

（3）有些风机、水泵的电动机，原来选型偏大的通过重新计算选型更换电动机降低一级功率，实现电动机高效运行。

（4）不满足节能要求的变压器更换为节能变压器。

（5）更换使用更节能的电开水器。

通过总结北京市的改造案例，发现改造中最难实施、节能效果也最突出的是动力设备的性能提升。既有公共建筑中的暖通空调、给排水等系统的动力设备，原来的电动机是由设备厂家配套的，当时缺少对能效等级的约束，很多电动机不属于节能产品。制冷机、电梯等设备直接提升电动机能效很难，但是对于那些功率比较大、运行时间比较长的风机、水泵等设备，将不节能的电动机更换为达到能效等级2级以上的节能型电动机，并通过系统参数校核计算合理选型，很多原来选型过大的设备可以将电动机功率等级降低一级，因此这种改造对系统能效的提升特别显著。

《小功率电动机能效限定值及能效等级》GB 25958适用于690V及以下的电压和50Hz交流电源供电的小功率三相异步电动机（10~200W）、电容运转异步电动机（0.1~2.2kW）、电容起动异步电动机（0.12~3.7kW）、双值电容异步电动机（0.25~3kW）等一般用途电动机，以及房间空调器风扇电动机（6~550W）。《中小型三相异步电动机能效限定值及能效等级》GB 18613适用于1000V及以下的电压，50Hz三相交流电源供电，额定功率在0.75kW~375kW范围内，电机极数为2极、4极和6极，单速封闭自扇冷式一般用途电动机或一般用途防爆电动机。为便于指导更多既有公共建筑实施动力设备改造,综合这两个标准的电动机能效参数见表14–8。采用的电动机能效等级不低于2级时，属于节能型电动机，根据北京市节能改造的成功经验，动力设备改造应以此为性能提升目标。

电动机能效等级对照表　　表 14-8

电机级数	2 极	4 极	6 极	2 极	4 极	6 极	2 极	4 极	6 极
能效等级	1 级			2 级			3 级		
额定功率 /kW	电机效率 /%								
0.010	—	35.0	—	—	31.4	—	—	28.0	—
0.016	54.1	39.4	—	50.1	35.6	—	46.0	32.0	—
0.025	60.0	50.1	—	56.0	46.0	—	52.0	42.0	—
0.04	62.8	58.1	—	59.0	54.1	—	55.0	50.0	—
0.06	67.5	63.8	—	63.8	60.0	—	60.0	56.0	—
0.09	69.3	65.7	—	65.7	61.9	—	62.0	58.0	—
0.12	73.8	67.5	—	70.5	63.8	—	67.0	60.0	—
0.18	75.5	71.1	66.6	72.4	67.7	62.9	69.0	64.0	59.0
0.25	78.1	73.8	70.2	75.2	70.5	66.7	72.0	67.0	63.0
0.37	79.3	75.9	74.6	76.5	72.8	71.4	73.5	69.5	68.0
0.55	81.0	79.3	77.2	78.4	76.5	74.2	75.5	73.5	71.0
0.75	84.9	85.6	83.1	80.7	82.5	78.9	77.4	79.6	75.9
1.1	86.7	87.4	84.1	82.7	84.1	81.0	79.6	81.4	78.1
1.5	87.5	88.1	86.2	84.2	85.3	82.5	81.3	82.8	79.8
2.2	89.1	89.7	87.1	85.9	86.7	84.3	83.2	84.3	81.8
3.0	89.7	90.3	88.7	87.1	87.7	85.6	84.6	85.5	83.3
4.0	90.3	90.9	89.7	88.1	88.6	86.8	85.8	86.6	84.6
5.5	91.5	92.1	89.5	89.2	89.6	88.0	87.0	87.7	86.0
7.5	92.1	92.6	90.2	90.1	90.4	89.1	88.1	88.7	87.2
11.0	93.0	93.6	91.5	91.2	91.4	90.3	89.4	89.8	88.7
15.0	93.4	94.0	92.5	91.9	92.1	91.2	90.3	90.6	89.7
18.5	93.8	94.3	93.1	92.4	92.6	91.7	90.9	91.2	90.4
22.0	94.4	94.7	93.9	92.7	93.0	92.2	91.3	91.6	90.9
30.0	94.5	95.0	94.3	93.3	93.6	92.9	92.0	92.3	91.7
37.0	94.8	95.3	94.6	93.7	93.9	93.3	92.5	92.7	92.2
45.0	95.1	95.6	94.9	94.0	94.2	93.7	92.9	93.1	92.7
55.0	95.4	95.8	95.2	94.3	94.6	94.1	93.2	93.5	93.1
75.0	95.6	96.0	95.4	94.7	95.0	94.6	93.8	94.0	93.7
90.0	95.8	96.2	95.6	95.0	95.2	94.9	94.1	94.2	94.0
110	96.0	96.4	95.6	95.2	95.4	95.1	94.3	94.5	94.3
132	96.0	96.5	95.8	95.4	95.6	95.4	94.6	94.7	94.6
160	96.2	96.5	96.0	95.6	95.8	95.6	94.8	94.9	94.8
200	96.3	96.6	96.1	95.8	96.0	95.8	95.0	95.1	95.0
250	96.4	96.7	96.1	95.8	96.0	95.8	95.0	95.1	95.0
315	96.5	96.8	96.1	95.8	96.0	95.8	95.0	95.1	95.0
355~375	96.6	96.8	96.1	95.8	96.0	95.8	95.0	95.1	95.0

14.3 供配电系统

14.3.1 技术概况

供配电系统是公共建筑最主要的能源供应系统。目前的公共建筑依赖性最高的能源是电能，公共建筑通常从外部电网获得正常电源，并根据项目的性质、负荷等级、商业需求等因素，采用应急电源或备用电源。

既有公共建筑通常由外部电网提供的电源是单电源或双电源；少数项目根据负荷情况和外部条件等经过技术经济比选后采用三电源，例如首都体育馆、北京西站；极少数项目负荷性质特别重要、电能需求量大、周边电网条件好，经过比选采用四电源，例如国家大剧院。

对于既有公共建筑，功能上要服务好社会，供配电系统改造要“治小”。如果项目所处地区的外部电源条件不理想、不能保证具体公共建筑项目的供电可靠性时，结合具体项目情况要建设应急电源或备用电源。例如服务于大型体育赛事或重要的大型活动、国际性会议的公共建筑，要根据供电任务是临时性还是长期性考虑适合的建设方式，如果是临时保电任务可以配置适用的发电车、电源驳接箱等，如果要实现长期供电保障则需要建设发电机房。

同样也是为了更好地服务社会、避免浪费、保证效益，既有公共建筑供配电系统改造还要“治大”。如果既有公共建筑变压器容量配置过大，以致于远超出实际需求、长期不能经济运行时，应及时策划通过全面的节能诊断正确识别变压器运行负载特征，找到病因优化配电系统、增加或恢复应有的灵活运行方式，继而重新整定高压供电系统参数，必要时还需更换容量与能效都满足实际情况的变压器。

总之，供配电系统在建筑中承担着类似于人体的心脏与动脉一样的作用，因此供配电系统不能过小，也不能过大，性能提升改造要在满足电能质量要求的同时提高系统运行能效。

公共建筑常用的干式变压器，损耗与能效等级对照见表 14–9。

变压器损耗与能效等级对照表　　表 14–9

<table>
<tr><th rowspan="4">额定容量 / kVA</th><th colspan="5">空载损耗 /W</th><th colspan="5">负载损耗 /W</th></tr>
<tr><th>1 级</th><th>2 级</th><th>1 级</th><th>2 级</th><th>3 级</th><th colspan="2">1 级</th><th colspan="3">2 级、3 级</th></tr>
<tr><th colspan="2" rowspan="2">电工钢带</th><th colspan="2" rowspan="2">非晶合金</th><th rowspan="2">电工钢带、非晶合金</th><th rowspan="2">电工钢带</th><th rowspan="2">非晶合金</th><th colspan="3">电工钢带、非晶合金</th></tr>
<tr><th>B（100℃）</th><th>F（120℃）</th><th>H（145℃）</th></tr>
<tr><td>315</td><td rowspan="4">比 2 级低 10%</td><td>705</td><td colspan="2">280</td><td>880</td><td rowspan="4">比 2 级低 10%</td><td rowspan="4">比 2 级低 5%</td><td>3270</td><td>3470</td><td>3730</td></tr>
<tr><td>400</td><td>785</td><td colspan="2">310</td><td>980</td><td>3750</td><td>3990</td><td>4280</td></tr>
<tr><td>500</td><td>930</td><td colspan="2">360</td><td>1160</td><td>4590</td><td>4880</td><td>5230</td></tr>
<tr><td>630</td><td>1070</td><td colspan="2">420</td><td>1340</td><td>5530</td><td>5880</td><td>6290</td></tr>
</table>

续表

<table>
<tr><th rowspan="3">额定容量/kVA</th><th colspan="5">空载损耗 /W</th><th colspan="5">负载损耗 /W</th></tr>
<tr><th>1 级</th><th>2 级</th><th>1 级</th><th>2 级</th><th>3 级</th><th colspan="2">1 级</th><th colspan="3">2 级、3 级</th></tr>
<tr><th colspan="2">电工钢带</th><th colspan="2">非晶合金</th><th rowspan="2">电工钢带、非晶合金</th><th rowspan="2">电工钢带</th><th rowspan="2">非晶合金</th><th colspan="3">电工钢带、非晶合金</th></tr>
<tr><th></th><th></th><th></th><th></th><th></th><th>B（100℃）</th><th>F（120℃）</th><th>H（145℃）</th></tr>
<tr><td>630</td><td rowspan="7">比 2 级低 10%</td><td>1040</td><td colspan="2">410</td><td>1300</td><td rowspan="7">比 2 级低 10%</td><td rowspan="7">比 2 级低 5%</td><td>5610</td><td>5960</td><td>6400</td></tr>
<tr><td>800</td><td>1215</td><td colspan="2">480</td><td>1520</td><td>6550</td><td>6960</td><td>7460</td></tr>
<tr><td>1000</td><td>1415</td><td colspan="2">550</td><td>1770</td><td>7650</td><td>8130</td><td>8760</td></tr>
<tr><td>1250</td><td>1670</td><td colspan="2">650</td><td>2090</td><td>9100</td><td>9690</td><td>10370</td></tr>
<tr><td>1600</td><td>1960</td><td colspan="2">760</td><td>2450</td><td>11050</td><td>11730</td><td>12580</td></tr>
<tr><td>2000</td><td>2440</td><td colspan="2">1000</td><td>3050</td><td>13600</td><td>14450</td><td>15560</td></tr>
<tr><td>2500</td><td>2880</td><td colspan="2">1200</td><td>3600</td><td>16150</td><td>17170</td><td>18450</td></tr>
</table>

既有公共建筑的供配电系统性能提升改造中，对于老旧变压器需要更新时，目前技术水平选用能效等级不低于 2 级的节能型变压器。

14.3.2　技术要点

既有公共建筑供配电系统主要问题和技术措施要点如表 14-10 所示。

供配电系统主要问题和技术措施要点　　表 14-10

<table>
<tr><th>主要问题</th><th colspan="2">解决措施</th></tr>
<tr><td rowspan="2">电能质量问题</td><td>提高系统稳定性</td><td>根据诊断结果调整供配电系统中的冲击性负荷母线段分布位置、启动和退出方式；合理配置储能系统、充电系统，调整负荷峰谷分布特征；充分结合新能源与新负荷优化系统结构；充分发挥直流系统功能，优化交流与直流系统结构与配置；采用智能微网多种适宜技术，以更加稳定地运行</td></tr>
<tr><td>提高系统能效</td><td>做好供配电系统节能[26-27]可以考虑采取减少配变电级数、简化接线等方式来实现电能的节约和设备的投资。根据季节性和昼夜用电波动大的负荷特点选择变压器的容量。变压器要尽量靠近负荷中心，以达到减少供电半径、降低电能损耗的目的。另外，由于气候的季节性可能会造成系统负荷的变化，合理的变压器容量和数量可以实现系统的灵活性，从而在运行中减少因轻载造成的不必要损耗</td></tr>
<tr><td rowspan="3">供配电系统设计</td><td>严格审核供配电系统的设计图纸</td><td>在拿到设计图纸之后，还需要电力部门对配电系统的图纸进行严格的审核，审核中一旦发现设计图纸中存在问题就应当及时返修设计图纸，审核的目的就是要确保配电系统的设计图纸完全符合国家的规范要求</td></tr>
<tr><td>设计部门应当严格遵守设计规范</td><td>设计人员在实际进行设计时需要严格遵守设计规范，在规范下根据实际情况进行设计，提高设计水平，保证供配电系统的安全性与可靠性</td></tr>
<tr><td>规范元件设备的选用</td><td>在选择元件设备的时候应当优先选择新型的高性能材料，关注新型材料的使用和发展，在元件设备使用规范的前提下使用新型材料，相应地就应当及时淘汰一些不符合要求的过时的材料</td></tr>
</table>

续表

主要问题	解决措施
供配电系统管理	完善供配电系统管理，提高供配电系统要求，采用科学的管理方式，建立健全科学的管理制度规范，明确责任制度，这使得电网管理能够有理可依[28]。供配电系统管理制度还应当有规范的抄表制度和用电监督制度，避免出现偷电或者是违规用电的现象出现。在实际的配电网管理中，应当根据当地的实际情况对老式的电能表进行更换，提高电能表的使用性能，使误差率降低。进行供配电系统的标准化改造也是必不可少的，标准化的改造可以及时并且有效地检测到电力系统中存在的问题，提出相应的解决方案

供配电系统在提升性能的同时，还要提高运行管理水平，提升内容包括以下几个方面：

1. 建立供配电系统运行的管理机制

在管理供配电系统运行的过程中，对于存在的问题应当建立健全的供配电系统运行的责任机制以及问题处理机制。完善的机制在供配电系统运行中是不可或缺的，要严厉追究在管理供配电系统运行中出现问题的原因，通过完善责任安全机制，增强员工的责任感，带动员工的参与性。另外针对供配电系统运行当中存在的问题，科学制定出相对应的机制。

2. 对供配电系统运行中常见问题采取针对性的预防措施

在面对供配电系统运行问题时，要注意减少运行中问题的频繁发生。工作人员要细心保养变电系统运行的相关设备。定期检查维修变电设备，以保供配电系统正常运行，防止问题发生。

3. 加强变电系统运行员工的安全意识

要提高安全意识，对变电系统运行管理的工作人员进行安全知识教育。首先，加大在变电管理部门的安全知识宣传力度；其次，加强对变电系统运行工作人员的安全知识教育。

4. 提高变电系统运行工作人员的职业素养

提高相关工作人员的技能，减少变电系统运行中出现问题，使变电系统能够正常运行，方便人们的日常生活以及工业生产。根据实际变电系统运行中常见的问题，对员工进行技能培训，保证能切实处理实际的问题。此外变电系统运行管理人员要不断汲取更多的实践经验，只有具备更多的实践经验，才能有效地解决变电系统运行过程当中出现的问题。

14.3.3 应用案例

供配电系统中的低压配电系统分项计量改造是对各项性能提升改造具有特殊意义的改造项目，分项计量系统犹如神经系统，采用适用的分项计量系统可以将供配电系统的能耗查清楚，继而掌握暖通空调、给排水、照明等各系统的能耗状态。此处举例首选分项计量改造。

自从《关于印发〈国家机关办公建筑和大型公共建筑能耗监测系统建设相关技术导

则〉的通知》（建科〔2008〕114 号）颁布了分类分项计量的系列导则之后，国管局在北京的 100 多家单位的公共建筑中，分批陆续实施了分项计量改造。这次的分项计量改造行动，是建筑能耗计量历史上的里程碑。自此，建筑能源管理对于电能消耗的“去处”有了越来越清晰的认识，电能消耗的“黑洞”越来越少，通过能耗数据分析也越来越清晰地看到更加真实的各项用电比例，供配电系统以及各项用电系统的能耗特征，采用不低于每天 96 个时点的监测曲线图直观地展现出来。分项计量的意义被社会广泛认可，国标、行标、地标也陆续完善了相关标准的规定和相互衔接。现在的绿建评价中，分项计量的评价是重要内容之一。

总结以往的分项计量改造项目，计量分项的内容是否准确特别重要，关系到以后长期监测数据的自动图表分析结果是否足够“真实”。如果前面的“分项”工作出现遗漏或偏差，后面获得的分项监测数据将长期偏离实际情况。因此，为了更加准确地掌握供配电系统的运行能耗，应该在性能提升改造时，注重区分清楚各个用电分项、子项，在改造设计中采用清晰的表达方式，使设计文件向后面的流程传递更顺利；严格要求，减少或避免实施过程中不了解系统的人员揣摩猜测着去做分项工作。如果既有公共建筑原来的配电系统中存在较多混合干线，设计时要注意结合具体建筑情况设置适用的能耗拆分仪表，但也要注意因地制宜地判断加表数量与位置，以适量仪表获得尽可能有效的监测数据，避免后期庞大数据缺乏代表性、加重数据存储负担。

14.4　照明系统

14.4.1　技术概况

结合第 9 章的内容，照明系统性能提升中的照明能效提升是电气与照明的重点内容之一。既有公共建筑及建筑周边附属照明区域的主要照明灯具，性能提升后的能效应符合表 14-11 的限值要求。

高效节能灯具指标限值　　表 14-11

光源类型		灯具类型	灯具（无光源）效率限值	灯具（含光源）效能限值 /（lm/W）
气体放电灯	HID 灯	开敞式	75%	—
		格栅或透光罩	60%	—
	荧光灯	开敞式	75%	—
		透明保护罩	70%	—
		格栅	65%	—
LED 灯		开敞式	—	70
		保护罩	—	65
		格栅	—	60

14.4.2 技术要点

为响应国家号召，在不降低照明质量的前提下，通过不同的技术手段，对建筑照明系统中所涉及的各种问题采取优化措施，实现电能在照明上的消耗，从而达到照明节能的效果。

公共建筑照明系统出现的问题主要包括以下几点，如表 14–12 所示。

公共建筑照明系统出现的问题　　表 14–12

公共建筑夜景照明 [14-23]	使用较为单一的夜景照明方法，过于追求高亮度，玻璃幕墙建筑立面也用大功率投射，随意使用彩色光造成光污染，建筑物夜景照明管理不当
室内光环境品质不达标	室内照明质量低下（照度分布不均匀，亮度分布不均匀，室内眩光），照明灯具及设备选用不合理
配电系统的高风险及高能耗运行	电压质量控制不合理，配电方式不合理，配电系统保护和接地方式不当，照明线路功率因数较低，谐波污染，有频闪现象

目前，人们对照明系统的要求越来越严格，许多照明系统存在着以上问题，不仅造成了电力资源的浪费，而且增加了人们的经济负担。因此，通过科技创新研究出一种经济节能的公共建筑照明系统是非常重要的，具体技术如表 14–13 所示。

公共建筑照明系统性能提升方法　　表 14–13

解决措施	具体方法
合理选用照明方法 [14-23]	（1）建筑化夜景照明法；（2）投光（泛光）照明法；（3）轮廓灯照明法；（4）内透光照明法；（5）其他照明法（功能光照明法、月光照明法、层叠照明法）
选用高光效照明器材 [14-23]	（1）选用高光效光源；（2）选用高效优质、配光合理和安全可靠的灯具；（3）推广使用节能型电感镇流器；（4）在有条件的地区大力推广使用光伏照明技术或风光互补照明技术
统筹规划合理设置配电箱的位置	供配电电源应居中是低压配电设计的基本原则之一，其意义在于供配电电源设置在负荷中心，既可以节省线材，降低电能损耗，还可以提高电压质量
三相线负荷的分配宜保持平衡	此项措施旨在保证电压质量，各相电压偏差不至于产生过大的差别，同时减少中性线电流，以期减少线路损耗，节约能源
选用高效率灯具 [14-23]	（1）一般在满足眩光限值要求的条件下，应优先选用开敞式直接照明灯具；（2）选用光利用系数高的灯具；（3）选用配光合理的灯具；（4）选用高光通量维持率的灯具；（5）尽可能选用不带光学附件的灯具；（6）采用空调和照明一体化的灯具
灯具合理布置 [14-23]	（1）均匀布置灯具；（2）调整灯具使其与建筑围护结构表面保持合理的距离
科学运行与维护管理	（1）电压质量的控制 [14-23]；（2）配电系统的可靠性控制 [14-23]；（3）配电系统的节能措施 [14-23]
完善照明系统的节能控制	（1）按有无人或人流（车流）状况调光控制；（2）稳压、降压调节控制；（3）智能照明控制系统 [14-23]（包括场景控制、恒照度控制、定时控制、就地手动控制、群组组合控制、红外线控制等）
合理利用天然光	（1）被动利用天然光 [14-23]（包括侧窗采光法、天窗采光法）；（2）主动利用天然光（包括镜面反射采光、自然光光导照明、光纤导光采光法、棱镜组传光采光法、利用卫星反射镜的采光法、光伏效应间接采光法）

14.4.3　应用案例

1. 案例概况

北京建筑技术发展有限责任公司位于北京市西城区广莲路 1 号建工大厦 14 层。照明系统性能提升前办公室照明环境如图 14–1 所示。其中东侧和南侧开放办公区靠近窗户，西侧及北侧会议室和经理办公间靠近窗户。照明设备采用 36W LED 面板灯。

图 14–1 中各区域照度情况如下：

区域①照度均大于 500lx，甚至超过 700lx。

区域②照度在 370~600lx 区间。灯盘下照度普遍大于 440lx，非灯盘下照度也超过 300lx。

区域③照度在 270~470lx 区间，也属于照度充足区。

区域④照度在 160~320lx 区间，相对较暗。

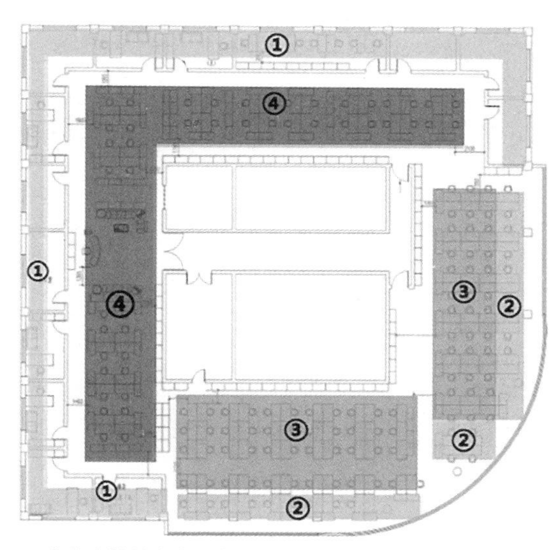

图 14–1　北京建筑技术发展有限责任公司照明系统性能提升前照明环境

分区及灯具统计情况　　表 14–14

编号	别名	灯具数量	墙面开关
A	开放办公区——东侧	34	5
B	开放办公区——南侧	33	7
C	开放办公区——西侧	24	8
D	开放办公区——北侧	24	5
E1	1402	2	1
E2	1403	3	1
E3	1404	2	1

续表

编号	别名	灯具数量	墙面开关
E4	1405	2	1
E5	1406	2	1
E6	1407	2	1
E7	1408	2	1
E8	1409	3	1
E9	1410	2	1
E10	1411	2	1
E11	财务办公室	5	1
E12	1414	2	1
E13	1415	3	1
E14	1416	2	1
小计		149	39

照明系统提升前项目存在的问题包括：

（1）开放办公区（A/B 区），此区域靠近窗户，照度充足，但是存在一人加班，整片亮灯的情况。

（2）开放办公区（C/D 区），此区域相对照度较低，平时加班情况较少，存在人走灯未关的情况。

（3）经理间及会议室，此区域靠近窗户，照度充足，有加班情况。

2. 照明系统提升措施

北京建筑技术发展有限责任公司对 14 层办公室、会议室及开放区域照明进行了灯具更换及照明自动控制改造，照明系统提升原理包括：

（1）将原光源更换为 LED 调光光源。

（2）增加灯控操作点，布设无线开关，让人均开关拥有量逼近人均灯具拥有量。

（3）增加灯控操作者，让光强传感器、运动传感器以及控制策略作为“人”以外的操作者。

照明系统提升共应用无线 1 路调光控制器 149 台、无线光强传感开关 66 个、无线开关（总开总关）4 个、无线智能网关 5 个、人体运动传感器 32 个、LED 调光电源 149 个。

为监测照明系统运行状态、能源消耗量、对照系统提升前能源节约量等，北京建筑技术发展有限责任公司应用了能源管理平台精细化照明管理系统。

3. 照明系统提升效果

1）高效节能环保

调光型控制有效保证了合理利用自然光照，合理控制灯具亮度，使灯具保持合理的功率运行；开关型控制方便实时控制灯具的明灭，有效做到人走灯灭，减少浪费。APP 的整体控制保证了全局合理调配，优化了节能配置。经实际测试，本项目整体节能比例达到 27.81%，年碳节能量达到 1.48 吨标准煤。

2）提升照明使用体验

使所有员工直接体会到无线照明的便利，并可以通过手机控制照明，充分体现无线通信的魅力，对传统照明的改变，让所有人员习惯于采取无线控制方式。

3）加强照明管理

对照明设备的管理不再依托于昂贵的大型配电箱和国外品牌继电器组设备，转而通过 APP 即可轻松监控、管理、设置照明方式。

参考文献

[1] 张龙．建筑电气系统故障诊断方法研究 [D]. 北京：北京林业大学，2014.
[2] 叶明．关于变电运行过程中常见故障的研究 [J]. 山东工业技术，2016（11）：210.
[3] 杨寿志．探讨变电运行过程中的常见故障 [J]. 科技与企业，2014（17）：377.
[4] 王跃军．低压供配电系统中存在的问题与应对措施分析 [J]. 中国高新技术企业，2017，（11）：269-270.
[5] 肖少虎．供配电设计在现代高层建筑中的应用探讨 [J]. 中国高新技术企业，2017（11）：76-77.
[6] 黄稳正．试析高层建筑电气设计低压供配电系统的可靠性 [J]. 绿色环保建材，2017（02）：169.
[7] 曾海涟，何宗楚．低压供配电系统在高层建筑电气设计中的可靠性探讨 [J]. 建材与装饰，2015（48）：228-229.
[8] 裴得晨．高层建筑电气设计中低压配电系统安全性探讨 [J]. 建筑知识，2017，（15）：1-2.
[9] AL-SHARIF L R．Lift power consumption[J]. Elevator world，1996，44：85-87.
[10] 王新华，邱东勇．国内外电梯节能技术研究 [J]. 节能技术，2013，31（2）：116-119.
[11] 中国建筑科学研究院建筑机械化研究分院，等．电梯技术条件：GB/T 10058—2009 [S]. 北京：中国标准出版社，2009.
[12] 何宏，刘芳，韩盛磊，等．自动扶梯节能控制技术的研究 [J]. 天津理工大学学报，2009，25（2）：55-58.
[13] 刘峰．建筑给水系统的节能与优化 [J]. 自动化与仪器仪表，2016（4）：159-160.
[14] 丁玮．建筑夜景照明电气节能设计方法研究 [D]. 天津：天津大学，2013.
[15] 郭晓彦．浅析光导照明系统在建筑地下室采光中的应用及施工 [J]. 科技与创新，2014（19）：51-52.

[16] 黄晨俊．建筑供配电系统存在的问题及改进方案 [J]. 统计与管理，2016（04）：117-119.

[17] 林学山，廖袖锋，张元．重庆公共建筑照明节能改造适宜技术研究及应用 [J]. 重庆建筑，2014（06）：42-44.

[18] 冯震，杨双收，王琦，等．一种光纤太阳光照明系统 [C]// 中国照明学会．海峡两岸第二十四届照明科技与营销研讨会专题报告暨论文集．北京：中国照明学会，2017：63-66.

[19] 王毅，康莉．浅议建筑照明系统节能技术措施 [J]. 城市建设理论研究（电子版），2012（4）：1-6.

[20] 杨国栋．公共建筑照明系统的控制与节能 [J]. 智能建筑与城市信息，2005（11）：78-82.

[21] 张明杰，杨静华，孙超，等．室内照明的眩光计算和测量及控制 [J]. 光源与照明，2016（2）：14-16.

[22] 周欣，燕达，任晓欣，等．大型办公建筑照明能耗实测数据分析及模型初探 [J]. 照明工程学报，2013（04）：14-23.

[23] 刘虹，赵建平．绿色照明工程实施手册 [M]. 2011 版．北京：中国环境科学出版社，2011：552.

[24] 陈仪．浅析变电运行常见故障及处理方法 [J]. 科技创新与应用，2013（32）：150.

[25] 杨海霞．基于变电运行常见故障及处理方法的分析 [J]. 科技创新与应用，2013（25）：174.

[26] 周龙武．供配电系统总体规划节能措施与变配电设计节能技术 [J]. 科技资讯，2017，15（16）：27-28.

[27] 杨建华．供配电系统总体规划节能措施与变配电设计节能技术 [J]. 建筑设计管理，2016，33（11）：88-90.

[28] 赵锐，明朗．关于变电运行常见故障及处理方法浅析 [J]. 黑龙江科技信息，2012（35）：40.

[29] 陈炳炎，马幸福，贺意，等．电梯设计与研究 [M]. 北京：化学工业出版社，2015.

[30] 孙关林，沈晓宇．节能电梯及节能效果分析 [J]. 浙江建筑，2007，24（4）：51-52.

[31] 张健民，杨华勇，陈刚．变频调速技术在液压电梯速度控制中的应用 [J]. 液压与气动，1997（5）：9-10.

[32] 段晨东，张彦宁．电梯控制技术 [M]. 北京：清华大学出版社，2015.

[33] 姚泽华．基于超级电容的电梯节能控制技术与能效评价方法研究 [D]. 天津：天津大学，2012.

[34] 朱德文，付国江．电梯群控技术 [M]. 北京：中国电力出版社，2006.

[35] AHMED S S，IQBAL A，SARWAR R，et al. Modeling the energy consumption of a lift[J]. Energy and buildings，2014，71（2）：61–67.

[36] TUKIA T，UIMONEN S，SIIKONEN M L，et al. Explicit method to predict annual elevator energy consumption in recurring passenger traffic conditions[J]. Journal of building engineering，2016，8：179–188.

[37] 刘剑，侯冉，李晓刚，等．电梯能耗的混合预测控制方法 [J]. 沈阳建筑大学学报（自然科学版），2006，22（2）：319–322.

[38] The Association of German Engineers. Guidelines for lifts energy efficiency，VDI 4707 part 1[M]. Verein Deutscher Ingenieure，2009.

[39] Energy performance of lifts，escalators and moving walks–part 2：energy calculation and classification for lifts（elevators：ISO 25745–2–2015）[S]. British Standards Institution，2015.

[40] 李勇刚．内燃机水泵能效评价方法探讨 [J]. 自动化与仪器仪表，2014（9）：106–108.

[41] 中华人民共和国住房和城乡建设部. 公共建筑节能设计标准：GB 50189—2015 [S]. 北京：中国建筑工业出版社，2015.

附表　既有公共建筑综合性能提升产品推广目录

序号	产品/技术类别	名称	产品/技术名称	主要技术内容及技术目标	适用范围
1	功能提升技术与产品	智慧设计	逆向建模技术	利用三维激光扫描技术对既有公共建筑进行扫描，获取建筑的空间几何信息，即对建筑进行数字化建模，然后将已被数字化的建筑导入三维设计软件，参照该数字化信息建立模型，实现对既有建筑进行快速准确建模的目的	适用于既有建筑竣工图纸与现状不符或者丢失情况下的建筑三维模型建立
2			虚拟和增强现实技术	利用VR/AR技术完善虚拟模型，并且通过计算机、图像处理软件、传感器等技术设备建立一个虚拟的与真实环境相结合的场景模型，通过特定设备即可切身沉浸在模型环境里，感受到与真实世界相近的一个虚拟世界。该技术作为连接BIM虚拟世界与建筑现实世界的桥梁，能够节约成本和减少工期等	适用于对建筑设计和施工阶段的全过程进行精细化设计和管理，能够有效避免因图纸表达限制造成的方案、设计和管理缺陷，提高效率
3			BIM协同设计	建立统一的设计标准，包括图层、颜色、线型、打印样式等，在此基础上，所有设计专业及人员在一个统一的平台上进行设计，从而减少现行各专业之间（以及专业内部）由于沟通不畅或沟通不及时导致的错、漏、碰、缺，真正实现所有图纸信息元的单一性，实现一处修改其他自动修改。同时，在协同过程中，包含了进度管理、设计文件统一管理、人员负荷管理、审批流程管理、自动批量打印、分类归档等。实现提升设计效率和设计质量的目的	适用于既有公共建筑以及新建公共建筑的各专业统一化设计，是当下设计行业技术更新的一个重要方向，也是设计技术发展的必然趋势
4		智慧施工	智能放样技术	通过BIM模型进行放样定位，采集实际建造数据更新BIM模型，与BIM模型对比分析进行施工验收。简化施工放样流程，实现BIM模型与全站仪的结合，提高放样效率与精度	适用于需要快速、准确地完成繁多的不规则特征点的测量放样工作，实现BIM技术在施工测量放样领域的落地应用
5			3D打印技术	通过集成3D扫描技术、3D打印材料、3D打印机、3D数字化建模等于一体，构建3D打印技术体系。实现缩短工期，降低劳动成本和劳动强度，改善工人的工作环境的目的；同时有利于减少资源浪费和能源消耗，推进我国的城市化进程和新型城镇化建设	在建筑设计阶段，主要应用于制作建筑模型；在工程施工阶段，主要应用于打印足尺建筑或复杂构件
6			光纤监测系统	利用光纤布拉格光栅、物联网、互联网和数据库等技术，采用3G/4G无线技术实时监测和处理监测对象的数据，采用互联网技术实现数据报送、发布和异常数据告警，采用SQLite数据库实现了数据本地化保存和管理。达到为工程自动化监测提供依据支持的目的	适用于测量混凝土结构变形及内部应力，检测大型结构、桥梁健康状况等
7			信息化施工管理技术	以信息化管理平台为核心，集成土建、机电、钢构等全专业数据模型，并以BIM模型为载体，实现进度、预算、物资、图纸、合同、质量、安全等业务信息关联，通过三维漫游、施工流水划分、工况模拟、复杂节点模拟、施工交底、形象进度查看、物资提量、分包审核等核心应用，帮助技术、生产、商务、管理等人员进行有效决策和精细管理，从而达到减少项目变更、缩短项目工期、控制项目成本、提升施工质量的目的	适用于既有公共建筑改造前各项数据的收集整理和改造过程中数据的处理及应用

续表

序号	产品/技术类别	名称	产品/技术名称	主要技术内容及技术目标	适用范围
8	功能提升技术与产品	智慧运营	建筑能源管理系统	利用各计量装置、数据采集器和能耗数据管理软件系统，对建筑物或者建筑群内的变配电、照明、电梯、空调、供热、给排水等的使用状况进行集中监视、管理和分散控制，能够实现建筑能耗在线监测和动态分析	适用于用户业务分析人员、管理人员进行建筑能源管理、建筑设备管理、室内环境监测、可再生能源应用监测
9			全景视频融合监控技术	通过计算机视觉算法，使不同方向、不同类型的多个摄像机进行协同监控，将原来零散的分镜头视频处理成全局的、连续的立体场景，通过带有空间信息的全景三维展示，实现大范围、多视角的三维全景可视化连续监控。目的是方便管理人员概览全局，在全景中直观地对目标进行连续追踪观察；方便重点目标定期巡检，实现视频监控从看见到看懂的跨越；实现对公共建筑重点区域监视场景的宏观指挥、整体关联和综合调度，提高实时掌控设备运行状态、及时应急处置和精准指挥决策的能力	适用于既有建筑的安防系统存在海量的分散监视画面、视频监控系统越庞大、监控画面与实际场景的空间位置没有关联、缺乏有效手段识别多个体跨镜头协同活动，无法在整体场景中快速有效跟踪目标的情况下，需要构建有效安防管理系统时
10			智能视频分析技术	接入摄像机、硬盘录像机、视频服务器及流媒体服务器等视频设备，利用智能化图像识别处理技术进行实时分析，对各种安全事件主动预警，并将报警信息传输至监控平台及客户端，实时分析和识别突发事件和安全隐患。该技术的目的是利用数字化视频采集的优势，结合计算机视觉等先进技术，部分或完全代替人工值守监控视频，帮助监控人员分析和识别实时突发事件和安全隐患，提高相关工作人员的工作质量和工作效率	适用于对人群流量、人群运动趋势、人群驻留的累计时间、人群活动的异常状态等进行分析和预测，也适用于识别来访人员
11		建筑增层	直接增层改造技术	在原有建筑物的主体结构上直接加高，不改变结构承重体系和平面布置，增层的荷载全部或部分由原有建筑物的基础、梁、柱承担，以充分利用原建筑物结构和地基的承载潜力	适用于原结构的墙体和基础的承载力有一定富余和潜力，或经加固处理后即可直接加层与改造，且开间较小，而增层改建也无大开间要求的房屋。办公楼、住宅、宿舍等砖混结构、钢筋混凝土结构和钢结构，若原建筑层数不多，均宜首先考虑采用直接增层改造技术
12			外套增层改造技术	该技术为在原建筑物上外套框架结构或其他混凝土结构的总称，增层荷载全部通过在原建筑物外新增设的（墙、柱等）外套结构传至新设置的基础和地基。目的是避免加层部分的荷载传到原有房屋给其带来不利影响；使原有土地上的房屋容积率增大几倍甚至十几倍，节约土地资源；使房屋造型与周围新建房屋相协调；避免因拆除重建而带来一些棘手问题	适用于需要改变原房屋平面布置、原承重结构及地基基础难以承受过大的加层荷载，用户搬迁困难，加层施工时不能停止使用，且设防烈度不超过 8 度的房屋

续表

序号	产品 / 技术类别	名称	产品 / 技术名称	主要技术内容及技术目标	适用范围
13	功能提升技术与产品	建筑增层	室内增层改造技术	在旧房屋室内增加楼层或夹层，只需增加承重构件，可利用旧房屋屋盖和外墙，保持原建筑立面，无加层痕迹，目的是充分利用旧房间内的空间	适用于室内净空较高时扩大使用面积，比如大空间的车间、仓库等空旷的单层或多层房屋
14	安全提升技术与产品	消防	吸气式感烟火灾探测器	通过空气采样管把保护区的空气吸入探测器进行分析，从而进行火灾早期预警的火灾自动报警设备	适用于天井 / 高处、限制区域 / 保护区域、复杂顶棚结构、灰尘多的区域；冷库、高温区域、隐蔽区域
15			智能图像型火灾探测器	通过红外、近红外、可见光多频摄像系统采集灾害事件早期温度异常、火灾初期的烟雾或火焰图像，之后通过数字信号处理器中的智能模式识别算法和自适应学习算法，提取温度异常、烟雾和火焰相关的物理特征，并进行融合计算，形成火灾概率信息，辨识出温度异常和火灾后进行报警	适用于商场、仓库、地铁、隧道、体育场馆、炼油厂等大型空旷场合。特别针对室外、隧道和室内高大空间，以及其他特殊空间的特殊需求
16			智能疏散系统	利用消防报警控制器与通信、网络、集成等技术，将火灾报警探测器、风向传感器、视频监控系统、消防联动系统、智能应急照明系统、智能疏散标志灯具及通信设备等组成一个集成控制的智能网络系统，以实现紧急时刻消防疏散指挥的快速最优化安排	适用于一般及特殊建筑内部消防性能提升，特别是针对人员密集场所，确保突发情况下及时有效地完成建筑消防工作
17		耐久	挖补修复加再钝化钢筋修复技术	采用电化学再碱化技术，将阳极埋在与已碳化的钢筋混凝土结构临时性接触的电解质中，外加直流阴极电流于钢筋，由于钢 / 混凝土界面上水或氧的电化学反应产生 OH，并向混凝土中扩散，使已碳化混凝土恢复高的碱性，然后拆除这些临时性电解质和阳极，达到修补钢筋锈化的目的	适用于由渗入型氯化物诱发的建筑结构钢筋严重锈蚀情况下的钢筋修复工作
18	建筑能效提升技术和产品	外墙、屋面保温	薄抹灰外保温系统	通过将保温板用胶黏剂粘贴在基层上，或将保温浆料类材料涂抹在基层上，再在保温板或保温浆料外做抗裂薄抹面层，抹面层中铺玻纤网格布等增强网，辅以锚固件锚固，外做涂料、装饰砂浆、柔性面砖等饰面。为提升外墙的防水性能，原基层墙体或找平层外侧宜增加聚合物水泥砂浆防水层，以提高围护结构的保温、防水、耐久性能	适用于不同气候区，特别是寒冷、严寒地区对外饰面要求不高的既有建筑的外墙保温
19			保温装饰一体化板系统	将保温板、增强板（硅钙板、水泥压力板等）、饰面材料、锚固件等以一定的方式工厂生产的集保温、装饰功能于一体的成品复合板。保温材料采用燃烧性能 B1 级的 XPS 板、EPS 板、PU 板等或 A 级不燃的岩棉带、发泡陶瓷保温板等。饰面材料可采用氟碳色漆、氟碳金属漆、仿石漆等，或直接采用铝塑板、铝板、薄石材板。目的是大大减少现场安装工作量，施工便捷，饰面可达到类似幕墙的观感效果，造价比干挂幕墙低	适用于不同气候区，特别是寒冷、严寒地区对外饰面要求较高的既有建筑的外墙保温

续表

序号	产品/技术类别	名称	产品/技术名称	主要技术内容及技术目标	适用范围
20	建筑能效提升技术和产品	外墙、屋面保温	不透明幕墙外保温系统	通过在不透明幕墙与基层墙体间设置保温材料以达到兼具美观与保温效果的外保温系统。同时为了加强外墙的防水性能，原基层墙体或找平层外侧采用聚合物水泥防水砂浆、普通防水砂浆或聚合物水泥防水涂料、聚合物乳液防水涂料、聚氨酯防水涂料做防水层。当保温材料为岩棉类材料时，保温层外侧宜采用防水透气膜做防水层。保温材料应选择A级不燃材料	适用于不同气候区，特别是寒冷、严寒地区对外饰面要求更高的既有建筑的外墙保温
21			外墙内保温系统	在外墙的内侧涂抹、喷涂、粘贴或（和）锚固保温材料的墙体保温形式。可采用涂抹石膏基或水泥基保温砂浆、喷涂聚氨酯或粘贴石墨聚苯板、玻璃棉、真空绝热板等做法。以达到施工简便、施工不受气候影响、造价相对较低的目的	适用于外立面不翻新或需维持原貌的公共建筑（如历史文物保护建筑）的外墙保温
22			外墙隔热性能提升技术	通过外墙垂直绿化（自然攀爬型、模块式种植、容器栽培型）、涂刷热反射隔热涂料、通风墙等方式，降低外墙表面温度，从而达到降低空调负荷、节能的目的	适用于夏热地区的建筑外墙隔热性能提升
23			现场喷涂硬泡聚氨酯外墙外保温系统	该系统由界面层、现场喷涂硬泡聚氨酯保温层、界面砂浆层、胶粉聚苯颗粒保温浆料找平层、玻纤网增强抹面层和涂料饰面层组成。硬泡聚氨酯为热固性材料，燃烧性能B2级，导热系数不大于0.024W/（m·K）。保温层为连续喷涂，防水性能好，以实现保温和防水双重功效	适用于需要使用轻质、导热系数小、吸水率低、压缩强度较高材料的建筑外围护结构保温
24			轻骨料温浆料外墙外保温系统	该系统分别以玻化微珠和胶粉聚苯颗粒浆料作为保温材料，直接施工于外墙表面形成一个整体，外覆以镀锌钢丝网加锚栓（瓷砖饰面）或铺贴耐碱玻璃纤维网格布（涂料饰面），用聚合物树脂粉末改性的干混砂浆罩面，饰面层为面砖或涂料	适用于外墙外保温系统
25			水泥基聚苯颗粒保温浆料	该产品由粉煤灰与复合硅酸盐、聚苯乙烯泡沫颗粒添加聚丙烯纤维及多种外加剂复合而成，具有导热系数低、软化系数高、耐水性好、黏结力强、抗冲击性能好等特点	适用于夏热冬冷地区和夏热冬暖地区混凝土和砌体结构外墙
26			水性热反射隔热外墙涂料	该产品是以耐候性优良的乳液为基料，以低导热系数的空心材料、具有反尖晶石结构的材料、纳米材料为功能材料，辅以耐酸耐碱的颜填料及一定量的助剂配制而成，具有热反射隔热功能和装饰功能	适用于夏热冬暖地区和部分夏热冬冷地区建筑的外表面
27			现浇泡沫混凝土墙体保温技术	该泡沫混凝土是以硅酸盐水泥或普通硅酸盐水泥为无机胶结料，粉煤灰作掺加料，砂为骨料，掺入有机发泡剂制成的轻质混凝土。泡沫混凝土经现场发泡、浇筑而成的墙体具有整体性能好、轻质、保温隔热等特点	适用于抗震设防烈度为8度及8度以下地区多层建筑以及高层建筑的填充墙，但不得用于以下部位：建筑防潮层以下（地下室的室内填充墙除外）；长期浸水或经常干湿交替的部位；受化学浸蚀的环境，如强酸、强碱或高浓度二氧化碳的环境；经常处于80℃以上高温的场合

续表

序号	产品 / 技术类别	名称	产品 / 技术名称	主要技术内容及技术目标	适用范围
28	建筑能效提升技术和产品	节能门窗	节能型隔热铝合金门窗	采用高性能隔热铝合金铝型材加工而成，选配不同构造的中空玻璃，可以满足各种建筑的需要。抗风压性能可达 5.0kPa，气密性能小于 $0.8m^3/(m \cdot h)$，水密性能大于 350Pa，保温性能可达到 $1.9W/(m^2 \cdot K)$	适用于各种建筑工程改造提升过程中门窗的更换，包括推拉窗、平开窗、上下悬窗、中悬转窗等既有门窗。一般采用直接更换的方式，以保证门窗的气密性、保温性、水密性以及结构强度
29			集成型多功能铝合金门窗	采用专用安装附框，解决了门窗与附框、附框与墙体预埋件连接易渗漏水的问题，是一种具有遮阳、隔声、安全以及保温隔热功能的建筑外窗遮阳一体化系统	
30			钢塑复合型材门窗	采用彩色涂层钢板或不锈钢型材与塑料复合而成的型材加工而成，具有强度高、保温隔热性能好、耐久性好等特点	
31			节能塑料门窗	由聚氯乙烯（PVC）树脂加入 10 余种助剂，通过挤出机和模具挤出成型为杆件（型材）；杆件经过切割、装入增强型钢、螺接成框再配装上密封条、五金件、配件以及玻璃等组装成的门窗。具有良好的保温隔热和耐老化性能，平开窗气密性能、水密性能达到 5 级以上，推拉窗气密性、水密性达到 4 级以上	
32			钢塑共挤型材节能型门窗	产品从外到内分别为硬质塑料结皮、微发泡塑料、铝衬，即以铝合金作为型材骨架在内层铝衬的外层包覆了一层 4mm 的发泡塑料作为保温层，在铝衬挤出的同时，将受热融化的塑料均匀地通过模具发泡包覆在铝衬上。具有较高的强度、较好的隔声性能以及良好的节能保温性能	
33			铝塑共挤型材节能型门窗	利用在多空腔的铝合金内衬的外表面连续包裹微发泡 PVC 层所具有的绝热性，有效降低铝合金型材整体的传热系数，提高其保温和节能性能。铝合金腔壁带有燕尾槽，使之与微发泡 PVC 层牢固榫接，同时提高了成窗的抗风压、抗变形能力	
34			玻璃用透明隔热涂料	该产品是以水性聚氨酯乳液为基料，以纳米级氧化锡锑（ATO）为隔热功能材料，配以特种助剂和其他组分制成。该产品与玻璃附着力强，漆膜硬度良好，耐磨，耐擦洗，有较高的可见光透射比和较低的太阳辐射总透射比，可在不影响室内采光的情况下，取得良好的隔热节能效果	适用于夏热冬暖地区和部分夏热冬冷地区建筑的门窗、玻璃幕墙、玻璃顶棚等
35			内置百叶中空玻璃窗	将内置百叶的中空玻璃代替中窗玻璃装于各种窗框上，通过磁力控制百叶翻转和升降动作，达到遮阳、保温、调节采光的效果。内置百叶中空玻璃窗集保温、遮阳于一体，无需再增加外遮阳，采光、通风、隔声、隐私性、装饰性效果均能得到保证，同时无需担心外遮阳的抗风问题	适用于各种低、中、高层建筑由使用年代长久、维护较差导致的老化变形严重、性能低下的外窗进行彻底的更换改造

续表

序号	产品 / 技术类别	名称	产品 / 技术名称	主要技术内容及技术目标	适用范围
36	建筑能效提升技术和产品	节能门窗	增加通风器的内置百叶中空玻璃窗	在内置百叶中空玻璃窗的基础上，增加通风器，设计成保温遮阳新风一体化外窗。目的是化解保温、隔声、通风的矛盾	适用于各种低、中、高层建筑考虑通风能耗的情况
37			铝合金外遮阳百叶帘	安装在窗外侧，通过电动或手动装置控制叶片的升降、翻转，实现对太阳光线和热量的调节和控制，满足遮阳的需要，并漫反射光线，减少眩光，使室内光线更为柔和，满足视觉舒适的要求。具有良好的耐候性、防潮、耐腐蚀、抗紫外线、抗高温等特性，且可塑性强，外遮阳百叶帘在工厂直接制作好，于施工现场快速安装，改造不影响建筑的正常使用	适用于夏热冬冷、夏热冬暖地区既有公共建筑的立面遮阳，从而大大降低建筑的空调负荷，提升室内热舒适度
38			遮阳卷帘	主要由固定装置、遮阳装置和驱动系统组成，控制方式有电动式和手动式。电动的立面卷帘在上端设置驱动马达，天棚卷帘一般在两端均需设置驱动马达。具有良好的机械强度和隔热性能，遮阳系数可达 0.2，还具有安全防盗、隔声降噪、防尘防风沙、防窥视等功能	
39			机翼式遮阳百叶板	主要由固定装置、翼帘、调节装置三大部分组成。翼帘采用挤压铝合金叶片，叶片宽度为 100~500mm，叶片跨度依据使用环境和叶片形式确定。叶片表面作阳极氧化处理，采用聚酯粉末喷涂为各种颜色。固定装置中支撑边框由铝合金或不锈钢制成，可以安装成水平、垂直或其他任何角度。调节操作装置一般为电动。机翼形遮阳板有固定式及可调式、水平式及垂直式可供选择	
40		幕墙	合成树脂幕墙	以合成树脂为主要成分，加入颜料、体质颜料和其他组分，分别配成腻子、中层涂料和面层涂料，经多道工序施工而成，具有黏结强度高、防水抗裂、耐候性能好等特点	可应用于建筑外墙的装饰
41			智能玻璃幕墙	通过传感器与相关控制系统联动，可根据外界气候环境的变化，自动调节玻璃幕墙的保温、遮阳、通风系统，最大限度地降低建筑物的能源消耗，创造出适宜的室内环境	适用于老旧玻璃幕墙的直接更换
42			幕墙装饰保温板	以挤塑聚苯乙烯泡沫板为基材，采用专用耐老化胶与增强硅酸钙板、氟碳饰面层复合而成的保温型装饰材料，可通过粘锚固定于外墙外表面，对建筑物起隔热保温和装饰作用	适用于建筑外墙外保温工程
43		供暖通风与空调	工业余热利用技术	通过将城市、区域供热或工厂余热作为采暖或空调的热源，或者利用电厂余热的供热、供冷技术，实现废热利用，有效提高能源利用率	适用于有城市、区域供热，工厂余热或热电厂的地区

续表

序号	产品 / 技术类别	名称	产品 / 技术名称	主要技术内容及技术目标	适用范围
44	建筑能效提升技术和产品	供暖通风与空调	分布式联供技术	利用分布在用户端的能源转换梯级及清洁、可再生能源综合利用系统，减少输送环节损耗，实现高效的能源利用。系统靠近用户端，其生产的冷、热、电能就近输送给用户，节省投资，降低损耗和污染，提高了供能的稳定性	适用于有充足的燃气供应的地区，如“西气东输”沿线地区、西部地区等
45			燃气空气调节技术	是指采用燃气（天然气、人工煤气、液化石油气、地下煤层气等）作为驱动能源的空调用冷（热）源设备及其组成的空调系统，是由驱动能源、冷（热）源设备、空调系统三个层面所构成的一个完整的含义和范畴。包括直燃型吸收式冷热水机组，燃气发动机热泵、热电冷联产、燃气锅炉、燃气用于转轮再生的干燥空调方式等。目的是实现电力和天然气的削峰填谷，提高能源的综合利用率	
46			水（地）源热泵供冷、供热技术	通过利用地下浅层地热资源，实现高效供热和制冷的高效节能环保型空调系统。地源热泵通过输入少量的高品位能源（电能）,即可实现能量从低温热源向高温热源的转移。在冬季，把土壤中的热量“取”出来，提高温度后供给室内用于采暖；在夏季，把室内的热量“取”出来释放到土壤中去。目的是充分利用地热资源，提高机组效率	适用于具有丰富天然水资源，以及有地热源可利用的地区
47			机组压缩机变频技术	通过变频技术调节电机转速，最终有效调节机组功率。当冷水机组负荷变化时，变频器控制输出电源频率随之改变，压缩机产冷量随之改变，实现了对制冷机制冷量的连续调节，避免了压缩机频繁启动。起动电流小，变频调速调节制冷量的调节特性最好。这种调节方法可以使压缩机始终以较高的效率工作，其突出特点主要有：节能是变频调节最突出的优点；起动电流小；提高压缩机的使用寿命；无级调速，调节范围宽；控制精度高；适于设备改造	适用于建筑供暖、制冷的机组调节
48			天然冰蓄冷空调	通过采用天然冰，一方面，可消减制冷机组装机容量，降低系统初投资成本，同时减少白天高峰负荷时的用电量，有效地实现电力消峰填谷；另一方面，利用天然冰作为冷源，降低空调年使用费用，节省耗电。同时通过采用与冰蓄冷相结合的低温送风技术以及对运行模式的优化控制可以降低系统的初投资和运行费用	适用于我国东北等天然冰资源丰富的地区
49			蒸发冷却技术	以室外干燥空气和水作为制冷的驱动源，可在干热地区取代常规利用制冷剂的机械压缩制冷方式，从而节省大量的电能	适用于干热地区采用的空调系统形式
50			太阳能利用	利用太阳能热水器系统、被动式太阳能建筑和太阳能光伏建筑一体化等方式对太阳能进行利用，从而有效降低暖通空调系统对电力等能源的利用量，提高能源利用效率	适用于西北、西南、华北等太阳能资源相对丰富的地区

续表

序号	产品/技术类别	名称	产品/技术名称	主要技术内容及技术目标	适用范围
51	建筑能效提升技术和产品	供暖通风与空调	温湿度独立控制系统	该系统将温度与湿度独立处理。温湿度独立控制系统主要由高温冷水机组、去除显热的室内末端装置和新风处理机组、去除潜热的室内送风末端装置组成。可以根据不同房间的温湿度需求对相关参数进行调节，精确控制送风温度和湿度，达到室内环境控制要求，从而解决室内空气处理的显热和潜热与室内热湿负荷相匹配的问题，减少能量损失。可以避免常规空调系统热湿耦合处理带来的问题，能够有效提高室内的舒适度	适用于对湿度或者舒适度有要求的建筑
52			变风量系统	一般通过控制空气处理器的风机运行频率或者调节风阀开度来调节送风风量，其中控制风机频率节能效果更佳	适用于对建筑内的暖通空调系统有节能、舒适等要求时
53			阀位控制法变流量系统	以调节阀开度作为控制参数的变流量控制方法，该控制方法是一种旨在降低空调水系统阻力系数，以达到最大限度节能的控制方法。具体技术为：首先，控制器根据温度传感器测得的实际温度与设定温度的差，调节各用户的电动调节阀开度，使水系统传向室内的冷热量与实际负荷匹配，保证室内温度恒定在设定值附近。其次，控制器根据电动调节阀的开度数值，按照开度最大原则，对水泵变频器的输出频率进行调节，使循环水泵的转速保持在允许的最低程度，最大程度地降低输送能耗	适用于空调水系统的流量控制，同时配合变频水泵使用
54			VRV 系统	由室内机、室外机、冷媒配管和遥控装置等组成。通过控制压缩机的制冷剂流量，适时地满足室内冷热负荷的要求。由于每台室外机独立成一个小型系统，每一空调分区完全独立运行，避免了大型中央空调局部使用需启动整个系统产生巨大能耗	适用于对空调系统有节能、舒适、运转平稳、设计安装方便、占有建筑空间小、运行费用低、不需机房等要求的建筑
55			辐射供冷	通过结合相关空调系统进行合理配置，由冷热源、辐射供冷供热末端系统及独立除湿新风系统三部分组成，能够分开控制温湿度，且辐射供冷在室内形成的温度梯度很小，风速极小，可以使室内较为舒适	适用于对室内舒适度有较高要求的建筑
56			工位空调	通过将一定量的处理过的新鲜空气直接送入工位，提高送风效率，改善工作区的空气品质。在典型的工作场所内，工位空调末端装置送风散流器有 5 种可能的布置位置和型式，即矩形喷射型地板散流器、圆形旋流地板散流器、桌面散流器、桌面下散流器和隔断上散流器，前 2 种是地板工位送风，后 3 种是桌面工位空调散流器。通过个人的调节，可以使工位区内的热环境在很宽的范围内变化，从而满足人们不同的热舒适要求	适用于办公建筑、影剧院中的空调末端送风系统
57			分层空调	在高大空间中，利用合理的气流组织仅对大空间下部（或上部）的空间即工作区进行通风空调，而对上部（或下部）的大部分空间不进行空调，非空调区和空调区以大空间腰部喷口送风形成的射流层为分界线。目的是解决高大空间送风量大、送风气流组织的问题	适用于高大空间建筑物，当建筑物空间高度不小于 10m，建筑物体积大于 1 万 m^3，空调区高度与建筑高度之比 h/H 不大于 1/2 时采用

续表

序号	产品 / 技术类别	名称	产品 / 技术名称	主要技术内容及技术目标	适用范围
58	建筑能效提升技术和产品	供暖通风与空调	水泵变频技术	利用变频技术使冷冻水所载的冷量与不断变化的末端负荷所需的冷量相匹配，从而达到节约冷冻水输送环路的能耗及运行费用的目的	适用于有水系统的空调系统的水流量调节
59			末端低温送风技术	利用 1~4℃的冷冻水（通常从蓄冰槽获得）通过空调机组的表冷器获得 4~11℃的低温一次风，经高诱导比的末端送风装置进入空调房间。这样低的送风温度通常借助于冰蓄冷系统的 1~4℃的低温冷冻水或载冷剂实现。将低温送风技术和冰蓄冷技术相结合，可进一步减少空调系统的运行费用，降低一次性投资，提高空调品质，改善储冷空调系统的整体效能	适用于对送风温度下限要求较低的空调系统，由于其易产生凝结水，因此应做好管道保温；该系统送风量小，应考虑好室内空气品质
60			置换通风方式	通过将末端布置在房间下部，并将送风速度控制在 0.5m/s 以下，使送风动量较小和室内空气的掺杂量较小，基本保持气流的分层，实现气流的高效组织，有效排除室内污染物和余热	适用于对室内气流组织要求较高或污染物产生量较大的建筑空调末端送风
61			暖通空调余热回收利用技术	以水环热泵的方式平衡建筑内外区负荷，或者利用排风及冷凝热回收等方式，降低机组制冷 / 供热量，从而提高机组效率，达到节电节能的目的	水环热泵适用于建筑内外分区较为明显的情况，排风热回收适用于建筑存在较大新风量供应的情况
62		电器与照明	高效永磁同步电机	转子采用永磁材料，不需要励磁电流，因而转子上没有铜耗和铁耗，提高了电机的运行效率，具有低速大扭矩、调节精度高和动态响应特性好的优点	适用于建筑内的拖动系统，如电梯等的动力、传动、控制装置。由于楼宇内的电梯等系统耗电量较大，运行方式参差不齐，当采用低效的电梯产品及控制技术时，所造成的能源浪费相当严重，因此本节能体系适用于大部分电梯系统性能提升
63			无齿轮传动装置	无齿轮曳引机由于没有齿轮减速器，因而在运行中没有传动部件造成的机械振动和动力消耗，既保证了电梯在运行过程中振动减小，也便于电梯的维护保养，同时还提高了电机的有效功率	
64			变频变压调速控制技术	变频变压调速可以保持三相异步电机转矩和磁通为常数的情况下获得良好的转速调节性能，具有高速高性能、运行效率高、节约电能、舒适感好、平层精度高、运行噪声小、安全可靠、维修方便等特点	
65			基于超级电容的能量回馈技术	将变频器返回到直流母线中的再生电量通过外加逆变装置的方式回收利用，避免该回馈电量在直流侧通过泄放电阻直接消耗，达到电梯节能的目的	
66			电梯群控技术	将多台电梯进行分组，根据楼宇内交通量的变化，利用计算机控制平台，达到电梯输送最优化、减少电梯的运行能耗的目的	

续表

序号	产品 / 技术类别	名称	产品 / 技术名称	主要技术内容及技术目标	适用范围
67	建筑能效提升技术和产品	电器与照明	轿厢内照明与通风自动启停技术	对轿厢内照明和通风设备加装红外控制装置，或者与层站呼叫系统联机运行，当长时间无人呼叫电梯时，自动关闭轿厢内照明和通风设备，以减小轿厢不必要的电力消耗	适用于建筑内的拖动系统，如电梯等的动力、传动、控制装置。由于楼宇内的电梯等系统耗电量较大，运行方式参差不齐，当采用低效的电梯产品及控制技术时，所造成的能源浪费相当严重，因此本节能体系适用于大部分电梯系统性能提升
68			自动扶梯节能技术	通过只在客流高峰期开启自动扶梯，在低客流或者无客流时间段采取停机运行的方式，或者采取节能变频控制技术，当扶梯两端传感器检测到有乘客进入时，扶梯自动平稳地提到正常运行速度；当扶梯闲置一段时间后，变频器自动降压降频减小扶梯运行速度，扶梯自动进入待机状态，以减少自动扶梯闲时的能源浪费	
69			供配电系统集中接线法	将源设备集中安装在电力室和电池室，用电经统一变换分配后向各设备供电，以达到均匀分散电荷，有效地调整电压负荷，确保三相负荷固定在安全范围内，集中线头，减少支线的目的	适用于高层建筑供配电系统，为了方便维护和管理，可以保证并增强供配电系统的安全性
70			漏电保护装置	当电网的漏电流超过某一设定值时，能自动切断电源或发出报警信号的一种安全保护措施。可以采用三级漏电的方式，以防止人身触电伤亡事故	适用于既有建筑供电设备的绝缘水平没有达到规范要求的情况
71			LED 灯具	又称发光二极管灯具，是指能透光、分配和改变 LED 光源光分布的器具，包括除 LED 光源外所有用于固定和保护 LED 光源所需的全部零、部件，以及与电源连接所必需的线路附件。一般 LED 灯的平均寿命不低于 25000h，LED 灯具有高效、节能、安全、长寿、小巧、光线清晰等技术特点	适用于显示屏、交通信号显示光源；替换传统照明灯具，如商业照明、道路工业照明等
72			建筑化夜景照明法	将 LED 照明光源、灯具或模组与建筑物或构筑物的墙、柱 、檐 、窗、节点 、墙角或屋顶部分的建筑构件结合为一体，较理想地实现了照明和建筑物或构筑物的有机结合，巧妙地将光、色和影跟建筑融为一体，具有很强的艺术性	适用于有夜间照明和美观需求的公共建筑，如博物馆、艺术馆、写字楼、历史建筑、酒店等的夜间建筑照明
73			泛光照明法	通过将光照射在建筑表面，并利用表面反射便于人们观察，从而使人感受灯光亮度与建筑表面特点的照明形式，兼具艺术性与照明功能	适用于建筑造型、现代化建筑和传统的古建筑，可做外景照明，机场和车站码头照明，道路和桥梁、立交桥照明，广场照明，公园照明，商业街照明，广告标识和橱窗照明等

续表

序号	产品/技术类别	名称	产品/技术名称	主要技术内容及技术目标	适用范围
74	建筑能效提升技术和产品	电器与照明	轮廓灯照明法	通常是用点光源每隔 30~1250px 连续安装形成光带，或用灯带等线性景观照明灯具直接勾画景观轮廓，以达到建筑夜景照明的目的	适用于有夜间照明和美观需求的公共建筑，如博物馆、艺术馆、写字楼、历史建筑、酒店等的夜间建筑照明
75			内透光照明法	利用建筑物的房间窗口来设计夜景，让灯光从窗口透出，可以形成内透光照明，这是夜景照明中一种典型的照明手法。随着近些年城市建筑中以玻璃幕墙作为建筑立面的形式逐渐增多，内透光照明法正在为越来越多的照明设计师所使用	
76			开敞式直接照明灯具	通常用于高大空间层高较高的情况，开敞式灯具的配光曲线较窄，在工作面上不会产生不舒适的眩光，可以保证灯具最大的光输出比	
77			红外照明节能控制系统	该系统为一个集成化的智能控制系统，通过探测人身体向外界散发红外光线来开启灯具，主要由环境光强度检测器、热释电红外传感器、微电脑控制电路及手动控制系统组成	适用于办公建筑、商业建筑、旅游建筑、科教文卫建筑、通信建筑等公共建筑的照明节电控制
78	环境性能提升技术与产品	声环境	绿化降噪技术	采用乔木、绿篱绿墙、草地草坪、复合结构绿化带等，较优的做法是使植物群落在 4 个距离层次（<2m、2~5m、5~8m、>8m）均有冠层分布，且不同树种的冠层产生重叠，如香榧—银杏群落、广玉兰—香樟群落等	适用于城市公路场地降噪，包括建筑靠近高速、快速干道或者铁路一侧时，通过采取场地降噪措施，能够起到很好的声音阻隔效果
79			吸收式声屏障系统	利用金属声屏障、混凝土声屏障、PC 声屏障、玻璃钢声屏障、无机纤维类声屏障及多孔陶瓷声屏障等，阻隔声音传播。声屏障的组成包括 4 部分，分别是声屏障路基、声屏障板、透明屏体、顶部吸声构造。半圆吸声圆柱随声屏障的不同类型而变化。屏体是由声屏障板、吸声材料、支撑件和隔声材料组合而成。声屏障板通常是由铝穿孔板制作而成，为了保证其具有一定的强度，其穿孔率通常小于 20%。吸声材料通常选用多孔吸声材料，支撑件通常选用轻钢龙骨，隔声板通常选用镀锌钢板。对于透明屏体通常是由两部分组成，包括铝合金边框和加膜玻璃	
80			龙骨加薄板外墙隔声系统	通过在既有建筑的墙体内侧加装龙骨并配以薄板材料可以有效提高外墙体的隔声量。薄板材料主要有纸面石膏板、硅钙板、FC 板（水泥纤维加压板）等，龙骨材料主要为轻钢龙骨等。设计时应注意：采用双层薄板并错缝填充空腔内吸声材料（岩棉、玻璃棉等）；龙骨与板之间应当添加弹性垫层来避免构件刚性连接产生的声桥；当隔声量要求很高时，可以采用相互独立的双排龙骨，并同时采用双层薄板以及空腔填充多孔吸声材料	适用于单层匀质密实墙体的墙体隔声

续表

序号	产品/技术类别	名称	产品/技术名称	主要技术内容及技术目标	适用范围
81	环境性能提升技术与产品	声环境	墙面涂刷用吸声涂料	以植物纤维、矿物纤维等为主要原料，结合其他防火剂、防湿剂、防酶腐剂等，通过专业机械将之与胶黏剂一起喷出，形成2~10mm厚的表观，是具有多孔隙棉状涂层的材料，用以吸收室内噪声	适用于影剧院、会场、商场的室内顶棚、墙面涂装
82			织物帘幕悬挂法	窗帘和幕布具有多孔吸声材料的吸声特性。帘幕的吸声系数与其材质、单位面积重量、厚度、打褶的状况等相关。单位面积重量增加，厚度加厚，打褶增多都有利于吸声系数提高。一些织物帘幕通过背后留空腔和打褶，平均吸声系数可高达0.7~0.9，成为强吸声结构，可以作为可调吸声结构，用以调节室内混响时间	适用于影剧院、会场、室内等对噪声及声音质量有要求的建筑内部
83			加填吸声材料内墙隔声结构	将多层密实板材用多孔材料（如玻璃棉、岩棉、泡沫塑料等）分隔，做成夹层结构，则其隔声量比材料重量相同的单层墙可以提高很多。例如，60mm厚9孔双层石膏珍珠岩板夹50mm厚岩棉，并双面抹灰，墙厚190mm，可满足有较高安静要求房间的隔声要求	适用于建筑内墙隔声性能提升
84			增加阻尼损耗技术内墙隔声结构	通过避免板材的吻合临界频率落在100~2500Hz范围内，对钢板、铝板等涂刷阻尼材料（如沥青）来增加阻尼损耗，25mm厚纸面石膏板可分成两层12mm厚的板叠合。在材料选择上，应尽量采用面密度较小的墙板材料；在墙体构造上，对于隔声要求较高的轻薄墙板（如石膏板和刨花板等），可以在墙板表面涂刷阻尼材料	
85			双墙分立内墙隔声结构	通过在原有墙体基础上附加轻质墙板，组成原有墙体＋空气层＋轻质墙板组合结构。为追求轻质、高效、美观的效果，组合结构中的轻质墙板可用共振吸声穿孔板代替，共振吸声穿孔板较普通轻质墙板性能更优异，可弥补低频隔声量不足的缺陷，提高总体隔声量	适用于当现有墙体隔声量不能满足要求时，墙体不易更换，只能在原有基础上做改造来提升性能的情况
86			薄板叠合技术	通过采用双层或多层薄板叠合，一方面可使吻合临界频率上移到主要声频范围之外，另一方面多层板错缝叠置可避免板缝隙处理不好造成的漏声，还因为叠合层间摩擦，可使隔声比单层板有所提高。例如25mm厚纸面石膏板可分成两层12mm厚的板叠合。此外选择时应注意：石膏板组成的复合轻质墙体施工时，一定要注意板的错缝搭接，避免通缝造成墙体的隔声量下降；墙体上安装接线盒时要错开安装，避免背对背，且之间的水平距离要大于200mm，接线盒与墙体的缝隙要着重密封；轻质隔墙板上端应直接顶至楼板	适用于外墙及内墙的隔声降噪，应用于外墙时，应注意评估采用的薄板叠合材料的保温性及结构强度
87			楼板弹性面层隔声技术	在楼板表面加弹性面层，如地毯、橡胶板等，能有效减小撞击能量，降低楼板撞击声，特别是中高频声。增加弹性面层简单易行，效果又好，是降低楼板撞击声的首选措施。木地板和地毯的隔声较好，通常可以达到不大于65dB的标准	适用于提高楼板的撞击声隔声性能

续表

序号	产品 / 技术类别	名称	产品 / 技术名称	主要技术内容及技术目标	适用范围
88	环境性能提升技术与产品	声环境	浮筑楼板隔声技术	在楼板上铺一层弹性减振垫层，再在弹性层上做一层混凝土刚性保护层。人们在楼板上活动产生的振动被弹性层吸收，从而避免振动通过楼板传到相邻空间产生噪声污染。常见的弹性减振垫材料有玻璃棉、岩棉板、矿棉板、挤塑板、聚乙烯板等	适用于建筑楼板隔声系统
89			吊顶隔声技术	在楼板下做吊顶，使吊顶与楼板间形成空腔，以隔绝传声。吊顶与楼板间空气层厚度越大，隔声效果越好。在空气层中填充吸声材料也能提高隔声效果	适用于预算充足且层高较高的建筑，由于增加吊顶隔声会占用一部分层高，因此使用之前需对层高进行评估
90		光环境	照明系统分区	通过照明需求分析，根据照明设计中的照度等指标，对采光充足的地区与采光量较小的地区分别进行控制；对采光密度、要求等需求不一致的区域分别进行照明控制，以达到个性化照明、减少能源浪费的目的	适用于大空间公共建筑照明设计，包括办公楼、图书馆、宾馆、博物馆、艺术馆、医院、学校等。进行照明系统分区首先应分析照度等指标，满足实际使用需求
91			地下车库照明控制系统	由 LED 灯具、传感器和智能控制器组成。传感器通过红外、动静或超声等方式，感应是否有人员或车辆在区域内活动，当无人无车时，灯具处于“休眠”状态，输出功率可维持在 2W 左右；当有人或车接近时（小于 5m），灯具迅速切换到额定工作状态，提供正常的照明；当人员或车远离，灯具又恢复到“休眠”状态。在这样的工作模式下，灯具大部分时间的输出功率都较低，减少了不必要的照明，降低了电耗，也延长了灯具的使用寿命。根据现有改造项目的经验，其节电率可达到 30%~60%	适用于公共建筑中的地下车库、机房和走廊等人员只是通过但不长期停留的区域
92			深照型灯具	在其他结构不变的情况下，增大光源的安装高度，以达到增大遮光角的目的。常规的配照型或广照型灯具遮光角是基于人正常的视力仰角的 30°~50°，灯具遮光角大于 50° 时，可有效避免光线直接射入人眼	适用于 7m 以上的高大厂房、大厅及其他高度高或者重点照明区域采用 LED 等直射性较强光源的情况
93			常规灯具 + 防眩灯具遮光装置	防眩灯具遮光装置主要包括十字防眩装置、蜂窝防眩装置和遮光叶。十字防眩格栅主要是遮挡纵横两个方向的光线，把眩光的临界位置从边界调整到灯具中心，进而增大遮光角，达到防眩的目的；蜂窝防眩格栅网可遮挡各个方向的光线，是所有防眩配件中防眩效果最好的，遮光角可接近 90°，也是光损最大的；遮光叶可遮挡各方向，易于进行灯光塑形，可形成从灯具自身的遮光角到完全遮挡光线的效果，是最为灵活的防眩配件	适用于采用 LED 等直射性较强的光源时有效降低区域的眩光

续表

序号	产品/技术类别	名称	产品/技术名称	主要技术内容及技术目标	适用范围
94	环境性能提升技术与产品	热环境	建筑外遮阳构件	遮阳根据使用方式可分为两类，一类为固定式外遮阳，另一类为活动式外遮阳。其中固定外遮阳的基本形式可分为五种：水平遮阳、垂直遮阳、综合遮阳、挡板遮阳和百页遮阳。建筑外遮阳设计既可以实现节能，又可以避免太阳直射造成的强烈眩光，使室内照度分布均匀，明显改善室内光环境	适用于建筑外遮阳，由于外遮阳尺寸的设计需要考虑建筑整体结构、位置高低、建筑朝向、太阳运行轨迹等诸多因素，所以其具体的设计方法可参见《建筑物理》中关于外遮阳尺寸计算的部分
95			气流组织改善技术	根据建筑用途对空调区温湿度参数、允许风速、噪声标准、空气质量及空气特性指标的要求，结合建筑物特点、内部装修、工艺或家具布置等，针对气流组织失效现象，利用模拟软件进行数值模拟，并提出相应的改善措施。在送风射流主体受到遮挡时，采用可调送风角度的风口，如双层百叶等，通过改变送风角度，避免送风射流主体直接被障碍物遮挡，有效改善室内竖直方向温度梯度过大、气流短路等问题	适用于解决大空间区域气流组织失效以及送风射流主体受到遮挡的问题
96			室内温湿度多点测控技术	通过均匀分布测点，与空调送风系统形成联动等措施，能够弥补单点测试带来的数据代表性差等缺陷，更容易使室内热湿环境达到人体舒适区间	适用于空间范围较广的报告厅、影剧院、教室、图书馆、博物馆等
97			基于室内热湿环境状态的集中空调调控策略	通过风量变化直接指导冷冻水量调节，即在供回水温差偏离之前调节冷冻水量，保证冷量按需供应的同时，也提高了节能效果。此外，为应对系统监测、处理中可能出现的偏差，设置供回水温差实时监测装置，当供回水温差脱离正常范围时转换为温差指导模式，将供回水温差重新稳定在设定范围之内，以校正长时间运行可能积累的系统偏差	适用于由于室外气温、室内人员活动、设备运行情况等冷、热负荷相关因素的变化，建筑房间在一天内的冷、热负荷需求有复杂动态过程变化的情况
98		空气品质	室内需求通风控制技术	根据建筑物内能代表室内空气品质的污染物浓度来调节新风量的新风控制策略，是化解新风能耗与室内空气品质之间矛盾的有效方法	适用于根据常规方法确定的新风量难以满足室内空气品质要求或者与建筑能耗有较大矛盾的商场、宾馆、办公、学校、图书馆、火车站等建筑
99			空气净化技术	通过物理吸附（通过活性炭、硅胶和分子筛进行过滤、吸附的净化材料）、化学反应（氧化、还原、中和、离子交换、光催化）、生物作用（通过微生物、酶进行生物氧化、分解）等原理针对室内空气污染物，如甲醛、TVOC、苯系物、$PM_{2.5}$ 等进行及时有效的处理，以达到维持室内良好空气品质的目的	适用于一般建筑环境，新装修建筑、室内产生较多污染物的建筑，以及室外污染较严重的情况
100			室内空气质量监测技术	能够收集监测数据，并结合物联网技术，将监测数据通过互联网传输到云服务器上，用户可通过网站和手机 APP 读取数据，并根据数据进行相关设备的运行控制	适用于室内污染物浓度监测、室内 CO_2 浓度监测、地下车库 CO 监测等